园林工程规划设计**必读书系**

庭园工程设计与施工从入门到精通

TINGYUAN GONGCHENG SHEJI YU SHIGONG
CONG RUMEN DAO JINGTONG

宁荣荣　李　娜　主编

化学工业出版社
·北京·

本书主要内容包括庭园工程概论、庭园水景设计与施工、庭园假山设计与施工、庭园绿化设计与施工、庭园地形设计与施工、庭园给水排水设计与施工、庭园细部设计与施工七个部分。本书既包括园林规划设计，也包括园林施工方法，全书语言简练规范，内容图文并茂，通俗易懂，具有实用性及可操作性，同时具有较强的针对性，可适应庭园设计与施工人员的岗位需要。

本书既可作为高等学校园林、园艺专业师生的学习用书，也可供园林工程规划设计人员、园林工程施工监理人员、园林工程施工技术人员学习参考。

图书在版编目（CIP）数据

庭园工程设计与施工从入门到精通/宁荣荣，李娜主编．—北京：化学工业出版社，2016.6（2019.11重印）
（园林工程规划设计必读书系）
ISBN 978-7-122-26875-4

Ⅰ.①庭…　Ⅱ.①宁…②李…　Ⅲ.①庭院-园林设计②园林-工程施工　Ⅳ.①TU986

中国版本图书馆CIP数据核字（2016）第085767号

责任编辑：董　琳　　文字编辑：谢蓉蓉
责任校对：边　涛　　装帧设计：王晓宇

出版发行：化学工业出版社（北京市东城区青年湖南街13号　邮政编码100011）
印　　装：北京虎彩文化传播有限公司
787mm×1092mm　1/16　印张13　字数336千字　2019年11月北京第1版第5次印刷

购书咨询：010-64518888　　售后服务：010-64518899
网　　址：http://www.cip.com.cn
凡购买本书，如有缺损质量问题，本社销售中心负责调换。

定　　价：48.00元

编写人员

主　　编　宁荣荣　李　娜

副 主 编　陈远吉　陈文娟

编写人员　宁荣荣　李　娜　陈远吉　陈文娟
　　　　　闫丽华　杨　璐　黄　冬　刘芝娟
　　　　　孙雪英　吴燕茹　张晓雯　薛　晴
　　　　　严芳芳　张立菡　张　野　杨金德
　　　　　赵雅雯　朱凤杰　朱静敏　黄晓蕊

前言

Foreword

园林，作为我们文明的一面镜子，最能反映当前社会的环境需求和精神文化的需求，是反映社会意识形态的空间艺术，也是城市发展的重要基础，更是现代城市进步的重要标志。随着社会的发展，在经济腾飞的当前，人们对生存环境建设的要求越来越高，园林事业的发展呈现出时代的、健康的、与自然和谐共存的趋势。

在园林建设百花争艳的今天，需要一大批懂技术、懂设计的园林专业人才，以充实园林建设队伍的技术和管理水平，更好地满足城市建设以及高质量地完成园林项目的各项任务。因此，我们组织一批长期从事园林工作的专家学者，并走访了大量的园林施工现场以及相关的园林规划设计单位和园林施工单位，编写了这套丛书。

本套丛书文字简练规范，图文并茂，通俗易懂，具有实用性、实践性、先进性及可操作性，体现了园林工程的新知识、新工艺、新技能，在内容编排上具有较强的时效性与针对性。突出了园林工程职业岗位特色，适应园林工程职业岗位要求。

本套丛书依据园林行业对人才知识、能力、素质的要求，注重全面发展，以常规技术为基础，关键技术为重点，先进技术为导向，理论知识以"必需"、"够用"、"管用"为度，坚持职业能力培养为主线，体现与时俱进的原则。具体来讲，本套丛书具有以下几个特点。

（1）突出实用性。注重对基础理论的应用与实践能力的培养，通过精选一些典型的实例，进行较详细的分析，以便读者接受和掌握。

（2）内容实用、针对性强。充分考虑园林工程的特点，针对职业岗位的设置和业务要求编写，在内容上不贪大求全，但求实用。

（3）注重行业的领先性。注重多学科的交叉与整合，使丛书内容充实新颖。

（4）强调可读性。重点、难点突出，语言生动简练，通俗易懂，既利于学习又利于读者兴趣的提高。

本套丛书在编写时参考或引用了部分单位、专家学者的资料，得到了许多业内人士的大力支持，在此表示衷心的感谢。限于编者水平有限和时间紧迫，书中疏漏及不当之处在所难免，敬请广大读者批评指正。

丛书编委会

2016 年 4 月

目　录

Contents

第一章

庭园工程概论

第一节　庭园概述

一、庭园的概念

庭园又称庭院，是建筑物前后左右或被建筑物包围的场地。庭园的主要特点有两个：一是有相对稳定的区域，并有围墙或栅栏围合；二是最大限度地满足功能要求，与建筑功能相辅相成。

应该注意的是，庭园的侧重点在于建筑布局与规划，以及其中的叠山、理水、植物、小品、铺装等造园要素的组织，只在庭院间点缀适当的花木山石不足以成为独立的景观。没有景观意义的场地，即使规模庞大，也不能称为庭园。

二、庭园的类型

常见庭园主要有以下几种类型。

（1）建筑附属庭园　建筑附属庭园在形式上相对复杂，所涉及的范围也比较笼统，这种庭园起初只是人们为了美化建筑、平衡视觉落差而设立的装饰性区域，在后来不断发展创新的过程中才逐渐演变成庭园类型。因此，这种类型的庭园通常都被设立在建筑的角落、屋顶或墙壁的外部等一些区域，通常只适合与建筑同时出现。

（2）建筑内部庭园　建筑内部庭园是由室外的庭园延伸而来的。室内庭园通常都设有顶盖，因此不会受到自然环境或天气的影响，可以方便地供人们随时使用。室内庭园的种类相对丰富多样，按照庭园所在位置的不同就可分为边庭、中庭、连接庭、多层庭和独立庭等多种形式。因此，可以根据庭园周边的环境、形式以及界面的不同来进行合理选择，从而在实现发挥庭园本身功能的同时，还可起到美化室内环境的作用。

（3）私人宅邸庭园　庭园是私人小住宅建筑中不可或缺的一部分，可供房子的主人休息、活动或纳凉使用。作为个人居住生活的空间，私人宅邸庭园在规模上不宜太过庞大，以避免喧宾夺主，掩盖了住宅本身的风采。除了规模以外，私人庭园在布局和风格等方面没有太多的局限性，可以按照住宅主人的要求进行灵活设计，重点是要营造出一个既舒适又美观的生活空间。

（4）社区公共庭园　社区所指的是按照某种社会特征或地理位置而划分的功能性区域，是一个公共的场所。设立在社区中的庭园需要具有开放、美观、功能齐全等多种特征，同时还应该与其周围的建筑和环境相协调，从而营造出一种美好、和谐的视觉效果，带给社区居民一份好的心情。

三、庭园的形式

从总体上说，庭园有如下三种形式。

（1）入口式　入口式庭园是指位于建筑入口前的庭园。这种庭园一般会被设立在建筑的外部，具有一定的开放性，能提升人们对建筑本身的关注程度，同时还能够产生一种过渡或缓冲效果，以此来拉近观者与建筑之间的距离。

（2）开放式　开放式庭园可以摆脱围墙的束缚，并与其周边的环境融为一体，开阔了人们的视野，从而带给人们一种一览无遗的美好感觉。开放式庭园的适用范围十分广泛，它既可以被设立在私人住宅的外部，又可以用来美化社区。此外，开放式庭园在造型和设计上的要求通常不是很高，并具有风格多样、布局灵活等特征，因此深受人们的欢迎。

（3）下沉式　下沉式庭园是为了避免建筑受地势影响而产生的不平衡感，而在地势较低的区域进行装饰和造景，以此来提升建筑整体上的美观效果，丰富建筑的使用功能，并最终形成一种庭园形式。由于地势不同，那些具有衔接作用的台阶或桥梁也往往会成为构成下沉式庭园内部环境必不可少的元素。但是，台阶和桥梁的形式必须因地制宜，既要满足人们在交通上的功能需求，还要与建筑本身及庭园内部的景观和设施相协调。

四、庭园构图的原则

1. 韵律性的原则

韵律就是艺术表现中某一因素做有规律的重复、有组织的变化。重复是获得韵律的必要条件，只有简单的重复而缺乏有规律的变化，就令人感到单调、枯燥，所以韵律节奏是庭园构图多样统一的重要手法之一。

庭园构图的韵律节奏方法有很多，常见的有：简单韵律、交替韵律、渐变韵律、起伏曲折韵律、拟态韵律、交错韵律等。

2. 统一性的原则

统一性可以被看作贯穿庭园的线索或主题，即把没有联系的部分组成一个整体，如建筑、硬质或软质景观和植物等都组合在一起，形成独立的连贯实体。统一性是和谐性的一个表现面。

3. 均衡与稳定的原则

由于园林景物是由有一定体量的不同材料组成的实体，因而常常表现出不同的重量感，探讨均衡与稳定的原则，是为了获得园林布局的整体和安全感。稳定是指对园林布局整体上、下轻重的关系而言，而均衡是指对园林布局中的部分与部分的相对关系。

① 均衡园林布局中要求园林景物的体量关系符合人们在日常生活中形成的平衡安定的概念，所以除少数动势造景外（如悬崖、峭壁等），一般艺术构图都力求均衡。均衡可分为对称均衡和非对称均衡。

a. 对称均衡　对称均衡是有明确的轴线，在轴线左右完全对称。对称均衡布局常给人庄重严整的感觉，规则式的园林绿地中采用较多，如纪念性园林、公共建筑的前庭绿化等。

b. 不对称均衡　在园林绿地的布局中，由于受功能、组成部分、地形等各种复杂条件制约，往往很难也没有必要做到绝对对称形式。在这种情况下常采用不对称均衡的手法。不对称均衡的布局要综合衡量园林绿地构成要素的虚实、色彩、质感、疏密、线条、体形、数量等给人产生的体量感觉，切忌单纯考虑平面的构图。

② 稳定园林布局中的稳定是对园林建筑、山石和园林植物等上下、大小所呈现的轻重感的关系而言的。在园林布局中，往往在体量上采用下面大，向上逐渐缩小的方法来取得稳定坚固感，如我国古典园林中的塔和阁等；另外在园林建筑和山石处理上也常利用材料、质地所给人的不同的重量感来获得稳定感，如在建筑的基部墙面多用粗石和深色进行表面处理，而上层部分采用较光滑或色彩较浅的材料，在土山带石的土丘上，也往往把山石设置在

山麓部分而给人以稳定感。

4. 对比与调和的原则

对比与调和是庭园构图的一个重要手法，它是运用布局中的某一因素（如体重、色彩等）中，两种程度不同的差异，取得不同艺术效果的表现形式，或者说是利用人的错觉来互相衬托的表现手法。差异程度显著的表现称对比，能彼此对照，互相衬托，更加鲜明地突出各自的特点；差异程度较小的表现称为调和，使彼此和谐，互相联系，产生完整的效果。对比是把两种相同或不同的事物或性格作对照或互相比较。在创造庭园的形象时，为了突出和强调园内的局部景观，利用相互对立的体形、色彩、质地、明暗等使景物或气氛在一起表现，以造成一种强烈的戏剧效果，同时也给人一种鲜明的、显著的审美情趣。庭园中利用对比的手法很容易引起游人的惊讶、奇异、重视，因此可以突出某一局部或景物。

对于一些庭园来说，调和性是由起伏的线和曲线形成的；对于另一些庭园来说，又是对称性的表现。调和，作为一个概念，包含很多内容。它是各种要素间的合理的、平衡的协调，然后形成一个统一的整体。有时它是由对称性表现的；有时是用矩形、多边形的形态表现。总之，调和性是通过曲线形式得到的。

5. 比例与尺度适宜的原则

庭园是由庭园植物、建筑、园路、水体、山、石等组成的，它们之间都有一定的比例与尺度关系。比例包含两方面的意义：一方面是指庭园景物、建筑物整体或者它们的某个局部构件本身的长、宽、高之间的大小关系；另一方面是庭园景物、建筑物的整体与局部或局部与局部之间空间形体、体量大小的关系。庭园构图的比例与尺度都要以使用功能和自然景观为依据。在一个庭园中适宜的比例和尺度是由许多因素决定的，包括相对于房屋和周围环境、平面图的大小和庭园与其内因素恰当的相互关系。在实际情况下，错误的尺度会影响构成因素。

五、庭园的空间布局

1. 庭园空间的分隔与联系

（1）以园路分隔联系空间　在庭园内以园路为界限划分成若干空间，每个空间各具景观特色，同时园路又成为联系空间的纽带。

（2）以建筑物和构筑物分隔联系空间　在古典庭园中，习惯用云墙或龙墙、廊、花架、假山、桥、厅、堂、楼、阁、轩、榭等庭园建筑以及它们的组合形式分隔空间，但同时又利用门、洞、窗等取得空间的渗透与流动。

（3）以地形地貌分隔联系空间　只有在复杂多变的地形地貌上，才能产生变幻莫测的空间形态，创造富有韵律的天际线和丰富的自然景观。如果庭园本身的地形地貌比较复杂，变化较大，宜因地制宜、因势利导地利用地形地貌划分空间，效果良好。如果是平地、低洼地，应注意改造地形，使地形有起伏变化，以利空间分隔和庭园排水，并为各种植物创造良好的生长条件，丰富植被景观。

（4）利用植物材料分隔联系空间　在庭园中，利用植物材料分隔联系空间，尤其是利用乔灌木范围的空间，可不受任何几何图形的制约，随意性很大。若干个大小不同的空间通过乔木树空隙相互渗透，使空间既隔又连，欲隔不隔，层次深邃，意味无穷。

2. 庭院空间的组织

（1）空间展示程序与导游线　风景视线是紧密联系的，要求有戏剧性的安排、音乐般的节奏，既有起景、高潮、结景空间，又有过渡空间，使空间主次分明，开、闭、聚适当，大小尺度相宜。

(2) 空间的转折　空间转折有急转与缓转之分。在规则式庭园空间中常用急转，如在主轴线与副轴线的交点处。在自然式庭园空间中常用缓转，缓转有过渡空间，如在室内外空间之间设有空廊、花架之类的过渡。

(3) 连续风景序列布局　庭园景观是由许多局部构图组成的，这些局部景观，经一定游览路线连贯起来时，局部与局部之间的对比、起伏曲折、反复、空间的开合、过渡、转化等连续方式与节奏是与观赏者的视点运动联系起来。这种随着游人的运动而变化的风景布局，称为风景序列布局。

总之，庭园空间组织的目的是在满足使用功能的基础上，运用各种艺术构图的规律创造既突出主题，又富于变化的庭园景观。其次是根据人的视觉特性创造良好的景物观赏条件，使一定的景物在一定的空间里获得良好的观赏效果，适当处理观赏点与景物的关系。

六、庭园的发展史

庭园属于造园学的范畴，是园林的一种形态。

1. 中国庭园的发展史

中国是世界四大文明古国之一，有着悠久的历史，中国的劳动人民用自己的血汗和智慧创造了辉煌的中国建筑文明。中国的古建筑是世界上历史最悠久，体系最完整的建筑体系。从单体建筑到院落组合，城市规划、园林布置等在世界建筑史中都处于领先地位。

在中国古代，园林又称作园、囿、苑、庭园、别墅、山庄等。创造、营建园林环境的全过程称为“造园”。造园是关系地理学、地质学、气象学、植物学、生态学、建筑学，乃至哲学、文学、绘画、动物学等多种学科的综合性的艺术创作。造园艺术在中国不仅有着悠久的历史，而且也取得了辉煌的成就。中国园林以自己特有的风格，在世界文明史中独树一帜，久负盛名。

中国园林大致可以分为自然园林、寺庙园林、皇家园林和私家园林四种类型。四种园林风格的实用需求不同，但其园林内涵则是基本相同的。园林的规模大小不一，小庭园多为单一空间，功能较为简单；中、大型园林则不然，独立性强，在功能上变化多样，可满足会客、读书、听戏、宴请、赏月等不同需要。少数私家园林，不仅独立于住宅之外，其面积远大于一般院落，形成一种集多种式样的建筑群、园中园的“集锦式”格局。

(1) 皇家园林　皇家园林在古籍里面称之为“苑”“囿”“宫苑”“园囿”“御苑”。中国自奴隶社会到封建社会这一阶段，连续几千年的漫长历史时期，帝王君临天下，至高无上，皇权是绝对的权威。像古代西方那样震慑一切的神权，在中国相对皇权而言始终是次要的、从属的地位。与此相适应的，一整套突出帝王至上、皇权至尊的礼法制度也必然渗透到与皇家有关的一切政治仪典、起居规则、生活环境之中，表现为所谓的皇家气派。

① 秦代皇家宫苑　秦代园林中最为知名的上林苑，北起渭水，南至终南山，东到宜春苑，西达沣河，建朝宫于苑中，其前殿即阿房宫。据说“规恢三百余里，离宫别馆，弥山跨谷，辇道相属”。除苑中恢宏的建筑外，对自然景观也十分重视。不仅“表南山之巅以为阙”“络樊川以为池”，还修建了许多人工湖泊，如牛首池、镐池等。山明水秀，景色宜人，基本脱离了先秦在园林初创期的那种“蓄草木、养禽兽”的单一模式。

② 汉代皇家宫苑　西汉初，在修复长乐宫后不久即建造了未央宫，作为朝宫及帝后居所。宫中园林在西掖庭宫之西，有沧池，是园中主要景观。池中筑渐台（即水中之台），池西有大殿名白虎殿。白虎是“西方之兽”（《礼记·曲礼　上》），殿建在西部，显出五行方位之说的影响。

③ 隋唐皇家园林 隋唐是一个国富民强的昌盛时代，园林的发展也相应地进入一个全盛时期。隋代洛阳的西苑是当时著名的皇家园林。西苑的规模很大，以周围十余里的大湖作为主体。湖中三岛高出水面，上建台、观、楼、阁。大湖的周围又有许多小湖，其间又以渠道相连通。苑内有十六院，即十六处独立的建筑群，它们的外面以“龙鳞渠”串联起来，园中有园。苑内大量栽植异花奇木，饲养动物。唐代长安大明宫、华清宫、兴庆宫也是当时著名的皇家园林。华清宫在长安城东面的临潼县，利用骊山风景和温泉进行造园。骊山北坡为苑林区，山麓建置宫廷区和衙署，是我国历史上最早的一座宫苑分置，兼作政治活动的行宫御苑。

④ 明清皇家园林 盛清康乾时代，在北京西北郊建成了称为“三山五园”的大片皇家园林群，以圆明园规模最大。但是，包括圆明园在内的北京园林，在1860年英法联军、1900年八国联军两次侵略战争中受到了严重的破坏，圆明园完全被毁，清漪园又经重修，还比较完整，即今颐和园。在承德保存着离宫避暑山庄，规模也相当大。

皇家园林运用了一整套中国园林构图手法，如对景、借景、隔景、透景等，其起承转合、含蓄委婉的精神，皆息息相通。清代的皇家园林更是有意地向私家园林学习，皇园中许多局部或园中小园，甚至是对江南私家园林大意的模仿。

(2) 私家园林 中国古代园林，除皇家园林外，还有一类属于王公、贵族、地主、富商、士大夫等私人所有的园林，称为私家园林。古籍里称之为园、园亭、园墅、池馆、山池、山庄、别墅、别业等。规模较小，一般只有几亩至十几亩，小者仅一亩半亩而已；大多以水面为中心，四周散布建筑，构成一个个景点或几个景点；以修身养性，闲适自娱为园林主要功能。私家园林自西汉开始出现，经魏晋的演化，从贵戚富户之园向士人园转化，再历经唐宋之发展而蔚为大观，成为与皇家园林并列的中国两大园林系统之一。两汉私家园林，造园手法多效法皇家园林，水平在皇家园林以下。到了唐宋时期，规模当然仍远不及皇家园林，而造园水平已在皇家园林以上。到了明清时期，私园的精微细腻，窈窕曲折，已远超皇室，皇家园林转而要向私家园林取法了。

中国园林作为自然风景式园林的特点已经确立。公元3世纪到6世纪的两晋南北朝是中国园林发展史上的一个转折时期。由于文人和士大夫受到政治动乱及佛教、道教思想的影响，大都崇尚玄谈、寄情于山水，游山玩水成为一时风尚。讴歌自然景物与田园风光的诗文涌现文坛，山水画作为独立的画种也开始萌芽。对自然景物内在规律的揭示和探索，促进了自然风景式园林向更高水平上发展。官僚士大夫以隐逸野居为高雅，他们不满足一时的游山玩水，要求身居馆堂而又能长期地享用、占有大自然的山林野趣。

唐代是私家园林大发展的时代。私家园林园主主要是贵族和官僚，前者为皇亲国戚，虽身份高贵但不见得饱有才学；后者多进士出身，有高度文化修养，本身可能就是诗人或画家。因园主不同，私家园林的风格有所差别。大致说来，贵族园林偏重于华丽富贵，官僚而兼文人的园林则在意趣上更高一筹，尤其是经过他们的擘画，偏重于自然淡泊，拳石篑土，寄托情怀，往往小中见大，力求体现天地人生的真趣。

2. 国外庭园的发展史

(1) 日本庭园 日本历史上早期虽有掘池筑岛、在岛上建造宫殿的记载，但主要是为了防御外敌和防范火灾。在中国文化艺术的影响下，日本庭园中出现了游赏的内容。另外，日本宫苑中也开始造须弥山、架设吴桥等，朝廷贵族纷纷建造宅园。

中国的造园艺术在公元6～8世纪随中国的佛教传入日本。日本园林在吸收中国文化和佛教文化时，有选择地吸收了与日本自然条件和社会条件相适应的部分。20世纪60年代，平城京考古发掘表明，奈良时代的庭园已有曲折的水池，池中设石岛，池边置叠石，池岸和池底敷石块，环池疏布屋宇。平安时代前期，庭园要求表现自然，贵族别墅常采用以池岛为主题的“水石庭”。到平安时代后期，贵族邸宅已由过去具有中国唐朝风格的左右对称形式发展成为符合日本习俗的“寝殿造”形式。这种住宅前面有水池，池中设岛，池上架桥，池周布置亭、阁和假山，是按中国蓬莱海岛（一池三山）的概念布置而成的。在镰仓时代和室町时代，武士阶层掌握政权后，武士宅园仍以蓬莱海岛式庭园为主。由于禅宗很兴盛，在禅与画的影响下，枯山水式庭园发展起来。这种庭园规模一般较小，园内以石组为主要观赏对象，而用白砂耙纹象征水面和水池，或者配置以简素的树木。桃山时期，园林建筑多为武士家的书院庭园和随茶道发展而兴起的茶室和茶庭。江户时期，发展了草庵式茶亭和书院式茶亭，其特点是在庭园中各茶室间用“回游道路”和“露路”联通，一般都设在大规模园林之中，如修学院离宫、桂离宫等。明治维新以后，随着西方文化的输入，日本庭园出现了新的转折。一方面，庭园从特权阶层私有专用转为开放公有，国家开放了一批私园，也新建了大批公园；另一方面，西方的园路、喷泉、花坛、草坪等也开始在庭园中出现，使日本园林除原有的传统手法外，又增加了新的造园技艺。

（2）欧式庭园　欧式庭园主要均依地势而建，以占地绿化和宏大建筑为主体。

① 古埃及与西亚园林。古埃及与西亚邻近，古埃及的尼罗河流域与西亚的幼发拉底河、底格里斯河流域同为人类文明的两个发源地，园林出现也最早。

古埃及早在公元前4000年就跨入了奴隶制社会，到公元前28～前23世纪，形成法老政体的中央集权制。法老（即埃及国王）死后都兴建金字塔作王陵，成为墓园。金字塔工程浩大、宏伟、壮观，反映出当时埃及科学与工程技术已很发达。奴隶主的私园把绿荫和湿润的小气候作为追求的主要目标，因而树木和水池是园中的主要内容。

西亚地区的叙利亚和伊拉克也是人类文明的发祥地之一。早在公元前3500年时，已经出现了高度发达的古代文化。奴隶主在宅园附近建造各式花园，作为游憩观赏的乐园。在公元前2000年的巴比伦、大马士革等西亚广大地区有许多美丽的花园。尤其距今3000年前新巴比伦王国宏大的都城，有无数宫殿，这些宫殿不仅异常华丽壮观，而且还在宫殿上建造了被誉为世界七大奇观之一的“空中花园”（悬空园）。

② 欧洲园林。古希腊是欧洲文化的发源地。古希腊的建筑、园林开欧洲建筑、园林之先河，直接影响着罗马、意大利及法国、英国等国的建筑、园林风格。后来英国将中国山水园的意境融入造园之中，对欧洲造园也有很大影响。

公元前3世纪，希腊哲学家伊壁鸠鲁在雅典建造了历史上最早的文人园，利用此园对门徒进行讲学。公元5世纪，希腊人渡海东游，从波斯学到了西亚的造园艺术，最终发展成了柱廊园。希腊的柱廊园改进了波斯在造园布局上结合自然的形式，而变成喷水池占据中心位置，使之符合人的意志，成为有秩序的整形园。它把西亚和欧洲两个系统的早期庭园形式与造园艺术联系起来，起到了过渡桥的作用。

欧洲中世纪时期，封建领主的城堡和教会的修道院中建有庭园。修道院中的园地同建筑功能相结合，例如，在教士住宅的柱廊环绕的方庭中种植花卉，在医院前辟设药圃，在食堂厨房前辟设菜圃。

a. 意大利台式园林。在文艺复兴时期，意大利的佛罗伦萨、罗马、威尼斯等地建造了许多别墅园林。以别墅为主体，利用意大利的丘陵地形，开辟成整齐的台地，逐层配置灌木，并把它修剪成图案式的植坛，顺山势利用各种水法（流泉、瀑布、喷泉等），外围是树木茂密的林园。这种园林统称为意大利台地园。台地园在地形整理、植物修剪艺术和水法技法等方面都有很高的成就。

b. 法国整体式园林。法国继承和发展了意大利的造园艺术。17世纪下半叶，法国造园家勒诺特提出要“强迫自然接受匀称的法则”。他主持设计的凡尔赛宫苑，根据法国这一地区地势较平坦的特点，开辟大片草坪、花坛、河渠，创造了宏伟华丽的园林风格，被称为勒诺特风格，后各国竞相效仿。

c. 英国自然式园林。18 世纪欧洲文学艺术领域中兴起了浪漫主义运动。在这种思潮的影响下，英国开始欣赏纯自然之美，重新恢复传统的草地、树丛，于是产生了自然风景园。18 世纪中叶，中国造园艺术传入英国。18 世纪末，英国造园家雷普顿认为自然风景园不应任其自然，而要加工，以充分显示自然的美而隐藏它的缺陷。他并不完全排斥规则式布局，在建筑与庭园相接地带也使用行列栽植的树木，并利用当时从美洲、东亚等地引进的花木，丰富园林色彩，把英国自然风景园推进了一大步。

③ 外国近代、现代园林。外国近代、现代园林沿着公园、私园两条线发展，而以城市公园、私园为主体，并且与城市绿化、生态平衡、环境保护逐渐结合起来，从而扩大了传统园林学的范围，提出了一些新的造园理论。

a. 公园的出现与发展。从 17 世纪开始，英国就将贵族私园开辟为公园，如伦敦的海德公园等。欧洲其他国家也相继效仿，公园遂普及成为一种园林形式。19 世纪中叶，欧洲各国及美国、日本等国家开始规划、设计与建造公园，标志着近代公园的产生。如 19 世纪 50 年代美国纽约建造的中央公园，19 世纪 70 年代日本大阪建造的住吉公园和 1872 年建立的美国黄石国家公园等。

b. 城市绿地。1858 年美国建立纽约中央公园后，各方面的专家纷纷从事改造城市环境的活动，把发展城市园林绿地作为改造城市物质环境的手段。1892 年，美国风景建筑师 F. L. 奥姆斯特德编制了波士顿城市园林绿地系统方案，将公园、滨河绿地、林荫道连接为绿地系统。以后不少国家也相继重视公共绿地的建设，国家公园就是其中规模最大的公共绿地。近几十年来，各国新建城市或改造老城都将公共绿地纳入城市总体规划之中，并且制定了绿化覆盖率、绿地规范等标准，以确保城市有适宜的绿色环境。

c. 私园的新发展。人类为了进一步改善自身的居住环境，越来越重视园林建设，而且除继承园林传统外，特别注重园景的色彩与造型的艺术享受，建筑物富有自由奔放的浪漫情调，造景讲究自然活泼、丰富多彩。

英国 19 世纪后，城内、郊外的私人自然风景园都比过去多，而且不再是单色调的绿色深浅变化，并开始注重富丽色彩的花坛建造与移植新鲜花木。建筑物的造型、色彩也富有变化，漂亮美观。英国私园中花坛的基本格局是：坛形有圆、方、曲弧、多角等；组成花坛群，周围饰步道；坛中植红色、蓝色、黄色各种花卉，以草类花纹图案为背景。除花坛外，园中多铺设开阔草地，周围种植各种形态的灌木丛，边隅以花丛点缀，另有露天浴池、球场、饰瓶、雕塑之类。英国的这类私园是近代、现代西方私园的典型，对欧美各国影响极大。

第二节 庭园设计基础

一、庭园绘图常识

1. 常用绘图工具

(1) 绘图板　绘图板一般用胶合板制成，主要用来铺放和固定图纸，是庭园制图过程中经常使用的最基本的工具之一。常用绘图板的规格有 0 号、1 号、2 号、3 号等，其尺寸比同号图纸尺寸略大，在使用过程中可以根据需要选定。普通绘图板是由框架和面板组成，其短边称为工作边，面板称为工作面。绘图板侧边要求平直，特别是工作边更要平整；板面要求平整、软硬适度。绘图板不可受潮或高热，以防板面翘曲或破裂，不能用刀具或硬质器具在图板上任意刻画。固定图纸时，应用胶带纸粘贴，不可用其他任何对板面有破坏作用的方法固定。

（2）绘图纸　绘图纸要求纸面洁白、质地坚硬，用橡皮擦拭不易起毛。画线时，墨线条清晰，不扩渗。绘图纸常用于绘制底图，图纸幅面应符合国家标准，绘图纸不能卷曲、折叠和压皱。

（3）绘图笔　绘图笔有直线笔、绘图小钢笔、绘图墨水笔等。

① 直线笔的笔尖形状似鸭嘴，又称鸭嘴笔，是一种常用的描图工具。直线笔的笔尖由两块钢叶片组成，可用螺钉任意调整间距，确定墨线粗细。往直线笔注墨时，应用绘图小钢笔或注墨管小心将墨水加入两块钢叶片的中间，注墨的高度一般为4～6mm。画线时，直线笔应位于铅垂面内，即笔杆的前后方向与纸张保持90°，使两叶片同时接触图纸，并使直线笔向前进方向倾斜5°～20°，如图1-1所示。画图速度和用力程度要均匀。用力轻、速度快则图线细，用力重、速度慢则图线粗。描绘一条线的中途不能停顿，以防出现墨迹。画细线时，调整螺钉不要旋得太紧，以免笔叶变形，用完后应清洗擦净，放松螺钉后收藏好。

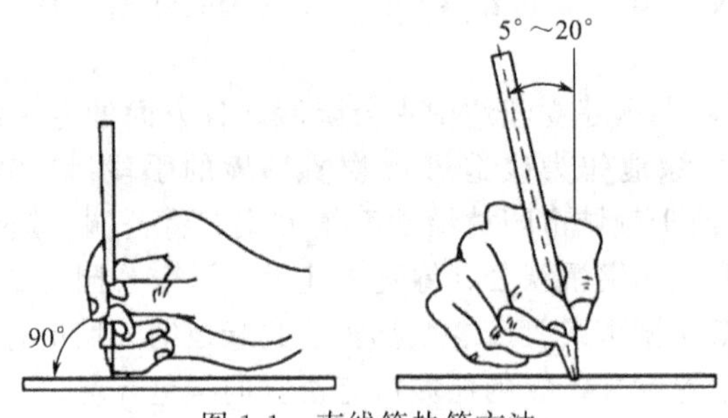

图1-1　直线笔执笔方法

② 绘图小钢笔由笔杆、笔尖两部分组成，用来写字、修改图线，也可用来为直线笔注墨。使用时注墨要适量，笔尖要经常保持清洁干净。利用笔尖的圆尖、扁薄写出仿宋体的笔画和笔锋，如图1-2所示。

③ 绘图墨水笔（又称针管笔）是专门用来绘制墨线的，除笔尖是钢管且内有通针外，其余部分的构造与普通钢笔相同，如图1-3所示。笔内针管有多种规格，供绘制图线时选用。使用时如发现流水不畅，可将笔上下梭动，当听到管内有撞击声时，表明管心已通，即可继续使用。使用绘图墨水笔与使用直线笔一样，笔身的前后方向与图纸要垂直，让笔头针管管口边缘都接触纸面。为保证墨水流畅，必须使用专用绘图墨水，用完后应及时清洗针管。

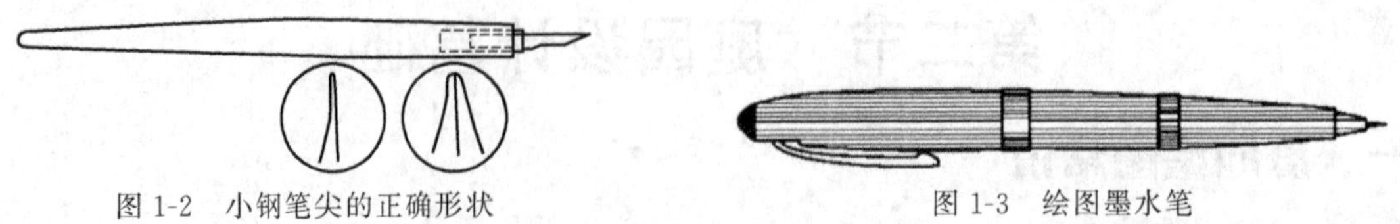
图1-2　小钢笔尖的正确形状　　图1-3　绘图墨水笔

（4）三角板　三角板的大小规格很多，绘图时可灵活选用，一般宜选用板面略厚，两直角边有斜坡，边上有刻度或有量角刻线的三角板。三角板常与丁字尺配合使用，可画垂直线与丁字尺工作边成15°、30°、45°、60°、75°等各种斜线。一副三角板有两块，一块是两个锐角分别为 30°和 60°的直角三角形，另一块是 45°等腰直角三角形，两块三角板配合使用，能画出垂直线和各种角度倾斜线及其平行线，如图 1-4 所示。

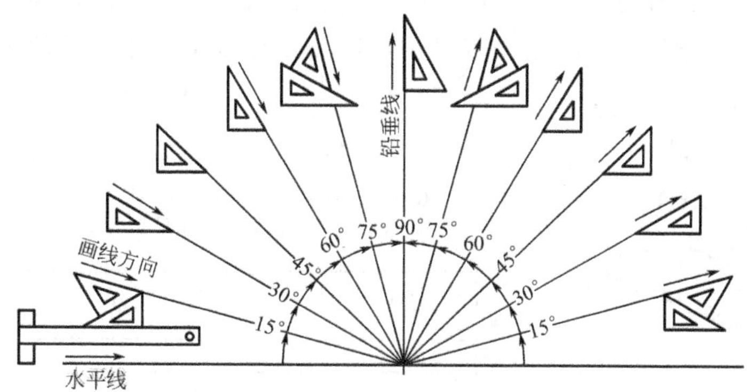

图 1-4 用三角板画各种角度倾斜线

（5）丁字尺 丁字尺又称 T 形尺，由互相垂直的尺头和尺身组成，尺身上有刻度的一边为工作边，一般用有机玻璃制成。丁字尺分 1200mm、900mm、600mm 三种规格，丁字尺主要用来画水平线或配合三角板作图，如图 1-5 和图 1-6 所示。

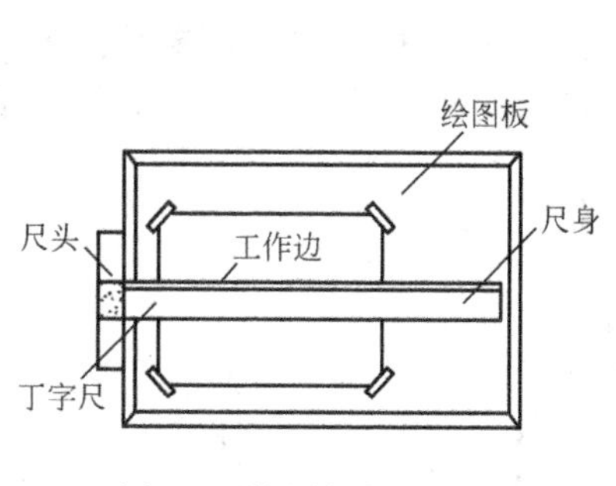

图 1-5 绘图板与丁字尺

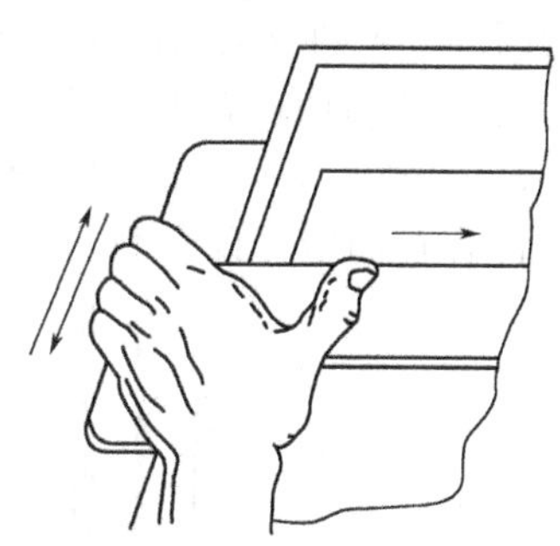

图 1-6 丁字尺的移动

为了保证所画线条的质量，作图时应注意丁字尺的尺头必须靠着绘图板的左侧边，右手大拇指轻压尺身，其余手指扶住尺头，稍向右按，使尺头靠近绘图板工作边。画线时，自左向右画水平线，如图 1-7 所示。三角板靠在丁字尺工作边上自下向上画铅垂线，如图 1-8 所示。

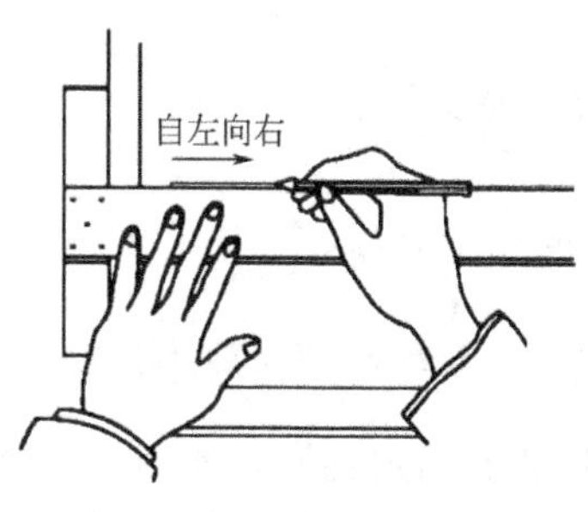

图 1-7 画水平线

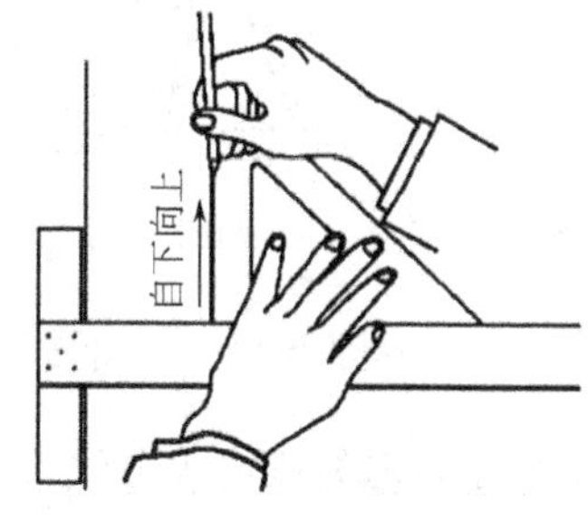

图 1-8 画铅垂线

（6）比例尺 比例尺又称三棱尺，是刻有各种比例的直尺，用来度量某比例下图上线段的实际长度或将实际尺寸换算成图上尺寸的工具，如图 1-9 所示。比例为图上距离与实际距离之比，值越大，比例就越大。相同物体用不同比例绘制时，比例越大，图上的尺寸就越大。常用的三棱比例尺刻有六种不同的比例，比例尺上刻度所注数字的单位是“m”。如图 1-10 所示为 1∶100 的比例，但对 1∶50、1∶5000 等比例仍可变通运用。比例尺只能用来量尺寸，不能作直尺用，以免损坏刻度。比例尺的用法，如图 1-10 所示。

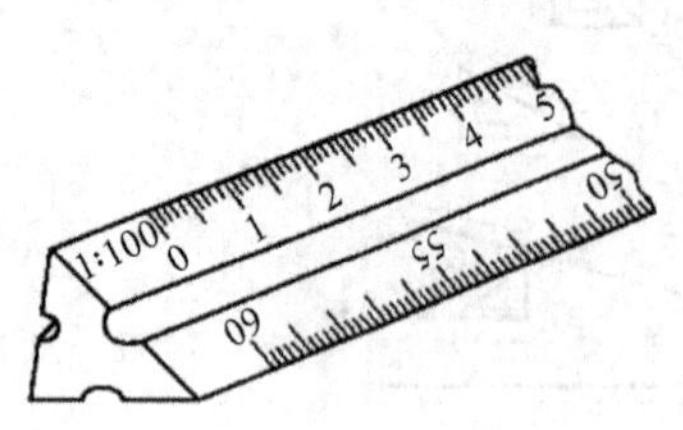

图 1-9　常见的比例尺

图 1-10　比例尺的用法

（7）圆规与分规　圆规是画圆和圆弧的工具，一条腿安装针脚，另一条腿可装上铅芯、钢针、直线笔三种插脚，如图 1-11(a) 所示。圆规在使用前应先调整针脚，使针尖稍长于铅笔芯或直线笔的笔尖，取好半径，对准圆心，并使圆规略向旋转方向倾斜，按顺时针方向从右下角开始画圆，画圆或圆弧都应一次完成，如图 1-11(b)～(d) 所示。在画半径较大的圆弧时，应折弯圆规的两脚，使两脚均与纸面垂直。画更大的圆弧时，要接上延长杆，如图 1-12 所示。另外，圆规铅芯宜磨成凿形，并使斜面向外。铅芯硬度比画同种直线的铅笔软一号，以保证图线深浅一致。

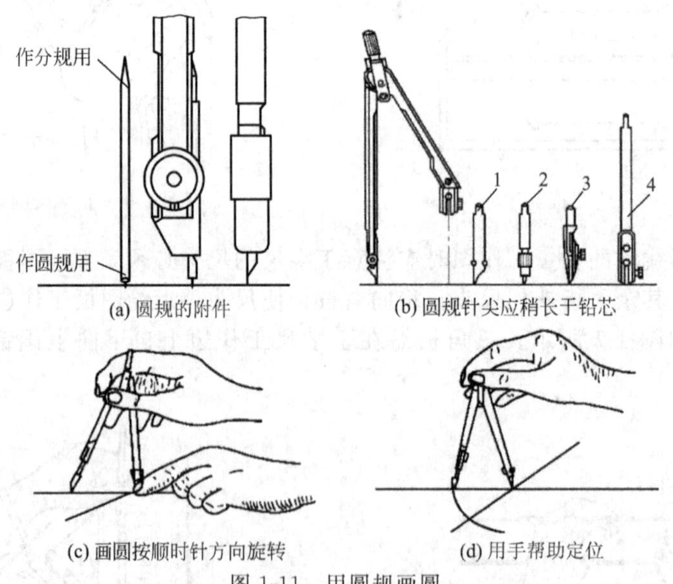

(a) 圆规的附件

(b) 圆规针尖应稍长于铅芯

(c) 画圆按顺时针方向旋转

(d) 用手帮助定位

图 1-11　用圆规画圆

1—作分规用针尖插腿；2—作圆规用铅笔插腿；3—描图用鸭嘴笔插腿；4—画大圆用延伸杆

分规常用于量取线段或等分线段，分规的两腿端部均装有固定钢针，使用时，要先检查分规两腿的针尖合拢时是否汇合于一点，如图 1-13(a) 所示。用分规等分线段时，先将分规张开到每等分长度，然后试分，如不足或超出时，根据差量再调整分规。如图 1-13(b) 所示，在三等分线段时，由于分规张开距离不够，需将分规再张大 $B3$ 的 1/3 后，继续试分。注意等分时分规运动方向，如图 1-13(b) 所示。

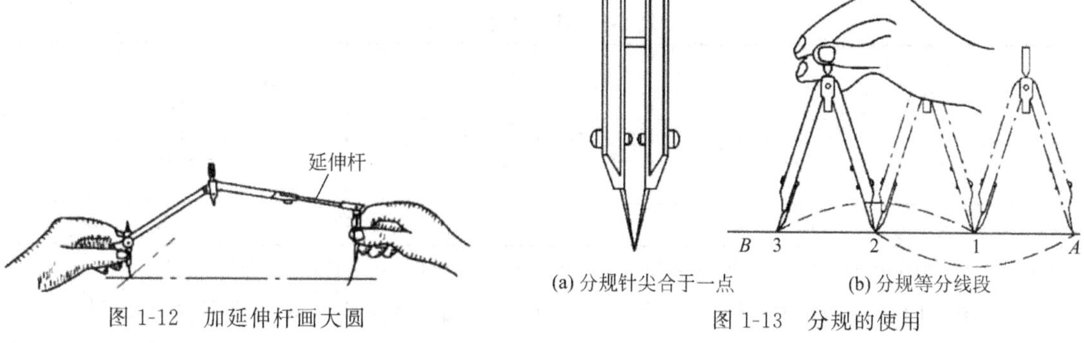

(a) 分规针尖合于一点　　(b) 分规等分线段

图 1-12　加延伸杆画大圆　　图 1-13　分规的使用

(8) 模板　模板可用来辅助作图，以便提高工作效率。模板的种类非常多，一类为专业模板，如工程结构模板、家具制图模板等，这些模板上一般刻有该专业常用的一些尺寸、角度和几何形状；另一类为通用型模板，如圆模板、椭圆模板等。用模板作直线时，笔可稍向运笔方向倾斜，作圆或椭圆时笔应该尽量与纸面垂直，且紧贴图形边缘。当作墨线图时，为了避免墨水渗到模板下弄脏图线，可以用胶带粘上垫纸贴到模板下，使模板稍稍离开图面0.5～1.0mm。

(9) 曲线板　曲线板有复式曲线板和单式曲线板两种，是画非圆曲线的专用工具之一，如图 1-14 所示。复式曲线板用来画简单曲线；单式曲线板用来画较复杂的曲线，每套有多块，每块都由一些曲率不同的曲线组成。在工具线条图中，建筑物、道路、水池等的不规则曲线都应该用曲线板绘制。

画曲线时，应先徒手把曲线上各点轻轻地依次连接成圆滑的细线，如图 1-15(a)、(b) 所示。然后选择曲线板上曲率相当的部位进行画线，一般每画一段线最少应有三个点与曲线板上某一段吻合，如图 1-15(c) 中的 1、2、3 点。与已画成的相邻线段重合一部分，还应留出一小段不画，作为下段连接时过渡之用，以保持曲线光滑。

图 1-14　曲线板

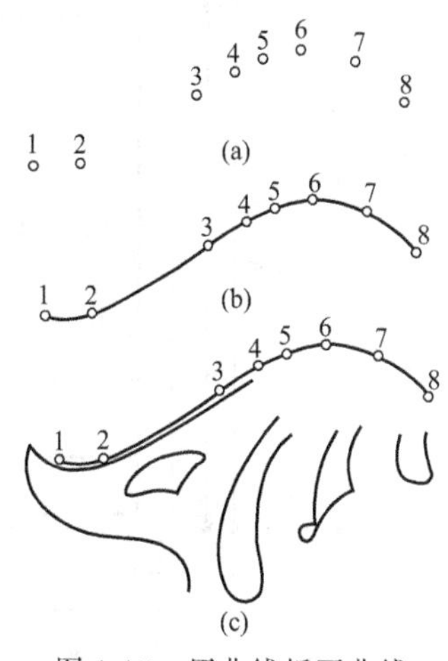

图 1-15　用曲线板画曲线

2. 庭园制图基本规定

(1) 图纸

① 图纸幅面的尺寸和规格。庭园制图采用国际通用的 A 系列幅面规格的图纸。A0 幅

面的图纸称为零号图纸，A1 幅面的图纸称为一号图纸等。图纸幅面的规格见表 1-1。

表 1-1 基本图幅尺寸 单位：mm

尺寸代号＼幅面代号	A0	A1	A2	A3	A4
$b \times l$	841×1189	594×841	420×594	297×420	210×297
c	10			5	
a	25				

注：表中 b 为幅面短边尺寸，l 为幅面长边尺寸，c 为图框线与幅面线间宽度，a 为图框线与装订边间宽度。

绘制图样时，图纸的幅面和图框尺寸必须符合表 1-1 的规定，表中代号含义如图 1-16～图 1-19 所示。

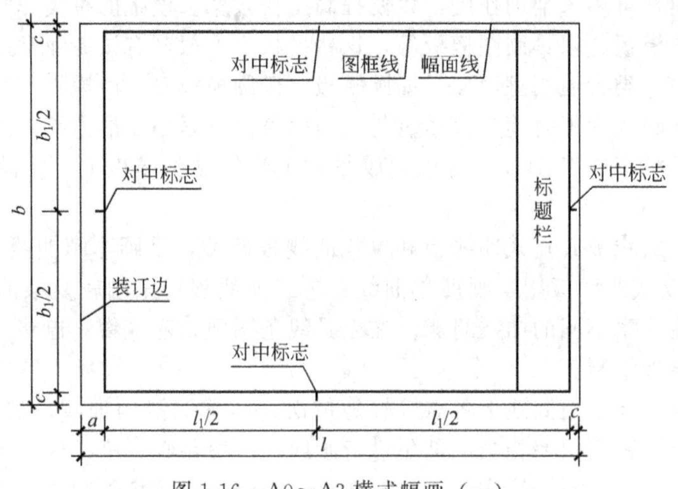

图 1-16 A0～A3 横式幅画（一）

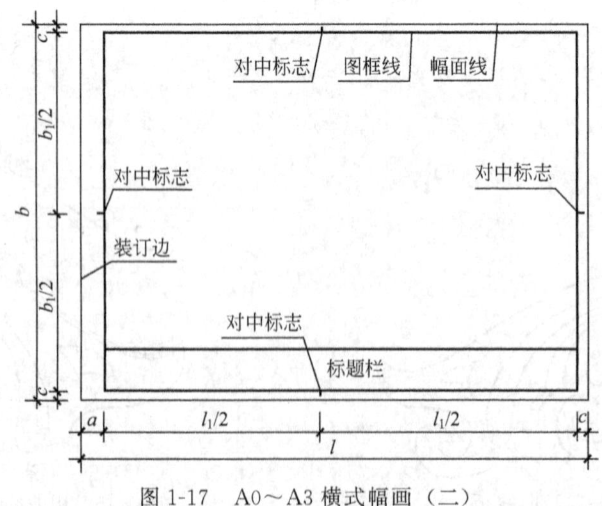

图 1-17 A0～A3 横式幅画（二）

当图的长度超过图幅长度或内容较多时，图纸需要加长。图纸的加长量为原图纸长边的 1/8 的倍数。仅 A0～A3 号图纸可加长，且必须延长图纸的长边。图纸长边加长后的尺寸见表 1-2。

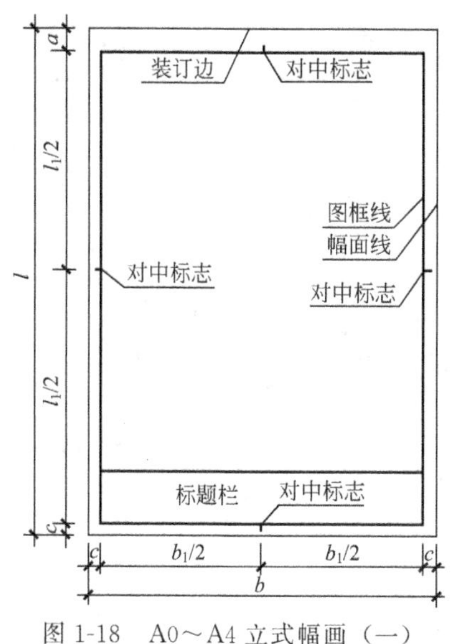

图 1-18 A0～A4 立式幅画（一）

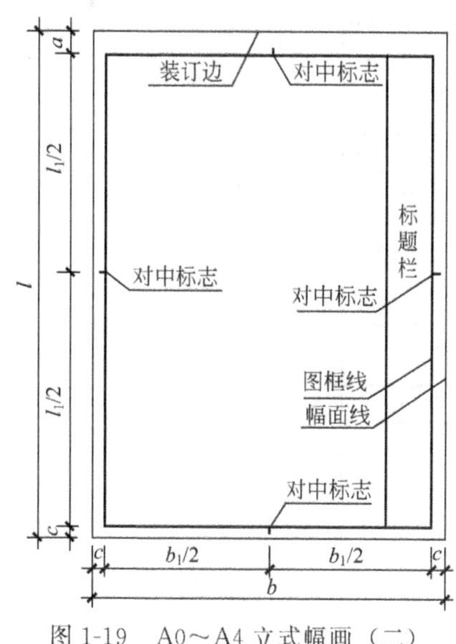

图 1-19 A0～A4 立式幅画（二）

表 1-2 图纸长边加长后尺寸 单位：mm

幅边	长边尺寸	长边加长后尺寸
A0	1189	1486(A0+1/41) 1635(A0+3/81) 1783(A0+1/21) 1932(A0+5/81) 2080(A0+3/41) 2230(A0+7/81) 2378(A0+1)
A1	841	1051(A0+1/41) 1261(A1+1/21) 1471(A1+3/41) 1682(A1+1) 1892(A1+5/41) 2102(A1+3/21)
A2	594	743(A2+1/41) 891(A2+1/21) 1041(A2+3/41) 1189(A2+1) 1338(A2+5/41) 1486(A2+3/21) 1635(A2+7/41) 1783(A2+7/41) 1932(A2+9/41) 2080(A2+5/21)
A3	420	630(A3+1/21) 841(A3+1) 1051(A3+3/21) 1261(A3+21) 1471(A3+5/21) 1682(A3+31) 1892(A3+7/21)

注：有特殊需要的图纸，可采用 $b\times l$ 为 841mm×891mm 与 1189mm×1261mm 的幅面。

② 标题栏。标题栏应符合图 1-20、图 1-21 的规定，根据工程的需要选择确定其尺寸、格式及分区。签字栏应包括实名列和签名列，并应符合下列规定。

a. 涉外工程的标题栏内，各项主要内容的中文下方应附有译文，设计单位的上方或左方，应加“中华人民共和国”字样；

b. 在计算机制图文件中当使用电子签名与认证时，应符合国家有关电子签名法的规定。

在绘制图框和标题栏时，还要考虑线条的宽度等级，见表 1-3。

表 1-3 图框和标题栏宽度 单位：mm

图幅	图框线	标题栏外框线	栏内分路线
A0、A1	b	0.5b	0.25b
A2、A3、A4	b	0.7b	0.35b

（2）图线 庭园工程制图应选用的图线，见表 1-4。

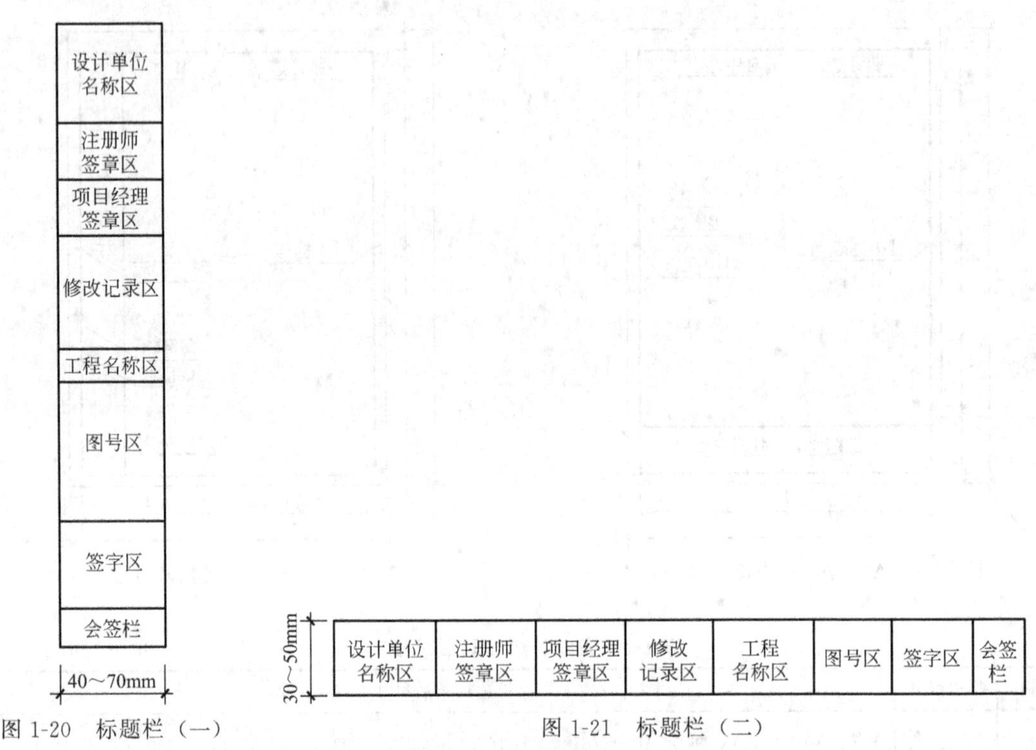

图 1-20　标题栏（一）　　　图 1-21　标题栏（二）

表 1-4　图线　　　单位：mm

名　称		线　型	线　宽
实线	粗	━━━━━	b
	中粗	─────	0.7b
	中	─────	0.5b
	细	─────	0.25b
虚线	粗	━ ━ ━ ━	b
	中粗	- - - - -	0.7b
	中	- - - - -	0.5b
	细	- - - - -	0.25b
单点长画线	粗	━ · ━ ·	b
	中	— · — ·	0.5b
	细	— · — ·	0.25b
双点长画线	粗	━ ·· ━ ··	b
	中	— ·· — ··	0.5b
	细	— ·· — ··	0.25b
折断线	细	—\/—	0.25b
波浪线	细	∿∿	0.25b

（3）比例　图样的比例为图形与实物相对应的线性尺寸之比。比例的大小，是指其比值的大小，如 1∶50 大于 1∶100。比例的符号为“∶”，比例应以阿拉伯数字表示，如 1∶1、

1∶2、1∶100 等。比值大于 1 的比例称之为放大比例，比值小于 1 的比例称为缩小比例。庭园建筑施工图中常用的比例，见表 1-5。

表 1-5　常用的比例

图　名	比　例
总平面图	1∶500,1∶1000,1∶2000
平面图、剖面图、立面图	1∶50,1∶100,1∶200
不常见平面图	1∶300,1∶400
详图	1∶1,1∶2,1∶5,1∶10,1∶20,1∶25,1∶50

在庭园设计中，常用 1∶50 或 1∶100 的比例，稍大点的场地用 1∶200 的比例，1∶20 的比例常用来绘制更小尺度的场地如屋顶花园或者露台。随着设计的深化，绘制细部时可能常会用到 1∶5 的比例。

(4) 字体　图纸上有各种符号、字母代号、尺寸数字及文字说明。标点符号应清楚正确。各种字体均应笔画清晰、字体端正，排列整齐。

① 汉字。汉字应采用国家公布的简化汉字，并用长仿宋字体。长仿宋字体的字高与字宽的比例大约为 1∶0.7。字体高度分 20mm、14mm、10mm、7mm、5mm、3.5mm、2.5mm 七级，一般应不小于 3.5mm。字体宽度相应为 14mm、10mm、7mm、5mm、3.5mm、2.5mm、1.8mm。长仿宋字体示例，如图 1-22 所示。

图 1-22　长仿宋字体示例

长仿宋字体的基本笔画一般有：点、横、竖、撇、捺、钩、挑、折等，掌握基本笔画的书写法，是写好整个字的先决条件。

长仿宋字的写法：

a. 书写长仿宋字时，应先打好字格，以便字与字之间的间隔均匀、排列整齐，书写时应做到字体满格、端正，注意起笔和落笔的笔锋顿挫且横平竖直；

b. 写长仿宋字时，要注意汉字的结构，并应根据汉字的不同结构特点，灵活处理偏旁和整体的关系；

c. 笔画的书写都应做到干净利落、顿挫有力，不应歪曲、重叠和脱节，并特别注意起笔、落笔和转折等关键。

② 字母、数字。图纸上拉丁字母、阿拉伯数字与罗马数字的书写和排列，应符合表 1-6 的规定。

表 1-6　拉丁字母、阿拉伯数字与罗马数字书写规则　　单位：mm

书写格式	一般字体	窄字体
大写字母高度	h	h
小写字母高度(上下均无延伸)	$7/10h$	$10/14h$
小写字母伸出的头部或尾部	$3/10h$	$4/14h$
笔画宽度	$1/10h$	$1/14h$

续表

书写格式	一般字体	窄字体
字母间距	2/10*h*	2/14*h*
上下行基准线的最小间距	15/10*h*	21/14*h*
词间距	6/10*h*	6/14*h*

拉丁字母、阿拉伯数字、罗马数字等可写成斜体，斜体字字头向右倾斜，与水平基准线成 75°。斜体字的高度和宽度应与相应的直体字相等。

(5) 图形符号　平面图中使用不同的符号表示场地现有的或设计中出现的元素，应按比例绘制。

① 索引符号、详图符号。图样中的某一局部或构件，如需另见详图时，应以索引符号索引，如图 1-23(a) 所示。索引符号由直径为 8～10mm 的圆和水平直径组成，圆和水平直径应以细实线表示。索引出的详图与被索引出的详图同在一张图纸内时，应在索引符号的上半圆中用阿拉伯数字注明该详图的编号，并在下半圆中间画一段水平细实线，如图 1-23(b) 所示。索引出的详图与被索引出的详图不在同一张图纸内时，在索引符号的上半圆中用阿拉伯数字注明该详图的编号，在索引符号的下半圆中用阿拉伯数字注明该详图所在图纸的编号，如图 1-23(c) 所示，数字较多时，可加文字标注。

索引出的详图，如采用标准图时，应在索引符号水平直径的延长线上加注该标准图集的编号，如图 1-23(d) 所示。需要标准比例时，文字在索引符号右侧或延长线下方，与符号下对齐。

索引符号，当用于索引剖面详图时，应在被剖切的部位绘制剖切位置线，并以引出线引出索引符号，引出线所在的一侧应为剖视方向，如图 1-24 所示。

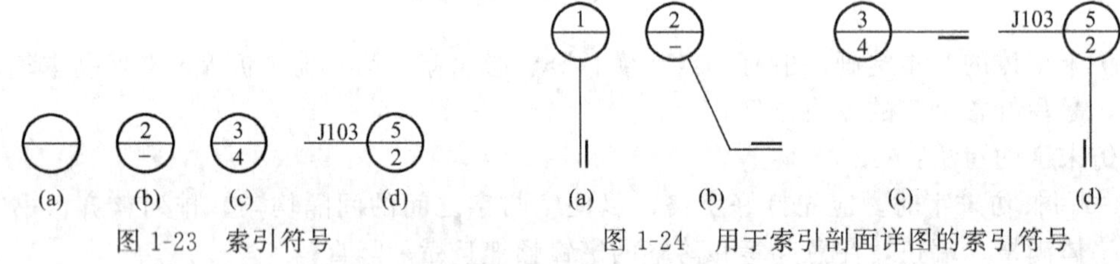

图 1-23　索引符号

图 1-24　用于索引剖面详图的索引符号

零件、杆件的编号用阿拉伯数字按顺序编写，以直径为 5～6mm 的细实线圆表示，同一图样应保持一致。如图 1-25 所示。

详图的位置和编号应以详图符号表示。详图符号的圆用直径为 14mm 的粗线表示，当详图与被索引出的图样在同一张图纸内时，应在详图符号内用阿拉伯数字注明详图的编号，如图 1-26 所示。

当详图与被索引出的图样不在同一张图纸内时，应用细实线在详图符号内画一水平直径，在上半圆中注明详图编号，在下半圆中注明被索引的图纸编号，如图 1-27 所示。

图 1-25　零件、杆件的编号

图 1-26　与被索引出的图样在同一张图纸的详图符号

图 1-27　与被索引出的图样不在同一张图纸的详图符号

② 连接符号。施工图中，当构件详图的纵向较长、重复较多时，可省略重复部分，用

连接符号相连。连接符号用折断线表示所需连接的部位，当两部位相距过远时，折断线两端靠图样一侧要标注大写拉丁字母表示连接编号。两个被连接的图样要用相同的字母编号，如图 1-28 所示。

③ 对称符号。施工图中的对称符号由对称线和两端的两对平行线组成。对称线用细点画线表示，平行线用细实线表示。平行线长度为 6～10mm，每对平行线的间距为 2～3mm，对称线垂直平分于两对平行线，两端超出平行线 2～3mm，如图 1-29 所示。

图 1-28　连接符号　　图 1-29　对称符号

④ 剖切符号。剖视的剖切符号用粗实线绘制，它由剖切位置线和剖视方向线组成，剖切位置线的长度大于剖视方向线的长度。一般剖切位置线的长度为 6～10mm，剖视方向线的长度为 4～6mm。剖视剖切符号的编号为阿拉伯数字，按剖切顺序由左至右、由上至下连续编排，并注写在剖视方向线的端部，如图 1-30 所示。需转折的剖切位置线，在转角的外侧加注与该符号相同的编号。建（构）筑物剖面图的剖切符号通常标注在±0.000 标高的平面图或首层平面图上。

断面的剖切符号用粗实线表示，长度宜为 6～10mm，且仅用剖切位置线而不用剖视方向线。断面剖切符号的编号宜采用阿拉伯数字，按顺序连续编排，并应注写在剖切位置线的一侧，编号所在的一侧为该断面的剖视方向，如图 1-31 所示。

图 1-30　剖视的剖切符号　　图 1-31　断面的剖切符号

剖面图或断面图，当与被剖切图样不在同一张图纸内时，应在剖切位置线的另一侧注明其所在图纸的编号，也可以在图纸上集中说明。

⑤ 引出线。施工图中的引出线应以细实线绘制，它由水平方向的直线或与水平方向成 30°、45°、60°、90°的直线，或经上述角度再折为水平线组成。文字说明宜注写在水平线的上方或端部，如图 1-32(a)、(b) 所示。索引详图的引出线与水平直径线相连接，如图 1-32 (c) 所示。

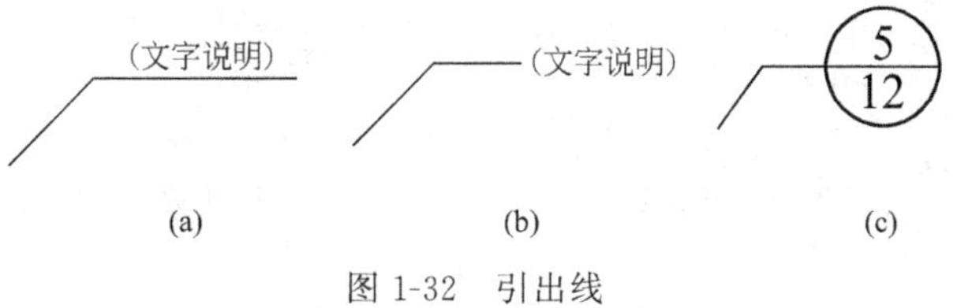

图 1-32　引出线

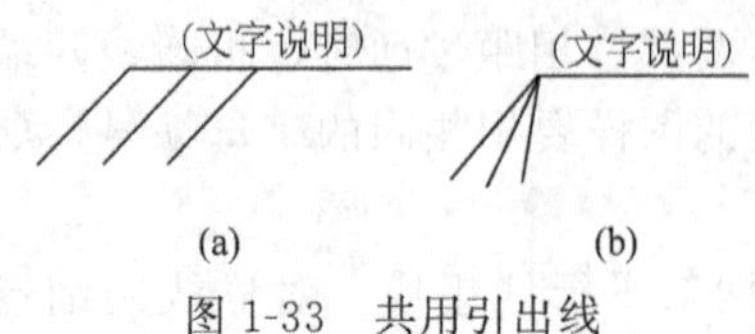

图 1-33　共用引出线

同时引出几个相同部分的引出线，宜相互平行，也可集中于一点的放射线，如图 1-33 所示。

多层构造或多层管道共用的引出线要通过被引出的各层。文字说明注写在水平线的上方或端部，说明的顺序由上至下，与被说明的层次一致。如层次为横向排序时，则由上至下的说明顺序与由左至右的层次相一致，如图 1-34 所示。

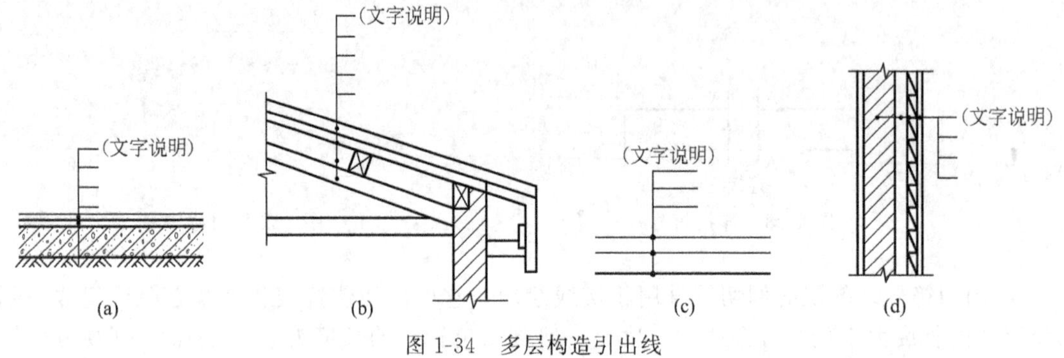

图 1-34　多层构造引出线

（6）尺寸标注。尺寸的标注与组成，见表 1-7。

表 1-7　尺寸的标注与组成

组成	要　求
尺寸线	(1)尺寸线由细实线单独画出，不能用其他图线代替，也不能画在其他图线的延长线上。 (2)线性尺寸的尺寸线应与所标注的线段平行，与轮廓线的间距不宜小于 10mm，互相平行的两尺寸线间距一般为 7～10mm。同一张图纸或同一图形上的这种间距大小应当一致。 (3)尺寸线一般画在轮廓线之外，小尺寸在内，大尺寸在外。 (4)尺寸线不宜超过尺寸界线
尺寸界线	(1)尺寸界线用细实线从图形轮廓线、中心线或轴线引出，不宜与轮廓线相接，应留出不小于 2mm 的间距。当连续标注尺寸时，中间的尺寸界线可以画得较短。 (2)一般情况下，线性尺寸界线应垂直于尺寸线，并超出约 2mm。 (3)允许用轮廓线、中心线作尺寸界线
尺寸起止符号	(1)尺寸起止符号一般用 45°倾斜的中粗斜线绘制，其倾斜方向应与尺寸界线成顺时针 45°角，长度宜为 2～3mm。 (2)标注半径、直径、角度弧长等，起止符号用箭头表示。 (3)当相邻尺寸界线间隔都很小时，尺寸起止符号可用涂黑的小圆点
尺寸数字	(1)工程图上标注的尺寸数字是物体的实际大小，与绘图所用的比例无关。 (2)工程图中的尺寸单位，除总平面图以“m”为单位外，其他图样的尺寸单位，一般以“mm”为单位，并不注单位名称。 (3)注写尺寸数字的读数方向应如图 1(a)所示。对于图中所示 30°范围内的倾斜尺寸，应从左方读数的方向来注写尺寸数字，必要时也按图 1(b)的形式来注写。 (4)任何图线不得穿交尺寸数字，当不可避免时，图线必须断开。 (5)尺寸数字应尽量注写在尺寸线的上方中部。如没有足够的注写位置，最外边的尺寸数字可注写在尺寸界线的外侧，中间相邻的尺寸数字，可上下错开注写，必要时也可引出标注，引出线端部用圆点表示标注尺寸的位置 425　425　425　425　425　425　425　425　425　425　30° (a) 尺寸数字注写方向 425　425 (b) 数字在30°斜区内的标注 图 1　尺寸数字注写方向(单位:mm)

(7) 指北针与风玫瑰图　指北针宜用细实线绘制，其形状如图 1-35(a) 所示，圆的直径宜为 24mm，指针尾部的宽度宜为 3mm。需用较大直径绘制指北针时，指针尾部宽度宜为直径的 1/8。

风玫瑰图是指根据某一地区气象台观测的风气象资料绘制出的图形，分为风向玫瑰图和风速玫瑰图两种，一般多用风向玫瑰图。风向玫瑰图表示风向和风向频率。风向频率是在一定时间内各种风向出现的次数占所有观察次数的百分比。根据各方向风的出现频率，以相应的比例长度，按风向中心吹，描在用 8 个或 16 个方位所表示的图上，然后将各相邻方向的端点用直线连接起来，绘成一个形式宛如玫瑰的闭合折线，就是风玫瑰图。图中线段最长者即为当地主导风向。粗实线表示全年风频情况，虚线表示夏季风频情况，如图 1-35(b) 所示。

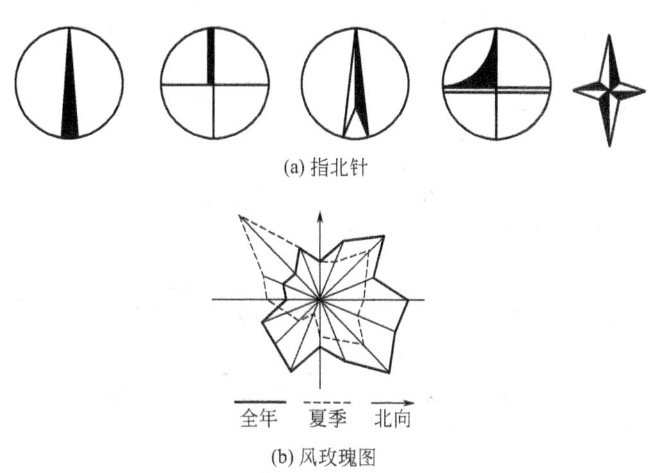

(a) 指北针

(b) 风玫瑰图

图 1-35　指北针与风玫瑰图

二、庭园设计原则

为保证庭园工程建设的顺利实施，庭园设计必须遵守以下原则。

(1) 科学性原则　庭园工程设计，必须依据有关工程项目的科学原理和技术要求进行。如在庭园地形改造设计中，设计者必须掌握设计区的土壤、地形、地貌及气候条件的详细资料。只有这样才会最大限度地避免设计缺陷。又如，在植物造景工程设计时，设计者必须掌握设计区的气候特点，同时详细掌握各种庭园植物的生物、生态学特性，根据植物对水、光、温度、土壤等因子的不同要求进行合理选配。

(2) 适用性原则　所谓适用性是指两个方面：一是因地制宜地进行科学设计；二是使庭园本身的使用功能充分发挥，即要以人为本，既要美观、实用，还必须符合实际，且有可实施性。总之，庭园的功能主要是满足人们的就近休憩，或以静为主，或以动为主，庭园设计的最终目的就是要发挥其有效功能。

(3) 艺术性原则　在科学性和适用性原则的基础上，庭园设计应尽可能做到美观，也就是满足庭园总体布局和造景在艺术方面的要求。只有符合人们的审美要求，才能起到美化环境的功能。

(4) 经济性原则　经济条件是庭园工程建设的重要依据。同样一处设计区，设计方案不同，所用建筑材料及植物材料不同，其投资差异很大。设计者应根据业主的经济条件，达到设计方案最佳并尽可能节省开支。

三、庭园设计分类

庭园工程设计主要有水景设计、假山设计、绿化设计、地形设计、给水排水设计、细部设计等，如表1-8所示。

表1-8 庭园工程设计的分类

序号	类别	说明
1	庭园水景设计	理水是中国自然山水园林的主要造景方法，同时也是庭园的主要造景手法之一，是充分展示水的可塑性从而达到造景目的的重要手段。水景设计主要包括各种人工水体的营造设计，如池、喷泉等
2	庭园假山设计	假山是以造景游览为主要目的，充分地结合其他多方面的功能作用，以土、石等为材料，以自然山水为蓝本并加以艺术的提炼和夸张，用人工再造的山水景物的通称
3	庭园绿化设计	庭园绿化设计就是阐述庭园植物造景的基本原理，讲述植物造景的基本形式以及各类绿地建设中的植物造景方法
4	庭园地形设计	地形是人化风景的艺术概括，不同的地形、地貌反映出不同的景观特征。地形也是其他各种庭园要素附着的骨架。而庭园地形设计就是根据庭园性质和规划要求，因地制宜、因情制宜地塑造地形，施法于自然，而又高于自然对地形进行的改造的设计过程。主要包括地形竖向设计及土方量计算
5	庭园给水排水设计	庭园的给水排水是庭园工程建设的重要组成部分，主要是进行庭园中的给水管网的设计，排水系统的设计，以及给排水设施的设计
6	庭园细部设计	庭园场地通常是偶然形成的，有时顺理成章，有时却是建筑遗留的“边角料”，因此，庭园设计往往需要从细部入手。庭园细部设计内容主要包括庭园地面的铺装、棚架搭设、墙体的装饰、色彩的处理、装饰小品等

四、庭园设计过程

庭园设计与其他工程设计基本相同，主要是造型尺寸的安排与材料的选择使用。一个完整的庭园设计过程应包括研究分析、构思规划与设计执行三个阶段。

1. 研究分析阶段

(1) 了解业主需求　在庭园规划设计之前，应首先与业主进行良好的沟通，并了解业主的使用要求。这是因为不同年龄阶段的人对庭园的使用需求各不相同。人们需要一个幽静、舒适的休闲活动区域。对退休人员来说，可能需要一块健身活动场地，或在内栽种花草、蔬菜。小孩可能需要一块大草坪或实心铺装地，以方便在上面打球、玩耍。也有一些人则是简单地认为庭园是户外活动场所，是室内空间的延伸，只是偶尔种上几棵植物而已。因此，在进行庭园设计之前，一定要了解家庭成员的各种不同需求，以及每一需求的优先程度。

(2) 设计底图的准备　设计庭园无论大小，必须先了解其地形地势、地上设施和邻近的环境状况。然后测量地面各种地形地貌，包括山岳、河流、房屋、道路、田地等地物间的距离、基地的方位及高度，以确定其位置大小，应用比例尺缩绘于设计底图上，成为平面图、地形图或剖面图、略图等，以供使用。在设计程序中每个步骤都需要用到设计底图，因此其必须简明、易读。设计底图上最好不要用太复杂、太细致的图例，但必须保持图面的完整性及各分图的图面连续性。

(3) 场地调查与分析　场地调查范围包括：自然环境、人文环境等。庭园设计，除了依照设计者本身的理想构思之外，必须考虑所有者的需求、经费的限制、造园的目的、自然环境的限制等诸多因素，明确场地分类。场地分析以自然条件、人文条件相互关系为基础，加上业主的意见，综合分析以决定造园的形式，可以为将来的庭园施工、管理及维护节省很多的工作。

2. 构思规划阶段

当庭园设计研究分析阶段完成之后，就开始作设计的构思规划。庭园设计构思规划要尽量图示化，并思考每一种活动与活动之间的相互关系、空间与空间的区位关系，使各个空间的处理安排上尽量地合理、有效。庭园设计构思规划主要有以下几个步骤。

（1）功能图解　将设计功能与空间的理想组合方式在纸上组织设计，安排整个空间的不同尝试，可用不同的图解符号来表明设计中所有空间与元素之间、与建筑之间及与场地之间的设计关系。每个功能区使用一个徒手画的圈替代，并标明相对的大小、比例及位置。功能图解有时是一个概念设计，展示了拟定元素的重新布局，如图 1-36 所示。

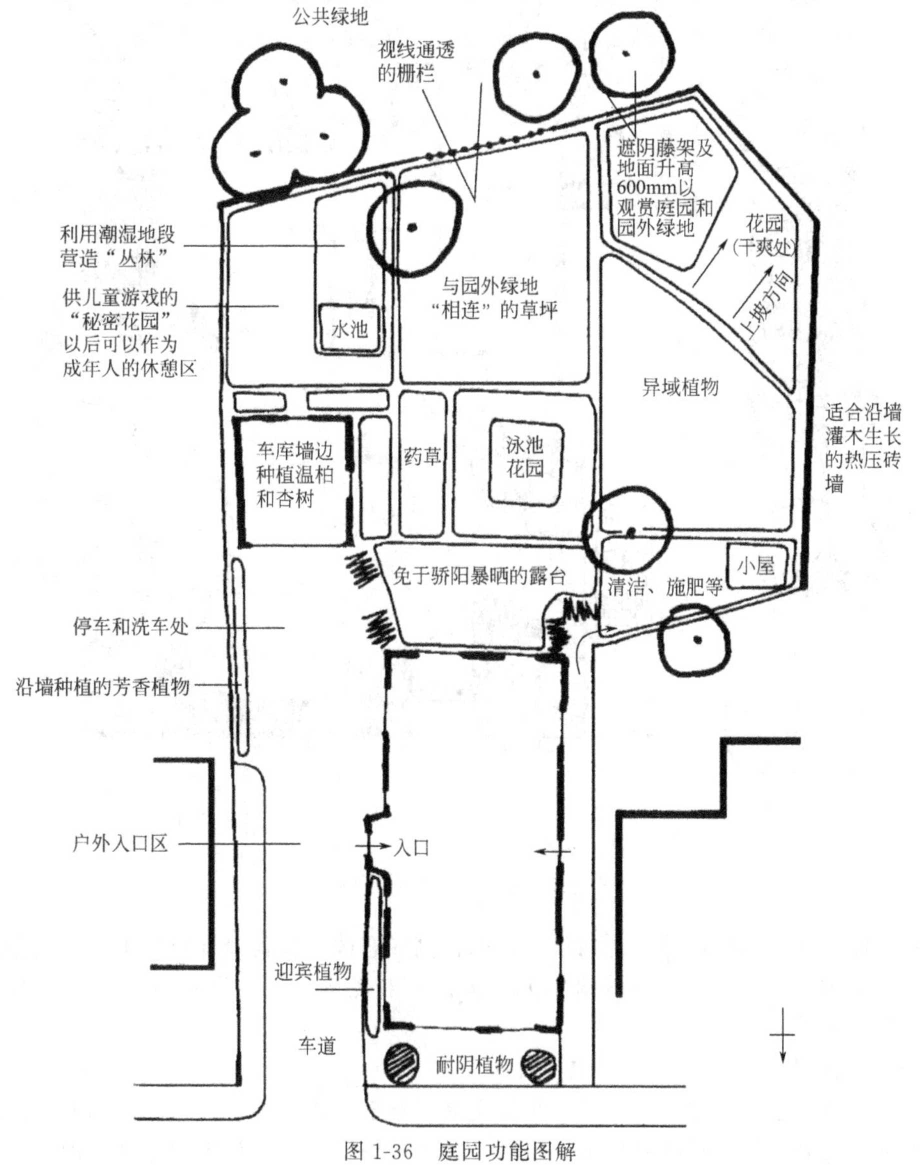

图 1-36　庭园功能图解

(2) 初步设计　初步设计是将松散的庭园功能图解的徒手圈和图解符号，转变为有着大致形状和特定意义的室外空间，如图 1-37 所示。

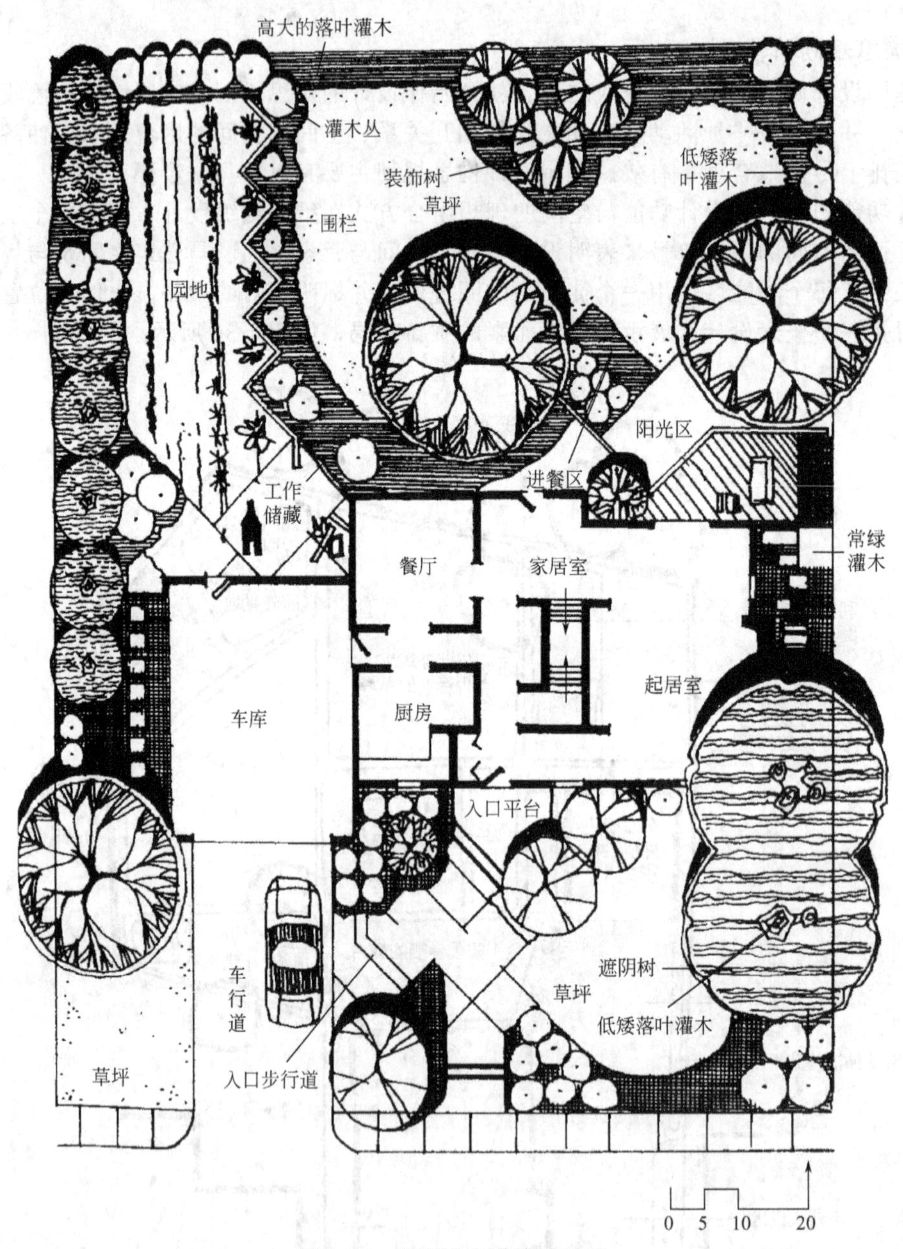

图 1-37　庭园初步设计平面图

(3) 总体设计　总体设计是对初步设计的提高或修改，使得设计更加细致、明确。在总体设计中，植物材料、种类以及构筑物元素的形式和轮廓，墙体和台阶等都表现得更加明确，如图 1-38 所示。

3. 设计执行阶段

当庭园主体规划设计完成后，下一步就是庭园细部结构设计。此时，所用的设计元素主要是考虑细部的处理与材料的利用细节层次。完整的庭园细部设计图应包括：地形图、分区图、平面图、立面图、剖面图、大样图、鸟瞰图或透视图等。

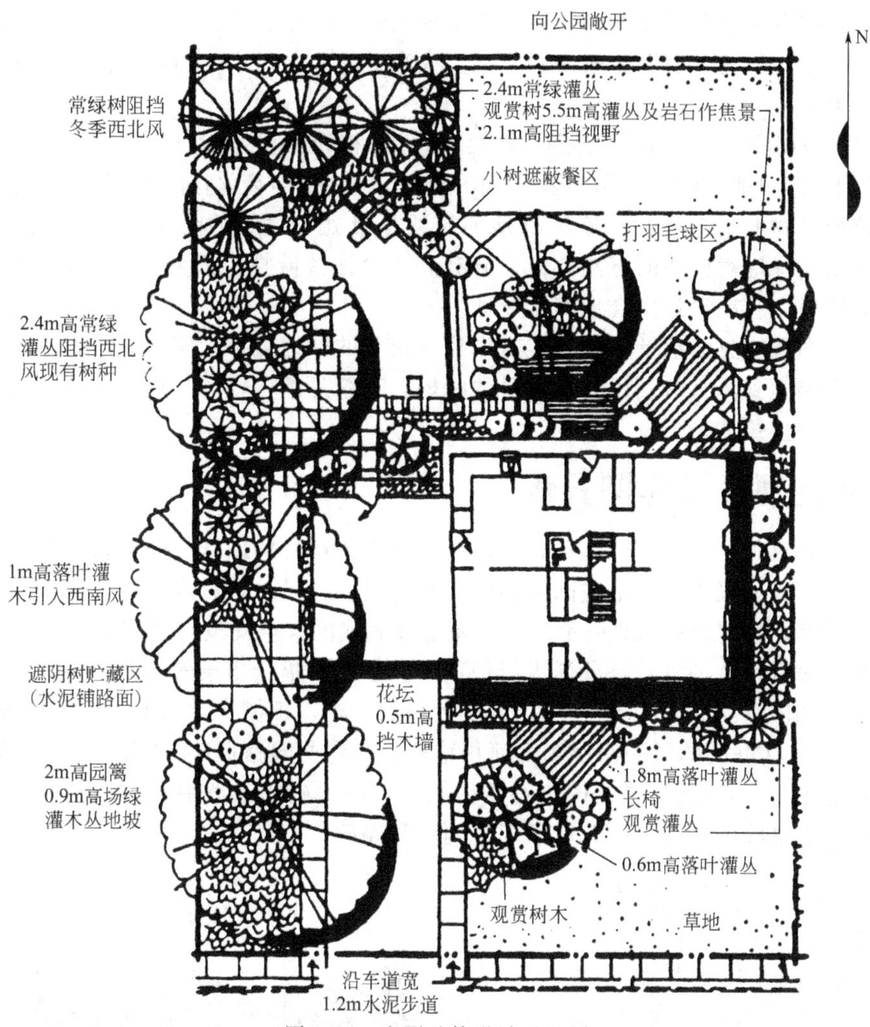

图 1-38　庭园总体设计平面图

五、庭园设计要点

（1）有明确的主题　庭园设计的目的就是为人们提供趣味和享受，因此，要有一个明确的种植风格或主题，如水景园、玫瑰园、赏石园、蔬菜园等，也可以营造一个以种植果树为主的庭园。对于一个果树园来说，充足的阳光和水分是必要的条件，人们在庭园中观赏着硕果累累的石榴、苹果时，感到惊奇、有趣，而又有种探究的神秘感。

（2）运用简单的表现手法　在一些休闲的小庭园中，要努力去营造一种适于休息的静谧平和的氛围，就需要应用简单的表现手法。要营造一个简单的庭园，不是件容易的事，首先要组织好庭园的构思与元素，整体方案必须是明确的。如果第一眼看见庭园时，设计就能清晰地将主题信息表达出来，那这个庭园就具备了简单的特征。简单不是缺少深度和复杂性，而是有效地将这些元素组织起来，连贯一致。

（3）运用以小见大的方法　在处理狭小空间的庭园时，可采用以下两种较容易出效果的办法。一是设置水景，前提是水景必须与整个庭园风格相吻合。水池的设计要富有想象力，设计以简洁为主，水池不要设置得太小，也不要让植物布满水面。在水生植物的选择上，要选择合适的种类，如睡莲、鸢尾、荷花等。在角落处或靠墙处砖砌水池可以最大限度地利用狭窄的场地，布置壁泉和繁茂的背景植物来增加水景的深度。二是设置高于地面的种植池可以提高土壤的排水能力，有利于植物的生长。提高种植池，对小空间的景深和层次感均能起到一定的效果。

（4）组合空间应灵活　边界、地面、构架、山水、植物和家具等组成元素，要根据庭园面积大小精简选择，尽可能交错、穿插，构图中体现融合，空间开合变化宜自然、灵活、优美。

（5）符合植物的生态习性　庭园绿地的位置尽量处于建筑的南面，坐北朝南、背风向阳。负阴抱阳的绿地对植物的自然生长十分有利，要使落叶树、灌木达到花繁似锦的效果，必须有阳光照射，应在设计中合理安排场址。

（6）绿地布置应见缝插针　庭园能有成片或块状的绿地最好，但往往因为停车等功能的需要，使其很难达到。只能利用分布零星的绿地，不管是条状，还是点状布置，随形就势栽植，有利于植物生长就行。

六、庭园景观设计实例分析

日本众议院议长官邸的庭园位于日本江户时期平松藩邸的旧址，庭园设计追求和建筑风格的协调一致，注重景观与内部空间的整体性和连续性，是传统日本庭院样式和近代景观设计的“新和式庭园”，如图 1-39 所示。该庭园是开放式的，空间没有过多的遮挡，视线可以穿透。庭园内最有特点的景致是象征大海的白砂和沙洲，描绘出柔美的曲线轮廓，给整个庭园注入活力，如图 1-40、图 1-41 所示。园中种植的一棵鸡爪槭，成为整个空间的视觉焦点，如图 1-42 所示。在庭园的另一面设置大面积草坪，有弯曲园路贯穿。“石透廊”景观把沙洲和草坪联系起来。“石透廊”是由白色石条铺成的，一端砌入沙洲中，一端砌入草坪内，起到了连接和形态过渡的作用，同时增强了空间的秩序感。

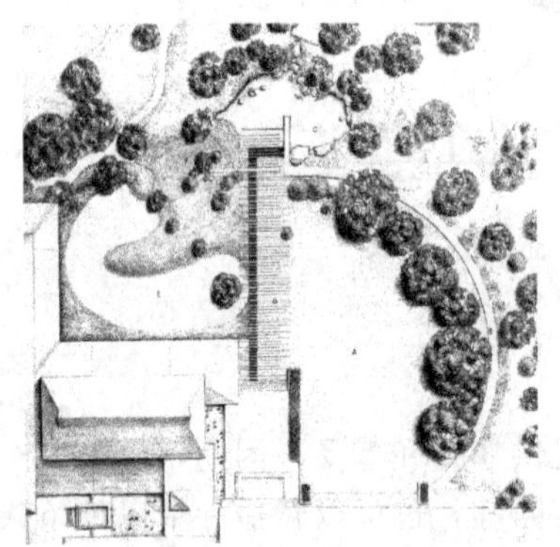

图 1-39　官邸庭园平面图

图 1-40　园景观

图 1-41　园内夜景

图 1-42　孤植的鸡爪槭成为空间的焦点

第三节 庭园施工和养护

一、庭园施工

庭园设计是为庭园施工做准备，如何将庭园设计付诸实施很大程度上取决于庭园布局规划。大部分新建庭园，需要新建水景、露台、台阶、草坪、藤架和庭园建筑很大的工程，需要找专业建造商施工。如果仅仅涉及对现有边界的修整和新植一些植物，则可以自己施工。

庭园工程施工主要包括两部分：构筑物建造和植物栽植。构筑物建造是指结构性设计元素的建造，如水池构筑、铺筑地面、平台、墙体、围栏、台阶、长椅、扶手以及棚架；植物栽植是指种植植物材料。

二、庭园养护

一般的庭园维护工作内容有：灌溉、施肥、除草、修剪、粉刷、补植与构筑物的修缮等。养护工作的水平，会在很长的时间里直接影响植物的生长状况、植床的排列方式、替换构筑元素的材料和颜色，同时还会涉及总体外观与整洁程度。

庭园建好后，需要精心维护直到稳定成型。养护工作进行得好坏很大程度上决定着庭园的发展趋势和景观效果。

对于不同的庭园设施，需要进行不同的养护措施，庭园养护工作注意事项如下。

1. 草坪

① 尽管草坪通常需要精心的维护，但如果选择适应当地的气候和土壤条件的草种，且该草坪又是物尽其用，其维护的费用会相应减少。如有一些植物（北京地区的野牛草、羊胡子草等），它们有着顽强的生命力，更适合在干旱的条件下生长。

② 如果草直接长在一堵墙或台阶边，修剪是一件困难的事情，会伤害到手或者是割草机。因此割草饰边很重要，一个好的草坪饰边需要正好低于与之相连的草坪高度。饰边要用平的材料，可以用砖、混凝土或石头，材料的选择取决于与之相连的构筑物的材料与风格。

③ 植物的生长蔓延过草坪的边缘会引起草坪的退化，甚至取代草坪的位置，而导致花坛的增大。因此，在规则式小庭园中，应用硬边将草坪边界围住以保持清晰的形状。

④ 毗邻道路、围墙、树林的草坪，有必要对边界线进行硬化（为了将沙砾阻挡在草坪之外）。用砖块或石头在树林旁、围墙边砌一条草坪隔离带，可避免在割草时对植物、围墙和机械造成损害。

⑤ 对于一个 90cm 的矮墙，10～15cm 的饰边高度是合适的，这个高度可以保证它的稳固性，22.5cm 宽是合适的，很适合割草机的使用。

2. 花坛

① 形状简单的花坛是比较容易维护的，如果花坛设在草坪旁，就更是如此。注意修剪杂草边界比修剪草坪所需要的时间更长。

② 对于花坛和基础种植植物的选择，应尽量将生长习性相近、对场地要求相近的植物种在一起，其养护管理会较为方便。

③ 要了解花坛的土壤是否太多了，如果过多高出种植池，泥土会洒落在铺装的地面或草地上。坚固的花池尽管使花坛看起来比较拘谨，却可以解决此问题。

④ 地面覆盖物对于维持土壤肥沃、保持湿度和控制杂草生长是很有用的。使土壤保持适当的温度要铺一层至少 75mm 厚的土，并经常施复合有机肥；为了保持土壤湿度和抑制

杂草生长，可以采用沙砾和施用无机物如聚乙烯在卵石或树底等看不见的地方，效果会更显著。

⑤ 有效的排水和持水性对植物保持良好的生长状态至关重要。这就要将沙砾或沙混合在湿土中，通常还要加入有机肥。为了保持土壤中的水分，需加入颗粒小的有机肥或颗粒状的聚合物，这些有机肥或聚合物要埋入土中以免伤害小鸟。

⑥ 将水管或灌溉系统引入花盘，以确保水能进入土壤而不是流失了。另外，将一个球形金属丝网放在花盆上，可防止小动物进入。

⑦ 由于控制杂草是维护的主要工作之一，因此，种植地被植物尤为重要。为了防止土壤中的杂草种子或根的生长，在种植之前应对花坛进行彻底的翻耕。长远来看，这样做会节省时间。对于已有的花坛来说，浅锄比深耕要好，因为这样植物的根受到干扰或损伤的可能性就较小。这样，还可以避免因挖开土壤使更多的杂草种子进入土壤中。

3. 树木

① 幼苗移栽。树木最好在幼苗移栽，这是为了保证成活率和最少的维护量。当移植到一个新的环境中，小树比大树更容易成活并能迅速生长。

② 假如有木桩等恰当的支撑，成年大树的移栽也会取得较好的效果。要经常检查风对树，特别是对树干基部的摇动情况，以及木桩绑绳对树干的勒伤情况。最好是用弹性的或柔软的绑绳。当大树已经成活后，将木桩和绑绳移走，这一过程通常需要两年的时间。

③ 为使各种大小的树木都能够移栽成活，可在树的基部覆盖一层有机物、砂砾、聚乙烯或纤维混合物。

④ 保护枝干免受割草机、修枝器或动物的伤害。有一些商业设备在这方面是很有效的，如树用螺旋体或金属框等。有时树木需要用绷带围起来，但要保证绷带的松紧合适。

⑤ 为了方便坡地或干燥地的灌溉，将大花盆埋入地下至植株的根系上部。

⑥ 混合肥料，特别是那种能缓慢释放肥效的肥料，能促进树木移栽成活。

4. 地被植物

当高大的植物或小乔木由于过于干燥或阴暗而致使杂草丛生或出现裸露时，地被植物就会大显身手。选用当地的地被植物是明智之举，它能够适应当地的环境条件。用这些地被植物来对付杂草是非常有效的，只要必须注意它们本身不会因生长过盛而失去控制就行了。

5. 池塘

① 尽快将池塘水面的落叶和草移开。这些东西会加速碎屑的积累，改变池水的 pH 值或增加微生物、二氧化碳及其他气体。

② 在池塘边的树木和草地使用除草剂或施肥时一定要小心，如果池水受到污染，将会产生灾难性的后果。

6. 游泳池

① 为了满足主人的特殊要求，施工者应设立一个完善的维护体系，以保证使用者的健康和池水的清洁。

② 维护规划包括一些简单的设施。例如，要使游泳池的边缘向外倾斜，以防灰尘、污泥和雨水等进入游泳池。游泳池应与树木有一定距离。

③ 在浅水区建一个儿童洗脚池，会减少大量的污垢进入游泳池，特别是对于附近有草、沙或泥的游泳池。

7. 铺装地面及台阶

① 正确地铺装地面，不但能使地面保持清洁，而且几乎不需要维护。但在潮湿、阴冷

的地方要注意防苔，除非喜欢满地苔藓的地面。在寒冷的天气，霜冻可能会引起铺砖的移动。

② 铺装表面要易于清理或清洗。如果表面过于粗糙，一些小碎物就会滞留在铺装的小洞或小缝隙里。如果过于光滑，在湿润与下雨的天气，人走在上面就很容易滑倒。在必要的情况下，可以在样品上试一下，铺装的粗糙程度是否合适。

③ 砾石路需要耙平。使用与泥土拌在一起的砾石要注意将路面凹凸不平的地方铺平。

8. 垂直建筑

① 用针叶树材建成的建筑物的外表要用长效防腐剂进行处理。否则，就得定期对其进行防腐处理。

② 硬木建筑物一般不要上漆，因为它不像软材那样能使涂料渗入，所以涂料很容易剥落。为了使其外观好看，可以对其进行染色。

③ 尽量不要对户外的建筑上涂料，否则，就要长期进行维护工作。

第二章

庭园水景设计与施工

第一节　庭园水景概述

一、水景概述

水景是指利用瀑布、水帘、跌水、静水、湍流/急流、缓流、射流、膜流、掺气流、水雾等水的形态形成各种特色的水道、湖、塘、池、泉等景致。水景景观以水为主，建筑物周围要有“水”来相伴，依海、靠湖、临河或人工造“水”都属于水景的概念。

水景可分动态水景和静态水景。以天然或人工湖泊类水体所形成的景观为静态水景，天然或人工河道类重力产生的水流和机械提升流动的水体所形成的景观为动态水景。

在庭园工程中，以水池为中心，辅以溪涧、水谷、瀑布等，配合山石、花木和亭阁形成各种不同的景色，是一种传统的布置手法。庭园水景通常以人工化水景居多，根据庭园空间的不同，采取多种手法进行引水造景，如叠水、溪流、瀑布、涉水池等，使自然水景与人工水景融为一体，同时借助水的动态效果营造充满活力的居住氛围。

二、水景的类型

1. 按水体的形态划分

按水体的形态划分可分为平静型、流动型、喷涌型和跌落型。

平静型水景主要有湖泊、水池、水塘，流动型水景主要有溪流、水坡、水通、水涧，喷涌型水景主要有各种类型的喷泉，跌落型水景主要有瀑布、水帘壁泉、水梯、水墙。

2. 按水体的来源和存在状态划分

按水体的来源和存在状态划分可分为天然型、引入型和人工型。

天然型水景就是景观区域毗邻天然存在的水体（如江、河、湖等）而建，经过一定的设计，把自然水景“引借”到景观区域中的水景。

引入型水景就是天然水体穿过景观区域，或经水利和规划部门的批准把天然水体引入景观区域，并结合人工造景的水景。

人工型水景就是在景观区域内外均没有天然的水体，而是采用人工开挖蓄水，其所用水体完全来自人工，纯粹为人造景观的水景。

三、水景的作用

1. 焦点作用

飞涌的喷泉、狂跌的瀑布等动态水景，其形态和声响很容易引起人们的注意，对人们的视线具有一种收聚的、吸引的作用。这类水景往往就能够成为庭园某一空间中的视线焦点和主景。这就是水体的直接焦点作用。作为直接焦点布置的水景设计形式有：喷泉、瀑布、水帘、水墙、壁泉等。

2. 系带作用

水面具有将不同的庭园空间和庭园景点联系起来，而避免景观结构松散的作用，这种作用就叫作水面的系带作用。

① 将水作为一种关联因素，可以在散落的景点之间产生紧密结合的关系，互相呼应，共同成景。一些曲折而狭长的水面，在造景中能够将许多景点串联起来，形成一个线状分布的风景带。例如，扬州瘦西湖，其带状水面绵延数千米，一直达到平山堂；众多的景点或依水而建，或深入湖心，或跨水成桥，整个狭长水面和两侧的景点就好像一条翡翠项链。水体这种方向性较强的串联造景作用，就是线型系带作用。

② 一些宽广坦荡的水面，如杭州西湖，则把环湖的山、树、塔、庙、亭、廊等众多景点景物，和湖面上的苏堤、断桥、白堤、阮公墩等名胜古迹，紧紧地拉在一起，构成了一个丰富多彩、优美动人的巨大风景面。庭园水体这种具有广泛联系特点的造景作用，称为面型系带作用。

3. 统一作用

许多零散的景点均以水面作为联系纽带时，水面的统一作用就成了造景最基本的作用。如苏州拙政园中，众多的景点均以水面为底景，使水面处于全园构图核心的地位，所有景物景点都围绕着水面布置，就使景观结构更加紧密，风景体系也就呈现出来，景观的整体性和统一性就大大加强了。从庭园中许多建筑的题名来看，也都反映了对水景的依赖关系（如倒影楼、塔影楼等）。水体的这种作用，还能把水面自身统一起来。不同平面形状和不同大小的水面，只要相互连通或者相互邻近，就可统一成一个整体。

4. 基面作用

大面积的水面视域开阔坦荡，可作为岸畔景物和水中景观的基调、底面使用。当水面不大，但水面在整个空间中仍具有面的感觉时，水面仍可作为岸畔或水中景物的基面，产生倒影，扩大和丰富空间。如北京北海公园的琼华岛有被水面托起浮水之感。

四、水景的表现形式与形态

1. 表现形式

（1）静水　静水主要表现为：

① 色。有青、白绿、蓝、黄、新绿、紫草、红叶、雪景。

② 波。风乍起，吹皱一池春水，波纹涟漪，波光粼粼。

③ 影。有倒影、反射、逆光、投影、透明度。

④ 压力水景。表现为喷、涌、溢泉、间歇水，动态美，欢乐的源泉，犹如喷珠吐玉，千姿百态。

（2）流水　流水有急缓、深浅之分，也有流量、流速、幅度大小之分，蜿蜒的小溪，使环境更富有个性与动感。

（3）落水　水源因蓄水和地形条件的影响而形成落差浅潭。水由高处下落则有线落、布落、挂落、条落、多级跌落、层落、片落、云雨雾落、壁落等形式，时而悠然而落，时而奔腾磅礴。

2. 表现形态

水景的表现形态主要有以下几种。

（1）开朗的水景　水域辽阔坦荡，仿佛无边无际。水景空间开朗、宽敞，极目远望，天连着水、水连着天，天光水色，一派空明。这一类水景主要是指江、海、湖泊。若将水景建在这样的地带，就可以向宽阔的江面借景，从而获得开朗的水景。

(2) 闭合的水景　水面面积不大，但也算宽阔。水域周围景物较高，向外的透视线空间仰角大于 13°，常在 18°左右，空间的闭合度较大。由于空间闭合，排除了周围环境对水域的影响，因此，这类水体常有平静、亲切、柔和的水景表现。一般的庭园水景池、观鱼池、休闲泳池等水体都具有这种闭合的水景效果。

(3) 动态的水景　水景水体中湍急的流水、狂泄的瀑布、奔腾的跌水和飞涌的喷泉就是动态感很强的水景。动态水景给庭园带来了活跃的气氛和勃勃的生气。

(4) 幽深的水景　带状水体如河、渠、溪、涧等，当穿行在密林中、山谷中或建筑群中时，其风景的纵深感很强，水景表现出幽远、深邃的特点，环境显得平和、幽静，暗示着空间的流动和延伸。

(5) 小巧的水景　我国古代庭园中常见的流杯池、砚池、剑池、壁泉、滴泉、假山泉等，水体面积和水量都比较小。虽然小，但显得精巧别致、生动活泼，能够小中见大，让人感到亲切有趣。

可以看出，庭园水体的大小宽窄、长短曲直，以及水景要素的不同组合方式都会产生不相同的观景效果。

3. 水景的平面形态

(1) 自然式水体　岸边的线型是自由曲线线型，由线围合成的水面形状是不规则的和有多种变异的形状，这样的水体就是自然式水体。自然式水体主要可分宽阔型和带状型两种。

(2) 规则式水体　规则式水体都是由规则的直线岸边和有轨迹可循的曲线岸边围成的几何图形水体。根据水体平面设计上的特点，规则式水体可分为圆形系列水体、方形系列水体、方圆形系列水体和斜边形系列水体四类。

① 圆形系列水体。主要的平面设计形状有圆形、矩圆形、椭圆形、半圆形、月牙形等，这类池形主要适用于面积较小的水池，如图 2-1 所示。

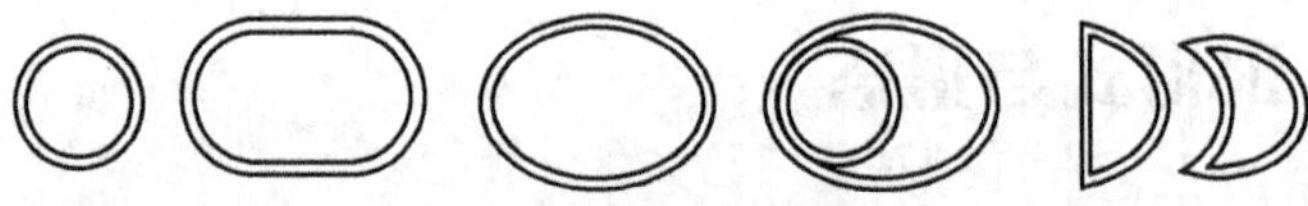

图 2-1　圆形系列水体

② 方形系列水体。这类水体的平面形状，在面积较小时可设计为正方形和长方形；在面积较大时，则可在正方形和长方形基础上加以变化，设计为亚字形、凸角形、曲尺形、凹字形、凸字形和组合形等。应当指出，直线形的带状水渠，也应属于矩形系列的水体形状。如图 2-2 所示。

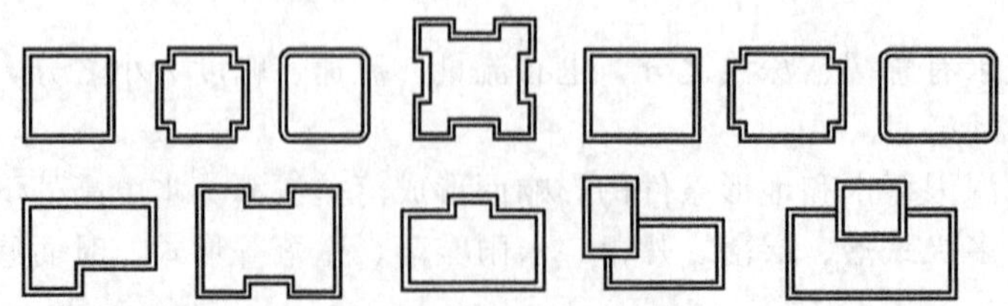

图 2-2　方形系列水体

③ 方圆形系列水体。由圆形和方形、矩形相互组合变化出的一系列水体平面形状，如图 2-3 所示。

图 2-3 方圆形系列水体

④ 斜边形系列水体。水体平面形状设计为含有各种斜边的规则几何形，包括三角形、菱形、六边形、五角形，和具有斜边的不对称、不规则的几何形，如图 2-4 所示。这类池形可用于不同面积大小的水体。

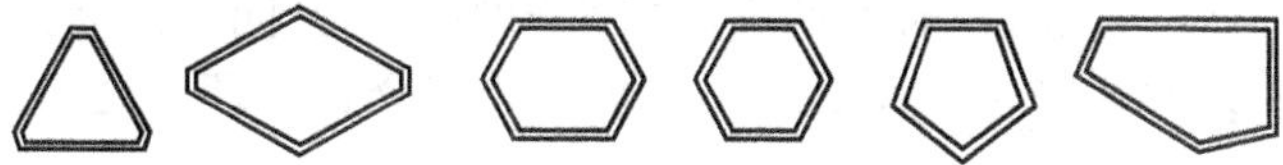

图 2-4 斜边形系列水体

（3）混合式水体　混合式水体是规则式水体形状与自然式水体形状相结合的一类水体形式。在景观水体设计中，在以直线、直角为地块形状特征的建筑边线、围墙边线附近，为了与建筑环境相协调，常常将水体的岸线设计成局部的直线段和直角转折形式，水体在这一部分的形状就成了规则式。而在距离建筑、围墙边线较远的地方，自由弯曲的岸线不再与环境相冲突，就可以完全按自然式进行设计。

五、水景设计常用方法及效果

1. 常用方法

（1）隐约　使配植着疏林的堤、岛和岸边景物相互组合与相互分隔，将水景时而遮掩、时而显露、时而透出，这样就可以获得隐隐约约、朦朦胧胧的水景效果。

（2）亲和　通过贴近水面的汀步、平曲桥，映入水中的亭、廊建筑，以及又低又平的水岸造景处理，把游人与水景的距离尽可能地缩短，水景与游人之间就体现出一种十分亲和的关系，使游人感到亲切、合意、有情调和风景宜人。

（3）暗示　池岸岸口向水面悬挑、延伸，让人感到水面似乎延伸到了岸口下面，这是水景的暗示作用。将庭园水体引入建筑物室内，水声、光影的渲染使人仿佛置身于水底世界，这也是水景的暗示效果。

（4）延伸　景观建筑一半在岸上，另一半延伸到水中；或岸边的树木采取树干向水面倾斜、树枝向水面垂落或向水心伸展的态势，都使临水之意显然。前者是向水的表面延伸，而后者却是向水上的空间延伸。

（5）萦回　由蜿蜒曲折的溪流，在树林、水草地、岛屿、湖滨之间回还盘绕，突出了风景流动感。这种效果反映了水景的萦回特点。

（6）迷离　在水面空间处理中，利用水中的堤、岛、植物、建筑，与各种形态的水面相互包含与穿插，形成湖中有岛、岛中有湖，景观层次丰富的复合性水面空间。在这种空间中，水景、树景、堤景、岛景、建筑景等层层展开，不可穷尽。游人置身其中，顿觉境界相异、扑朔迷离。

（7）藏幽　水体在建筑群、林地或其他环境中，都可以把源头和出水口隐藏起来。隐去源头的水面，反而可给人留下源远流长的感觉；把出水口藏起的水面，水的去向如何，也更能让人遐想。

（8）渗透　水景空间和建筑空间相互渗透，水池、溪流在建筑群中流连、穿插，给建筑群带来自然鲜活的气息。有了渗透，水景空间的形态更加富于变化，建筑空间的形态则更加轩敞，更加灵秀。

(9) 收聚　大水面宜分，小水面宜聚。面积较小的几块水面相互聚拢，可以增强水景表现。特别是在坡地造园，由于地势所限，不能开辟很宽大的水面，就可以随着地势升降，安排几个水面高度不一样的较小水体，相互聚在一起，同样可以达到大水面的效果。

(10) 沟通　分散布置的若干水体，通过渠道、溪流顺序地串联起来，构成完整的水系，这就是沟通。

(11) 水幕　建筑被设置于水面之下，水流从屋顶均匀跌落，在窗前形成水幕。再配合音乐播放，则既有跌落的水幕，又有流动的音乐，室内水景别具一格。

(12) 开阔　水面广阔坦荡，天光水色，烟波浩渺，有空间无限之感。这种水景效果的形成，常见的是利用天然湖泊点缀人工景点。使水景完全融入环境之中。而水边景物如山、树、建筑等，看起来都比较遥远。

(13) 象征　以水面为陪衬景，对水面景物给予特殊的造型处理，利用景物象形、表意、传神的作用，来象征某一方面的主题意义，使水景的内涵更深，更有想象和回味的空间

(14) 隔流　隔流对水景空间进行视线上的分隔，使水流隔而不断，似断却连。

(15) 引入　引入和水的引出方法相同，但效果相反。水的引入，暗示的是水池的源头在园外，而且源远流长。

(16) 引出　庭园水池设计中，不管有无实际需要，都将池边留出一个水口，并通过一条小溪引水出园，到园外再截断。对水体的这种处理，其特点还是在尽量扩大水体的空间感，向人暗示园内水池就是源泉，暗示其流水可以通到园外很远的地方。所谓“山要有限，水要有源”的古代画理，在今天的庭园水景设计中也有应用。

2. 景观效果

庭园水景的景观效果，如图 2-5 所示。

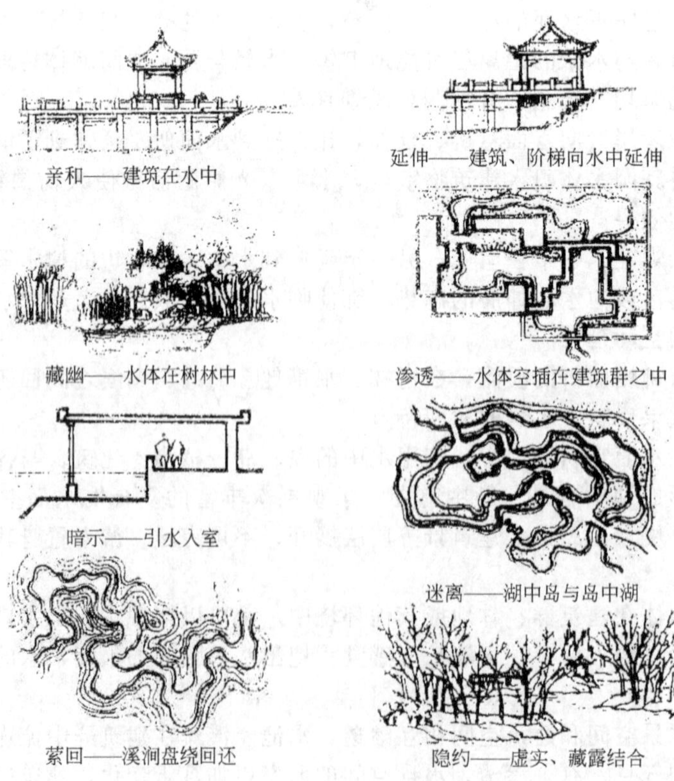

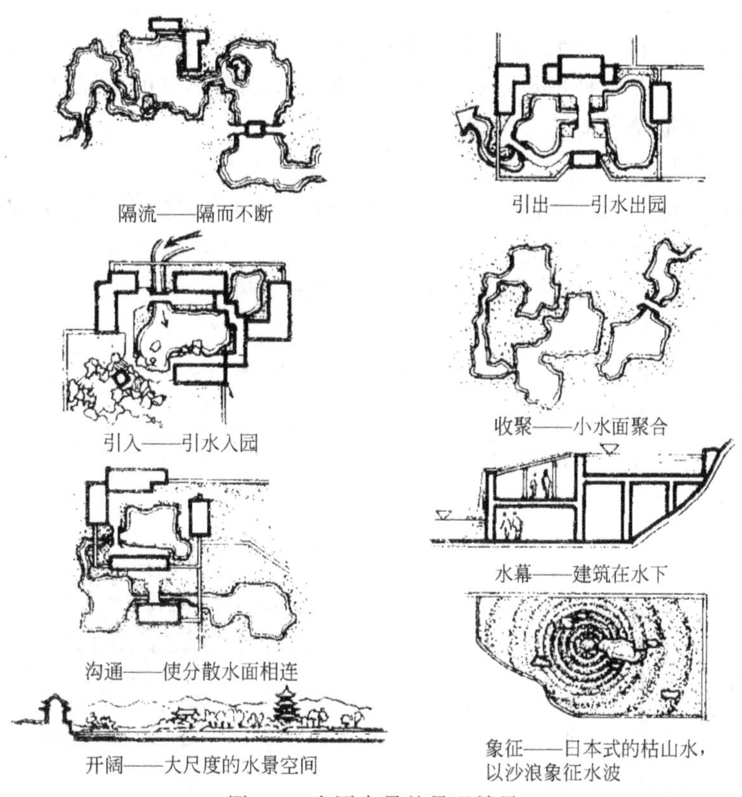

图 2-5　庭园水景的景观效果

第二节　水池设计与施工

一、水池的类型

水池的形态种类众多，其深浅和池壁、池底材料也各不相同，常有规则严谨的几何式和自由活泼的自然式之分，也有浅盆式（水深≤60mm）与深盆式（水深≥1000mm）之别，还有运用节奏韵律的错位式、半岛式、岛式、错落式、池中池、多边形组合、圆形组合式、多格式、复合式、拼盘式等。水池按其修建材料来分，可分为刚性结构和柔性结构两种。

对于以回归自然，调节心情为目的而设计的庭园来说，水池是重要的构成元素。清澈幽凉的流水会给庭园增添无穷的魅力与美感。

二、水池设计

1. 水池的平面设计

水池的平面设计，首先应明确水池在地面以上的平面位置、尺寸和形状，这是水池设计的第一步。水池的大小和形状需要根据整体园林工程建设来确定，其中水池形状设计最为关键，水池按池岸的线型种类分为以下两类。

（1）规则式水池　规则式水池的池岸线围成规则的几何图形，显得整齐大方，是现代庭园建设中应用越来越多的水池类型。在西方庭园中的水池大多为规则的长方形或正方形。在我国现代庭园中，也有很多规则式水池，而规则式水池在广场及建筑物前，能起到很好的装点和衬托作用。

(2) 自然式水池　自然式水池池岸线为自然曲线。在公园的游乐区中以小水面点缀环境，水池常结合地形、花木种植设计成自然式；在水源不太丰富的风景区及生态植物园中，也需要在自然式的水池培养荷花鱼类等各种水生生物。

2. 水池立面设计

水池立面设计主要是立面图的设计，立面图要反映水池主要朝向的池壁的高度和线条变化。池壁顶部离地面的高度不宜过大，一般为 20cm 左右。考虑到方便游人坐在池边休息，可以增高到 35～45cm，立面图上还应反映喷水的立面效果。

3. 水池的剖面设计

庭园中的水池，一般深度相差不大，面积大的大小差异却很大。无论水池的大小、深浅，都必须做好结构剖面设计。

(1) 砖石墙池壁水池　水池深小于 1m、面积较小的池壁，防水要求不高时，可以采用图 2-6 和图 2-7 的设计。

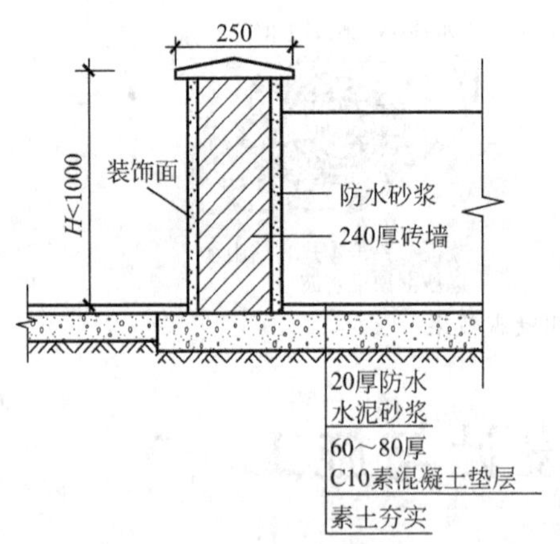

图 2-6　砖水池（单位：mm）

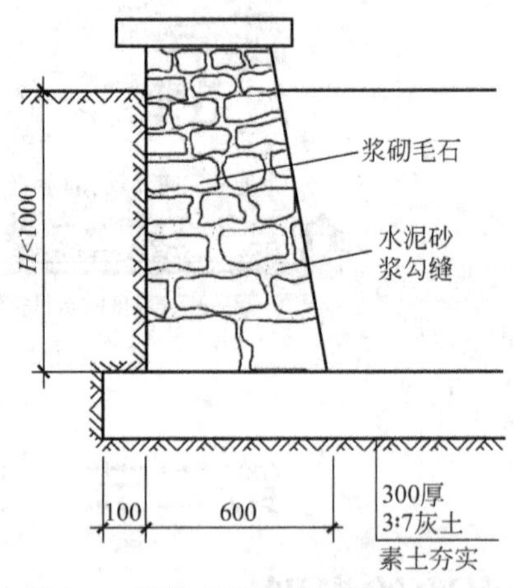

图 2-7　简易毛石水池（单位：mm）

如果对水池的防水要求较高，一般采用砖墙，加二毡三油防水层，如图 2-8 所示。因为砖比毛石外形规整，浆砌后密实，容易达到防水效果，也可采用现代新型材料，如 SBS 改性沥青防水卷材等。

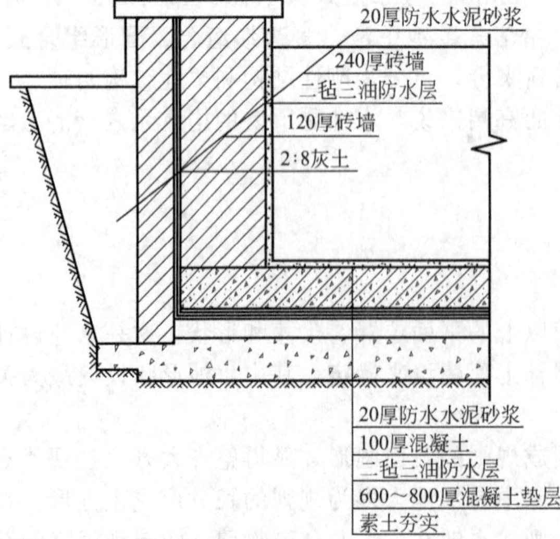

图 2-8　外包防水层水池（单位：mm）

(2) 钢筋混凝土池壁水池　钢筋混凝土池壁水池的特点是自重轻，防渗漏性能好，同时还可以防止各类因素所产生的变形而导致池底、池壁的裂缝。池底、池壁可以按构造要求配 $\phi 8 \sim 12$ 钢筋，间距 20～30cm。水池深度为 600～1000mm 的钢筋混凝土水池的构造厚度配筋及防水处理可参考图 2-9 和图 2-10。

(3) 水池剖面图的设计　水池的剖面图，反映水池的结构和要求。剖面图从池壁顶部到池底基础标明各部分的材料、厚

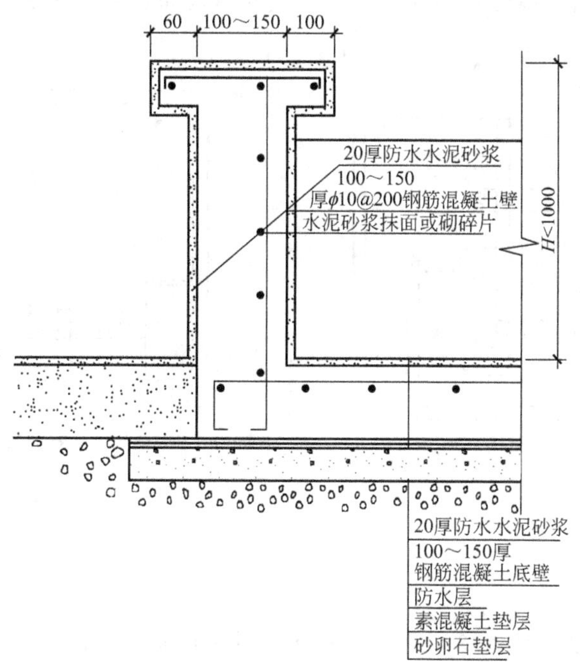

图 2-9　钢筋混凝土地上水池（单位：mm）

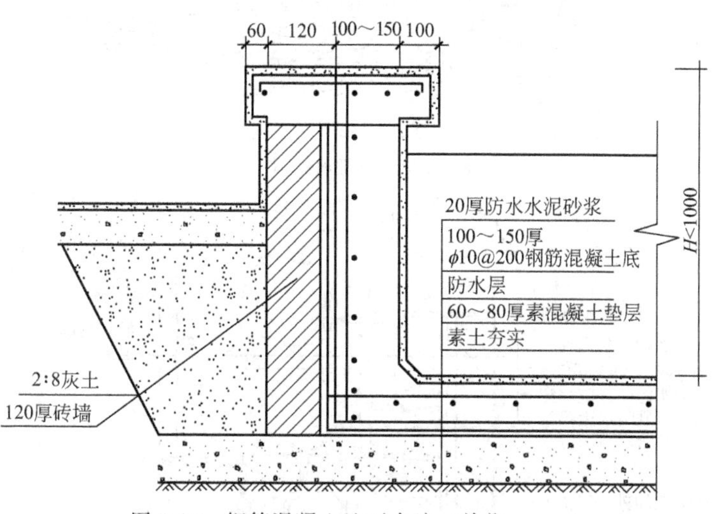

图 2-10　钢筋混凝土地下水池（单位：mm）

度及施工要求。剖面图要有足够的代表性。为了反映整个水池各部分的结构，可以用各种类型的剖面图。如比较简单的长方形水池，可以用一个剖切面，标明各部分的结构和材料。对于组合式水池，就要用两个或两个以上平行平面或相交平面剖切，才能够完全表达。如果一个剖面图不足以反映时，可增加剖面图的个数。

4. 水池的管线安装设计

水池管线的布置设计，可以结合水池的平面图进行，标出给水管、排水管的位置。上水闸门井平面图要标明给水管的位置及安装方式。如果是循环用水，还要标明水泵及电机的位置。上水闸门井剖面图，不仅应标出井的基础及井壁的结构材料，而且应标明水泵电机的位置及进水管的高程。下水闸门井平面图应反映泄水管、溢水管的平面位置；下水闸井剖面图应反映泄水管、溢水管的高程及井底部、壁、盖的结构和材料。图 2-11 和图 2-12 分别为水池管线平面、立面布置示意。

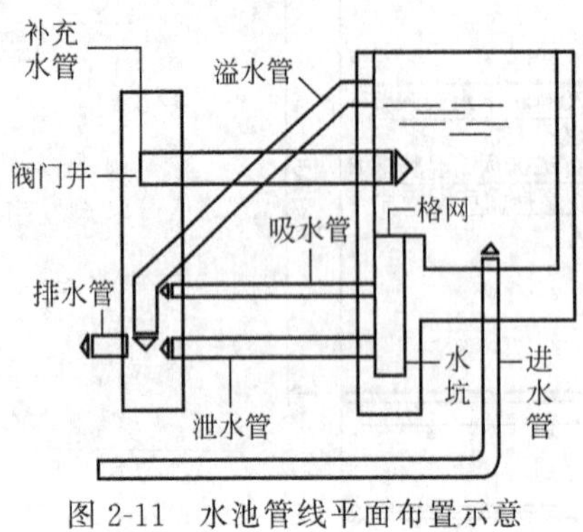

图 2-11　水池管线平面布置示意

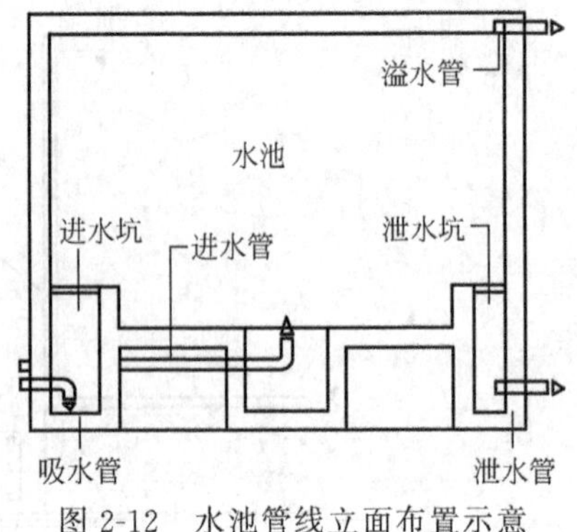

图 2-12　水池管线立面布置示意

三、水池施工

1. 刚性材料水池

刚性材料水池做法如图 2-13～图 2-15 所示，其一般施工工艺如下。

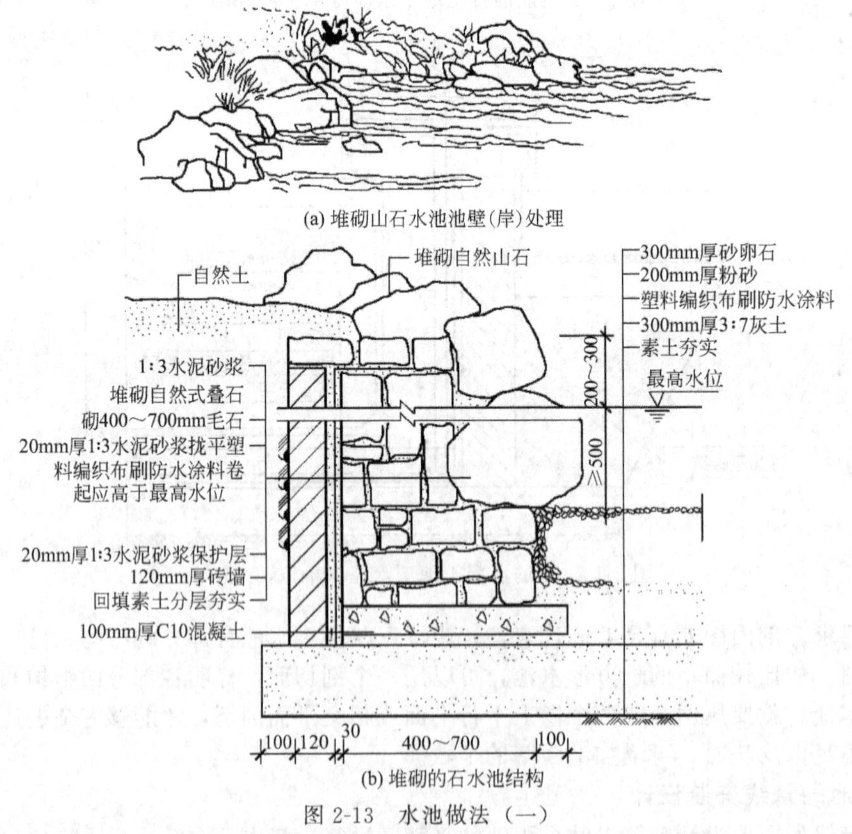

图 2-13　水池做法（一）

（1）施工放样　根据设计图纸定点放线。放线时，水池的外轮廓应包括池壁厚度。为便于施工，池外沿各边加宽 50cm，用石灰或黄砂放出起挖线，每隔 5～10m 打一小木桩，并标记清楚。方形（含长方形）水池，直角处要校正，并最少打 3 个桩。圆形水池，应先定出

(a) 混凝土铺底水池池壁(岸)处理

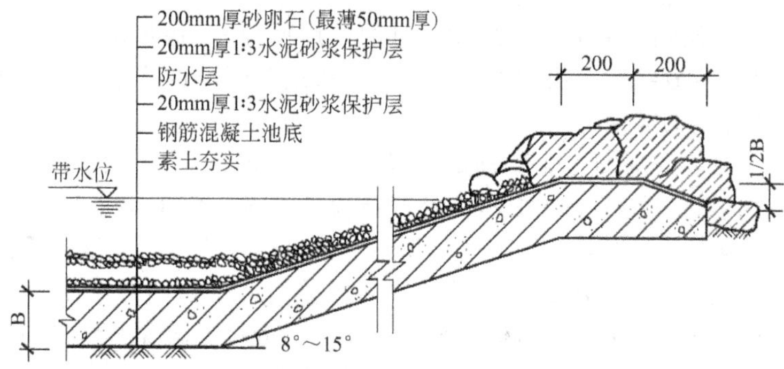

(b) 混凝土铺底水池结构

图 2-14　水池做法（二）

(a) 混凝土仿木桩水池池壁(岸)处理

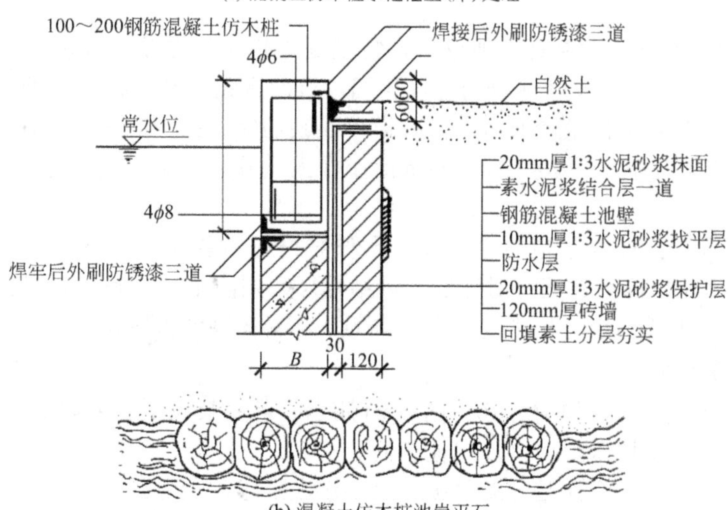

(b) 混凝土仿木桩池岸平石

图 2-15　水池做法（三）

水池的中心点，再用线绳以该点为圆心，水池宽的一半为半径画圆，石灰标明，即可放出圆形轮廓。

（2）开挖基坑　一般可采用人工开挖，如水面较大也可采用机挖。为确保池底基土不受扰动破坏，机挖必须保留200mm厚度，由人工修整。需设置水生植物种植槽的，在放样时应明确，以防超挖而造成浪费。种植槽深度应视设计种植的水生植物特性而定。

（3）池底施工

① 依据不同情况分别加以处理。如果基土稍湿而松软时，可在其上铺厚为10cm的碎石层，并加以夯实，然后浇筑混凝土垫层。

② 浇完混凝土垫层隔1～2d（应视施工时的温度而定），在垫层面测量确定底板中心，然后根据设计尺寸进行放线，定出柱基以及底板的边线，画出钢筋布线，依线绑扎钢筋，接着安装柱基和底板外围的模板。

③ 在绑扎钢筋时，应详细检查钢筋的直径、间距、位置、搭接长度、上下层钢筋的间距、保护层及埋件的位置和数量，看其是否符合设计要求。上下层钢筋均应用铁撑加以固定，使之在浇捣过程中不发生变化。如果钢筋过水后生锈，应进行除锈处理。

④ 底板应一次连续浇完，不留施工缝。施工间歇时间不得超过混凝土的初凝时间。如果混凝土在运输过程中产生初凝或离析现象，应在现场进行二次搅拌后才能入模浇捣。底板厚度在20cm以内，可采用平板振动器，20cm以上则采用插入式振动器。

⑤ 池壁为现浇混凝土时，底板与池壁连接处的施工缝可留在基础上20cm处。施工缝可留成台阶形、凹槽形，加金属止水片或遇水膨胀橡胶止水带。

（4）池壁施工

① 混凝土砖砌池壁。混凝土砖砌造池壁可简化混凝土施工的程序，但混凝土砖一般只适用于古典风格或设计规整的池塘。混凝土砖10cm厚，结实耐用，常用于池塘建造。也有大规格的空心砖，但使用空心砖时，中心必须用混凝土浆填塞。有时也用双层空心砖墙中间填混凝土的方法来增加池壁的强度。用混凝土砖砌池壁的一个好处是，池壁可以在池底浇筑完工后的第二天再砌。一定要趁池底混凝土未干时将边缘处拉毛，池底与池壁相交处的钢筋要向上弯伸入池壁，以加强结合部的强度，钢筋伸到混凝土砌块池壁后或池壁中间。由于混凝土砖是预制的，因此，池壁四周必须保持绝对的水平。砌混凝土砖时要特别注意保持砂浆厚度均匀。

② 混凝土浇筑池壁。做混凝土池壁时，特别是矩形钢筋混凝土池壁，应先做模板以固定之，池壁15～25cm厚，水泥成分与池底相同。目前有无撑和有撑支模两种方法，有撑支模为常用的方法。当矩形池壁较厚时，内外模可在钢筋绑扎完毕后一次立好。浇捣混凝土时操作人员可进入模内振捣，并应用串筒将混凝土灌入，分层浇捣。矩形池壁拆模后，应将外露的止水螺栓头割去。

（5）水池粉刷　为保证水池防水可靠，在作装饰前，首先应做好蓄水试验，在灌满水24h后未有明显水位下降后，即可对池底、壁结构层采用防水砂浆粉刷，粉刷前要将池水放干清洗，不得有积水、污渍，粉刷层应密实牢固，不得出现空鼓现象。

2. 柔性材料水池

柔性材料水池的结构，如图2-16～图2-18所示，其一般施工工艺如下。

（1）放样、开挖基坑要求与刚性水池相同。

（2）池底基层施工　在地基土条件极差（如淤泥层很深，难以全部清除）的条件下，才有必要考虑采用刚性水池基层的做法。不做刚性基层时，可将原土夯实整平，然后在原土上回填300～500mm的黏性黄土压实，即可在其上铺设柔性防水材料。

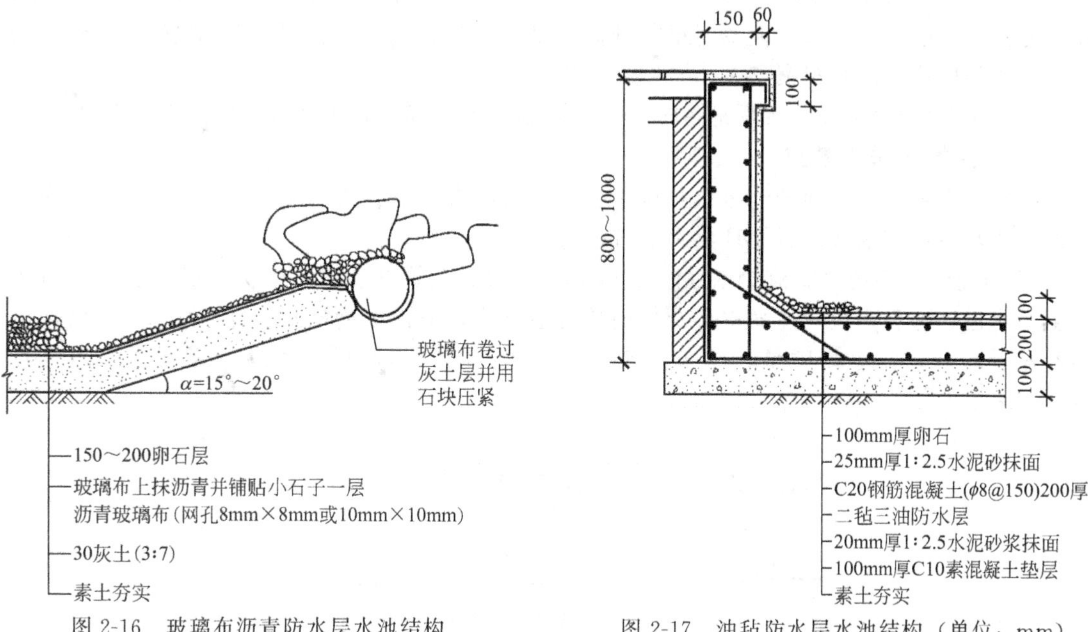

图 2-16 玻璃布沥青防水层水池结构

图 2-17 油毡防水层水池结构（单位：mm）

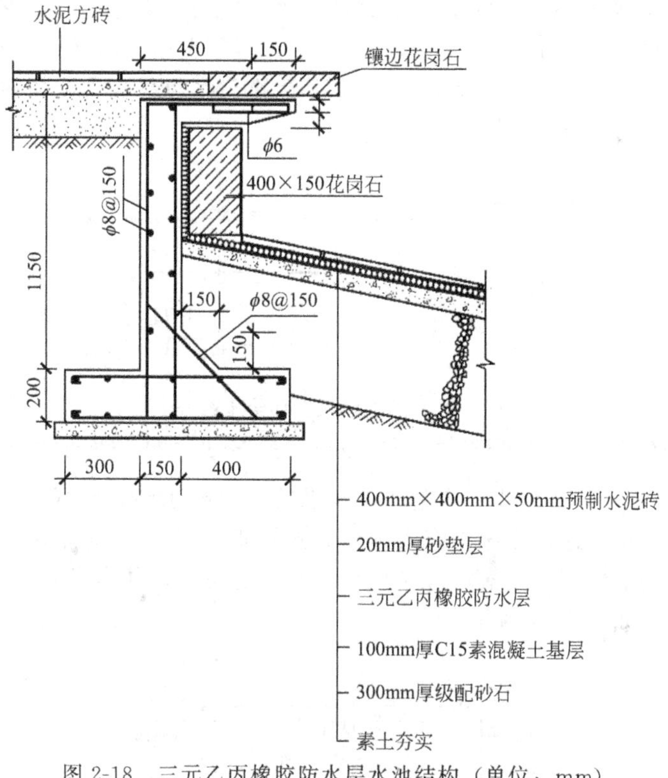

图 2-18 三元乙丙橡胶防水层水池结构（单位：mm）

（3）水池柔性材料的铺设 铺设时应从最低标高开始向高标高位置铺设。在基层面应先按照卷材宽度及搭接长度要求弹线，然后逐幅分割铺贴，搭接也要用专用胶黏剂满涂后压紧，防止出现毛细缝。卷材底空气必须排出，最后在每个搭接边再用专用自粘式封口条封闭。一般搭接边长边不得小于 80mm，短边不得小于 150mm。如采用膨润土复合防水垫，铺设方法和一般卷材类似，但卷材搭接处需满足搭接 200mm 以上，且搭接处按 0.4kg/m 铺设膨润土粉压边，防止渗漏产生。

（4）柔性水池完成后，为保护卷材不受冲刷破坏，一般需在面上铺压卵石或粗砂作保护。

3. 水池的给排水系统

（1）给水系统　水池的给排水系统主要有直流给水系统、陆上水泵循环给水系统、潜水泵循环给水系统和盘式水景循环给水系统四种形式。

① 直流给水系统。直流给水系统将喷头直接与给水管网连接，喷头喷射一次后即将水排至下水道。这种系统构造简单、维护简单且造价低，但耗水量较大。直流给水系统常与假山、盆景配合，作小型喷泉、瀑布、孔流等，适合在小型庭园、大厅内设置。如图 2-19 所示。

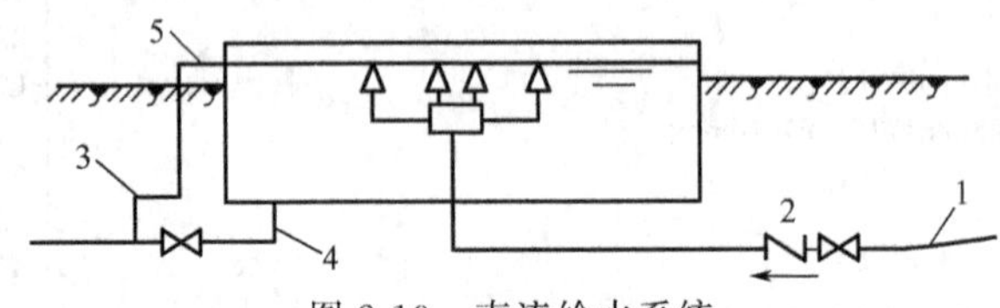

图 2-19　直流给水系统

1—给水管；2—止回隔断阀；3—排水管；4—泄水管；5—溢流管

② 陆上水泵循环给水系统。陆上水泵循环给水系统设有贮水池、循环水泵房和循环管道，喷头喷射后的水多次循环使用，具有耗水量少、运行费用低的优点。但系统较复杂，占地较多，管材用量较大，投资费用高，维护管理麻烦。此种系统适合各种规模和形式的水景，一般用于较开阔的场所。如图 2-20 所示。

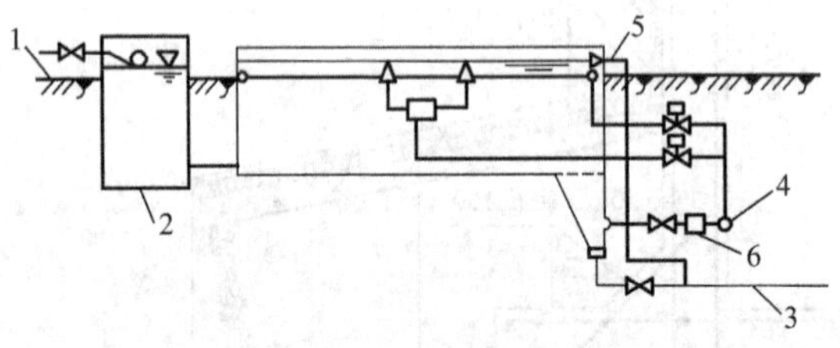

图 2-20　陆上水泵循环给水系统

1—给水管；2—补给水井；3—排水管；4—循环水泵；5—溢流管；6—过滤器

③ 潜水泵循环给水系统。潜水泵循环给水系统设有贮水池，将成组喷头和潜水泵直接放在水池内作循环使用。这种系统具有占地少，投资低，维护管理简单，耗水量少的优点，但是水姿花形控制调节较困难。潜水泵循环给水系统适用于各种形式的中型或小型喷泉、水塔、涌泉、水膜等。如图 2-21 所示。

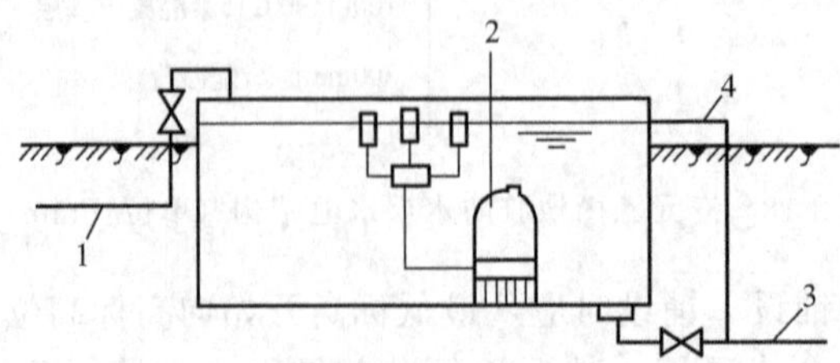

图 2-21　潜水泵循环给水系统

1—给水管；2—潜水泵；3—排水管；4—溢流管

④ 盘式水景循环给水系统。盘式水景循环给水系统设有集水盘、集水井和水泵房。盘内铺砌踏石构成甬路。喷头设在石隙间，适当隐蔽。人们可在喷泉间穿行，满足人们的亲水感、增添欢乐气氛。该系统不设贮水池，给水均循环利用，耗水量少，运行费用低，但存在循环水易被污染、维护管理较麻烦的缺点。如图 2-22 所示。

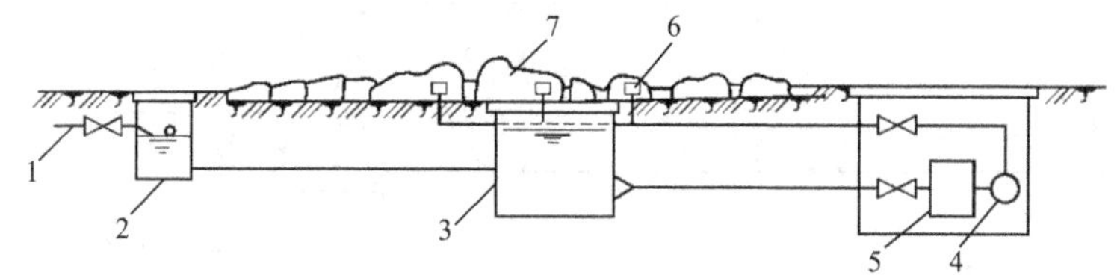

图 2-22 盘式水景循环给水系统

1—给水管；2—补给水井；3—集水井；4—循环泵；5—过滤器；6—喷头；7—踏石

(2) 排水系统 为维持水池水位和进行表面排污，保持水面清洁，水池应有溢流口。常用的溢流形式有堰口式、漏斗式、管口式和连通管式等，如图 2-23 所示。

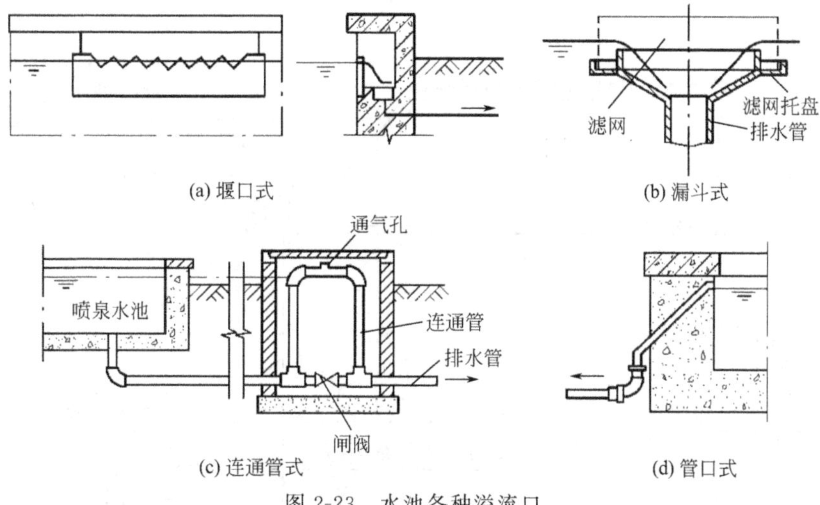

图 2-23 水池各种溢流口

大型水池宜设多个溢流口，均匀布置在水池中间或周边。溢流口的设置不能影响美观，并要便于清除积污和疏通管道，为防止漂浮物堵塞管道，溢流口要设置格栅，格栅间隙应不大于管径的 1/4。

为便于清洗、检修和防止水池停用时水质腐败或池水结冰，影响水池结构，池底应有 0.01 的坡度，坡向泄水口。若采用重力泄水有困难时，在设置循环水泵的系统中，也可利用循环水泵泄水，并在水泵吸水口上设置格栅，以防水泵装置和吸水管堵塞，一般栅条间隙不大于管道直径的 1/4。

4. 水池防渗

水池防渗一般包括池底防渗和岸墙防渗两部分。池底由于不外露，又低于水平面，一般采用铺防水材料上覆土或混凝土的方法进行防渗，而池岸处于立面，又有一部分露出水面，要兼顾美观，因此岸墙防渗较之池底防渗要复杂些。水池常用的防渗方法如下。

① 新建重力式浆砌石墙，土工膜绕至墙背后的防渗方法。这种方法的施工要点是将复合土工膜铺入浆砌石墙基槽内并预留好绕至墙背后的部分，然后在其上浇筑垫层混凝土，砌筑浆砌石墙。若土工膜在基槽内的部分有接头，应做好焊接，并检验合格后方可在其上浇筑

垫层混凝土。为保护绕至背后的土工膜，应将浆砌石墙背后抹一层砂浆，形成光滑面与土工膜接触，土工膜背后回填土。土工膜应留有余量，不可太紧。断面图如图 2-24(a) 所示。

这种防渗方法主要适用于新建的岸墙。它将整个岸墙用防渗膜保护，伸缩缝位置不需经

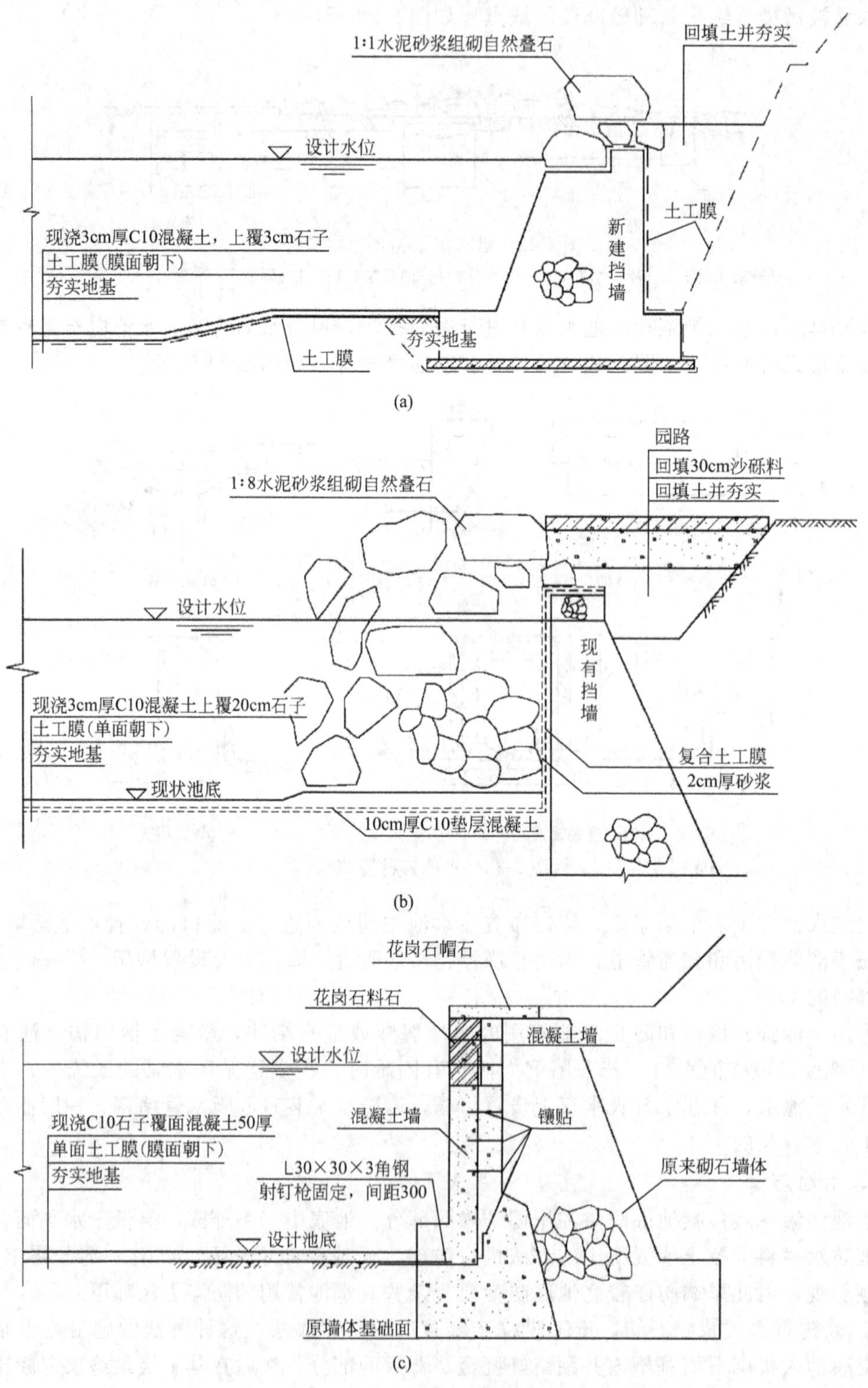

图 2-24　防渗方法断面图

过特殊处理，若土工膜焊接质量好，土工膜在施工过程中得到良好的保护，这种岸墙防渗方法效果相当不错。

② 在原浆砌石挡墙内侧再砌浆砌石墙，土工膜绕至新墙与旧墙之间的防渗方法，适用于旧岸墙防渗加固。这种方法中，新建浆砌石墙背后土工膜与旧浆砌石墙接触，土工膜在新旧浆砌石墙之间，与前述方法相比，土工膜的施工措施更为严格。施工时应着重采取措施保护土工膜，以免被新旧浆砌石墙破坏。旧浆砌石墙应清理干净，上面抹一层砂浆形成光面，然后贴上土工膜。新墙应逐层砌筑，每砌一层应及时将新墙与土工膜之间的缝隙填上砂浆，以免石块扎破土工膜。其断面图如图 2-24(b) 所示。

此方法在池岸防渗加固中造价要低于混凝土防渗墙，但由于浆砌石墙宽度较混凝土墙大，因此会侵占池面面积。

③ 做混凝土防渗墙上砌料石的防渗方法，适用于原有浆砌石岸墙的旧池区改造。这种方法将原浆砌石岸墙勾缝剔掉，清理，在其内侧浇筑 30cm 厚抗冻抗渗强度等级的混凝土，在水面以上外露部分砌花岗岩料石，以保证美观。这种岸墙防渗方法最薄弱的部位是伸缩缝处。在伸缩缝处应设止水带，止水带上部应高于设计常水位，下部与池底防渗材料固定连接，以保证无渗漏通道。其断面图如图 2-24(c) 所示。

此法主要用于旧池区的防渗加固，较之浆砌石墙后浇土工膜的方法，可以减少占用的池区面积，保证防渗加固后池区的蓄水能力和水面面积不会大量减少。这种方法的防渗材料其实就是混凝土，其质量的好坏直接影响着该方法的防渗效果。因此，在施工中一定要采取多种措施来保证混凝土的质量。另外，料石也有一部分处于设计水位以下，其质量不但影响着美观，在一定程度上也影响着防渗效果。因此，保证料石的砌筑质量也是保证岸墙防渗效果的一个重要方面。

5. 水池试水

试水工作应在水池全部施工完成后才能进行。其目的是检验结构安全度，检查施工质量。

试水时应先封闭管道孔。由池顶放水入池，一般分几次进水，根据具体情况，控制每次进水高度。从四周上下进行外观检查，做好记录，如果没有特殊情况，可继续灌水到储水设计标高。同时要做好沉降观察。

灌水到设计标高后，静置 1d，进行外观检查，并做好水面高度标记，连续观察 7d，外表面无渗漏及水位无明显降落方为合格。

6. 室外水池防冻处理

水池防冻的处理，若为小型水池，一般是将池水排空，这样池壁受力状态是：池壁顶部为自由端，池壁底部铰接（如砖墙池壁）或固接（如钢筋混凝土池壁）。空水池壁外侧受土层冻胀影响，池壁承受较大的冻胀推力，严重时会造成水池池壁产生水平裂缝或断裂。

冬季池壁防冻，可在池壁外侧采用排水性能较好的轻骨料，如矿渣、焦渣或砂石等，并应解决地面排水，使池壁外回填土不发生冻胀情况，如图 2-25 所示，池底花管可解决池壁

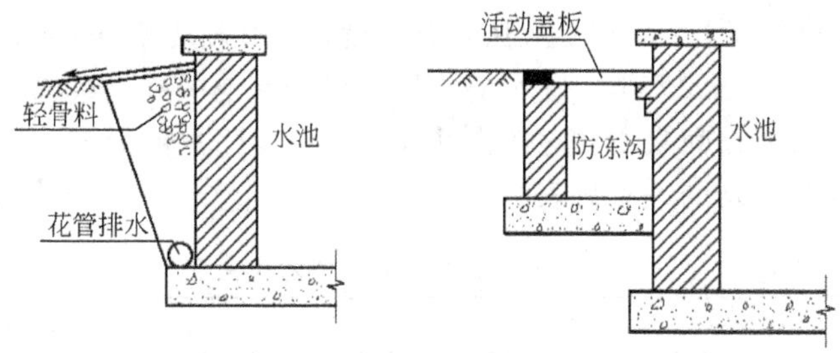

图 2-25　池壁防冻措施

外积水（沿纵向将积水排除）。

在冬季，大型水池为了防止冻胀推裂池壁，可采取冬季池水不撤空，池中水面与池外地坪相持平，使池水对池壁压力与冻胀推力相抵消。因此，为了防止池面结冰胀裂池壁，在寒冬季节，应将池边冰层破开，使池子四周为不结冰的水面。在我国北方冰冻期较长，对于室外园林地下水池的防冻处理，就显得尤为重要。

第三节　喷泉设计与施工

一、喷泉基本知识

1. 喷泉的概念

喷泉原是一种自然景观，是承压水的地面露头。庭园中的喷泉一般是为了造景的需要，人工建造的具有装饰性的喷水装置，指的是将水或其他液体经过一定压力通过喷头喷洒出来具有特定形状的组合体，提供水压的一般为水泵。喷泉景观概括来说可以分为如下两大类。

① 因地制宜，根据现场地形结构，仿照天然水景制作而成。如壁泉、涌泉、雾泉、管流、溪流、瀑布、水帘、跌水、水涛、漩涡等。

② 完全依靠喷泉设备人工造景。近年来，这类水景在建筑领域广泛应用，发展速度很快，种类繁多，有音乐喷泉、程控喷泉、摆动喷泉、跑动喷泉、光亮喷泉、游乐喷泉、超高喷泉、激光水幕电影等。

喷泉可以湿润周围空气，减少尘埃，降低气温。喷泉的细小水珠同空气分子撞击，能产生大量的负氧离子，因此，喷泉有益于改善庭园面貌和增进人体身心健康。

2. 喷泉的类型及规划形式

(1) 喷泉的类型　喷泉的类型很多，大体上可以归纳为以下几类。

① 普通装饰性喷泉。它由各种花形图案组成固定的喷水型。

② 与雕塑结合的喷泉。喷泉的喷水形与柱式、雕塑等共同组成景观。

③ 水雕塑。即用人工或机械塑造出各种大型水柱的姿态。

④ 自控喷泉。多是利用各种电子技术，按设计程序来控制水、光、音、色，形成变幻的、奇异的景观。

(2) 喷泉的规划形式　在选择喷泉位置、布置喷水池周围的环境时，首先要考虑喷泉的主题、形式要与环境相协调，喷泉和环境统一考虑，用环境渲染和烘托喷泉，以达到装饰环境，或借助喷泉的艺术联想来创造意境。

在一般情况下，喷泉的位置多设于庭园的轴线焦点或端点处，也可以根据环境特点，做一些喷泉小景，布置在庭院中、门口两侧、空间转折处、公共建筑的大厅内等地点，采取灵活的布置，自由地装饰室内外空间。但在布置中要注意，不要把喷泉布置在建筑之间的风口风道上，而应当安置在避风的环境中，以免大风吹袭，喷泉水形被破坏和落水被吹出水池外。

喷水池有自然式和规则式两类，喷水的位置可居于水池中心，组成图案，也可以偏于一侧或自由地布置。还要根据喷泉所在地的空间尺度来确定喷水的形式、规模及喷水池的比例大小。环境条件与喷泉规划的关系见表 2-1。

表 2-1　环境条件与喷泉规划的关系

序号	环境条件	适宜的喷泉规划
1	开阔的场地，如车站前、公园入口、街道中心岛	水池多选用整形式，水池要大，喷水要高，照明不要太华丽

续表

序号	环境条件	适宜的喷泉规划
2	狭窄的场地，如街道转角、建筑物前	水池多为长方形或其变形
3	现代建筑，如旅馆、饭店、展览会会场等	水池多为圆形、长形等，水量要大，水感要强烈，照明要华丽
4	中国传统式庭园	水池形状多为自然式喷水，可为跌水、滚水、涌泉等，以表现天然水态为主
5	热闹的场所，如旅游宾馆、游乐中心	喷水水姿要富于变化，色彩华丽，如使用各种音乐喷泉等
6	寂静的场所，如公园内的一些小局部	喷泉的形式自由，可与雕塑等各种装饰性小品结合，一般变化不宜过多，色彩也较朴素

3. 喷泉的水源

喷泉的水源应为无色、无味、无有害杂质的清洁水。因此，喷泉除用城市自来水作为水源外，其他如冷却设备和空调系统的废水等也可作为喷泉的水源。喷泉水体的水源种类宜采用下列水源：

天然河、湖泊、水库水；雨水、雪水；工业循环用水；再生水；地下水；海水。

除滨海或海上水景喷泉工程外，应优先采用天然淡水水源，在缺水地区应优先采用再生水源。

4. 喷泉的给排水方式

① 对于流量在 2～3L/s 以内的小型喷泉，可直接由城市自来水供水，使用过后的水排入城市雨水管网，如图 2-26 所示。

② 为保证喷水具有稳定的高度和射程，给水需经过特设的水泵房加压。喷出后的水仍排入城市雨水管网，如图 2-27 所示。

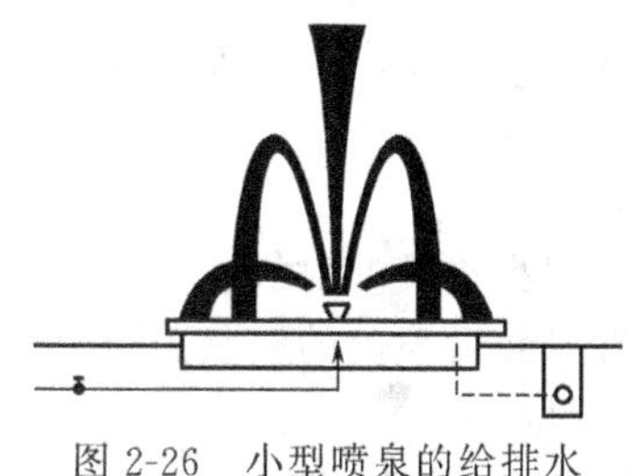

图 2-26　小型喷泉的给排水

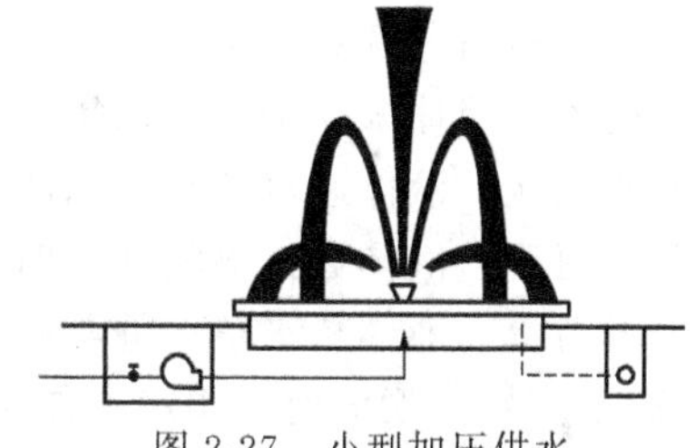

图 2-27　小型加压供水

③ 为了保证喷水具有必要的、稳定的压力和节约用水，对于大型喷泉，一般采用循环供水。循环供水的方式可以设水泵房，如图 2-28 所示。也可以将潜水泵直接放在喷水池或水体内低处，循环供水，如图 2-29 所示。

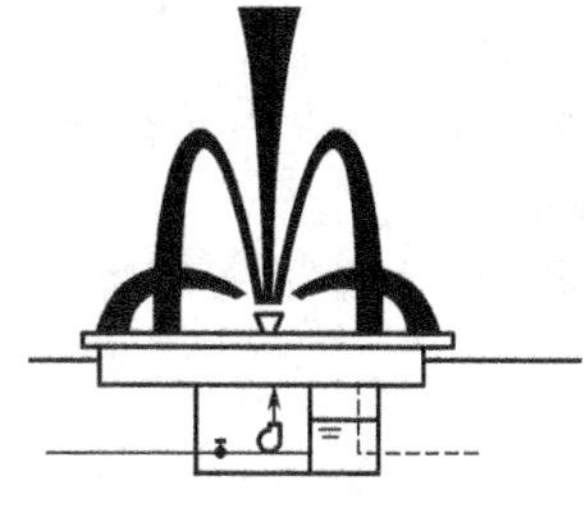

图 2-28　设水泵房循环供水

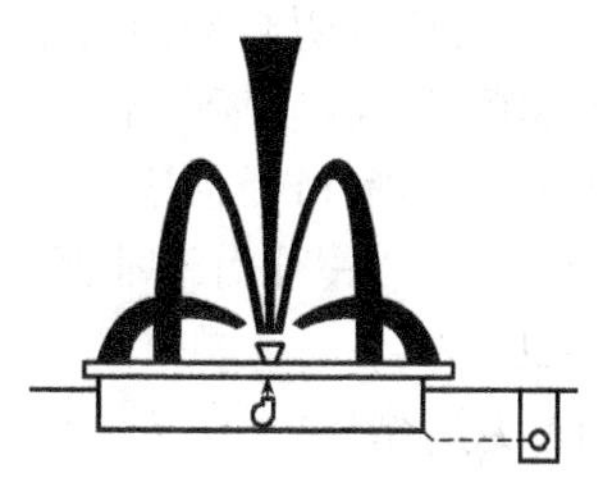

图 2-29　用潜水泵循环供水

④ 在有条件的地方，可以利用高位的天然水源供水，用箅排除杂物等，如图 2-30 所示。

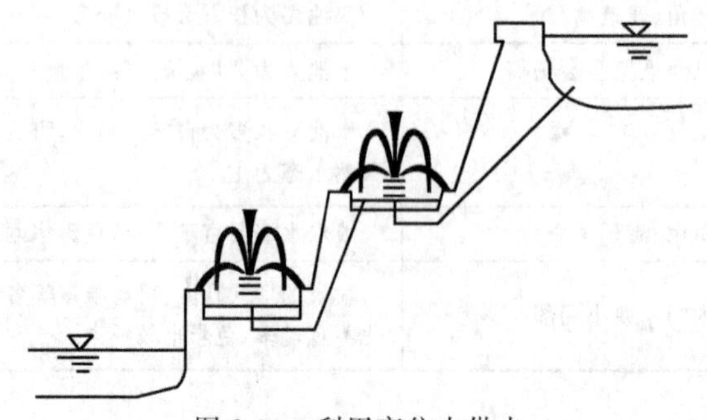

图 2-30　利用高位水供水

为了保持喷水池的卫生，大型喷泉还可设专用水泵，以供喷水池水的循环，使水池的水不断流动，并在循环管线中设过滤器和消毒设备，以清除水中的杂物、藻类和病菌等。

二、喷泉喷头

1. 喷泉喷头常用术语

(1) 喷嘴　压力流体从其中喷出的管嘴、孔口或缝隙。

(2) 喷泉喷头　人工生成喷泉的喷头。它是把在压力作用下的液体（有时混有气体）通过接头进入单个或多个喷嘴，然后喷至空中的整体喷洒单元装置。

(3) 喷头流量（也称喷水量）　喷头在工作压力作用下，单位时间喷出的水量。

(4) 喷头工作压力　喷头喷水时，在接头上游 20cm 处的压力。

(5) 喷射水形效果　喷头喷出水的艺术造型。其参数含射流的空间尺寸（如喷射高度和喷射水平范围）与射流的观赏形状（如水柱、水线状、水膜状，泡沫状，雾状等）。

(6) 纯射流　液体未受干涉，从管嘴或孔口喷射出的水线。

(7) 泡沫射流　液体通过喷嘴喷出时形成气液两相流的射流。

(8) 雾状射流　液体通过喷嘴喷出时形成类似云状、细小水滴的射流。

(9) 水膜射流　液体从平整的缝隙或在喷嘴外加上折射面后喷出的膜状射流。

(10) 额定流量　喷头处于额定工作压力时所对应的流量。

(11) 额定工作压力　喷头处于最佳喷洒水形效果时所对应的压力。

(12) 喷射高度　喷头在额定工作压力，无风的条件下射流可达到的稳定高度。

(13) 喷射水平范围　喷头在额定工作压力，无风的条件下，射流在水平面上所能达到的稳定范围。可用喷射半径/直径、长度、宽度来表示。

(14) 推荐工作范围　厂家对喷头处于较佳喷洒水形效果推荐的工作压力与流量的范围，在性能表中，用颜色或阴影格栅表示。

(15) 公称喷嘴口径　喷头的喷嘴出口内径（以下简称为口径）。当喷头为多嘴喷头时，可用喷嘴数乘单个喷嘴口径值表示，也可以用当量口径表示。

(16) 当量口径　一种对于非圆形管嘴（包括任何的异型、缝隙式等喷嘴）喷头和多嘴喷嘴口径的表达方式。

2. 常用喷头类型

目前经常使用的喷头式样很多，可归纳为 10 种类型。

(1) 单射流喷头　单射流喷头，是压力水喷出的最基本的形式，也是喷泉中应用最广的一种喷头。它不仅可以单独使用，也可以组合使用，能形成多种样式的喷水型。其构造如图 2-31 所示。

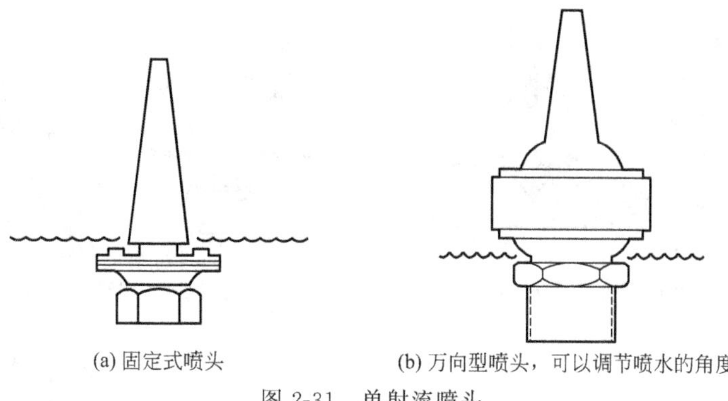

(a) 固定式喷头　　(b) 万向型喷头，可以调节喷水的角度

图 2-31　单射流喷头

（2）环形喷头　这种喷头的出水口为环状断面，即外实中空。使水形成集中而不分散的环形水柱，它以雄伟、粗犷的气势跃出水面，给人们带来一种向上激进的气氛。环形喷头的构造如图 2-32 所示。

（3）旋转喷头　它利用压力水由喷嘴喷出时的反作用力或用其他动力带动回转器转动，使喷嘴不断地旋转运动。从而丰富了喷水的造型，喷出的水花或欢快旋转或飘逸荡漾，形成各种扭曲线型，婀娜多姿，其构造如图 2-33 所示。

（4）喷雾喷头　这种喷头的内部装有一个螺旋状导流板，使水具有圆周运动，水喷出后，形成细细的水流弥漫的雾状水滴。每当天空晴朗，阳光灿烂，在太阳对水珠表面与人眼之间连线的夹角为 40°36′～42°18′时，明净清澈的喷水池水面上，就会伴随着蒙蒙的雾珠，呈现出彩色缤纷的虹。如上海交通大学图书馆前的喷水池，其喷头构造如图 2-34 所示。

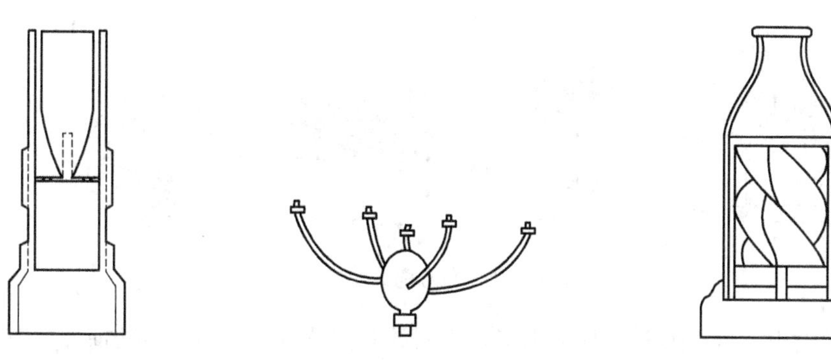

图 2-32　环形喷头　　图 2-33　旋转喷头　　图 2-34　喷雾喷头

（5）多孔喷头　这种喷头可以由多个单射流喷嘴组成一个大喷头；也可以由平面、曲面或半球形的带有很多细小的孔眼的壳体构成的喷头，它们能呈现出造型各异的盛开的水花，其构造如图 2-35 所示。

（6）扇形喷头　这种喷头的外形很像扁扁的鸭嘴。它能喷出扇形的水膜或像孔雀开屏一样美丽的水花，如图 2-36 所示。

（7）吸力喷头　此种喷头是利用压力水喷出时，在喷嘴的喷口处附近形成负压区。由于压差的作用，它能把空气和水吸入喷嘴外的套筒内，与喷嘴内喷出的水混合后一并喷出，这时水柱的体积膨大，同时因为混入大量细小的空气泡，形成白色不透明的水柱。它能充分地反射阳光，因此光彩艳丽。夜晚如有彩色灯光照明则更为光彩夺目。吸力喷头又可分为吸水喷头、加气喷头和吸水加气喷头，其构造如图 2-37 所示。

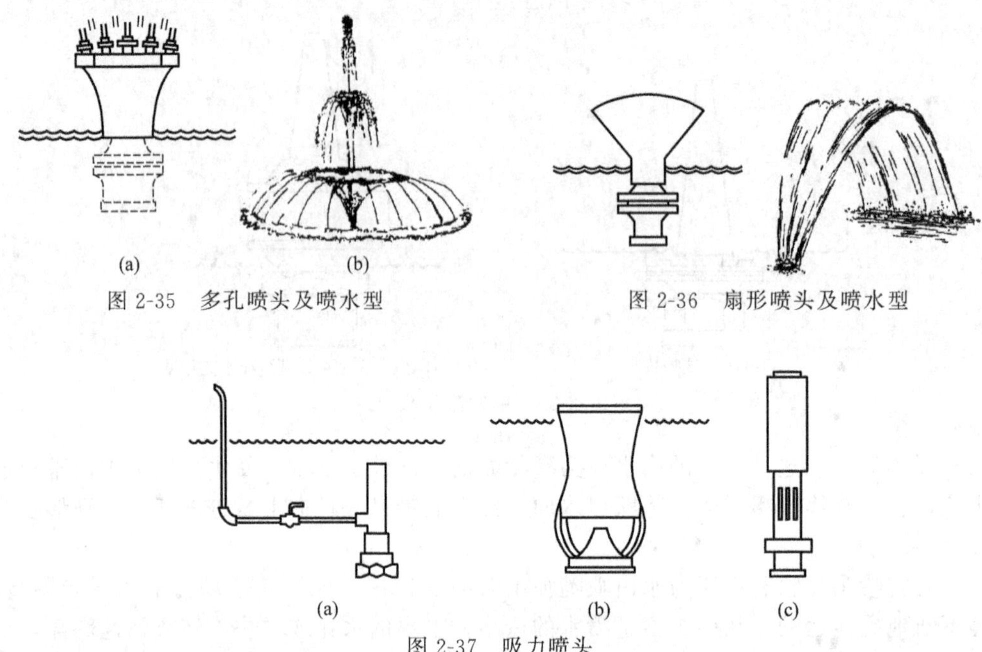

图 2-35　多孔喷头及喷水型

图 2-36　扇形喷头及喷水型

图 2-37　吸力喷头

（8）蒲公英形喷头　这种喷头是在圆球形壳体上，装有很多同心放射状喷管，并在每个管头上装一个半球形变形喷头。因此，它能喷出像蒲公英一样美丽的球形或半球形水花。它可以单独使用，也可以几个喷头高低错落地布置，显得格外新颖，典雅。其构造如图 2-38 所示。

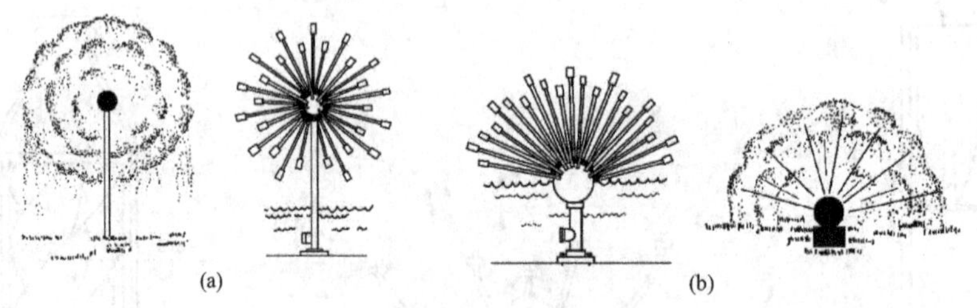

图 2-38　蒲公英形喷头及喷水型

（9）变形喷头　这种喷头的种类很多，它们的共同特点是在出水口的前面，有一个可以调节的形状各异的反射器，使射流通过反射器，起到使水花造型的作用。从而形成各式各样的、均匀的水膜，如牵牛花形、半球形、扶桑花形等，其构造如图 2-39 所示。

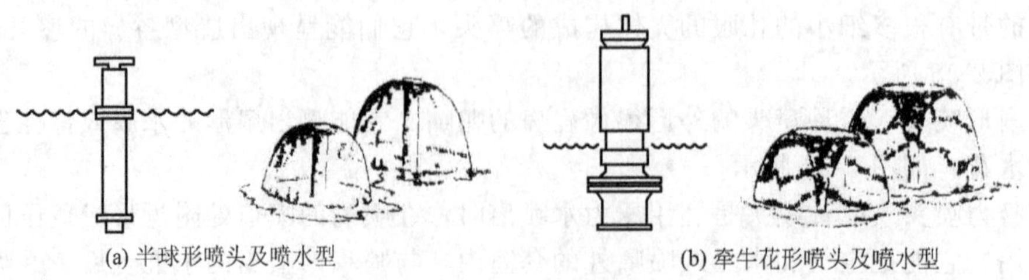

图 2-39　变形喷头及喷水型

(10) 组合式喷头　由两种或两种以上、形体各异的喷嘴，根据水花造型的需要，组合成一个大喷头，叫组合式喷头，它能够形成较复杂的花形，其构造如图 2-40 所示。

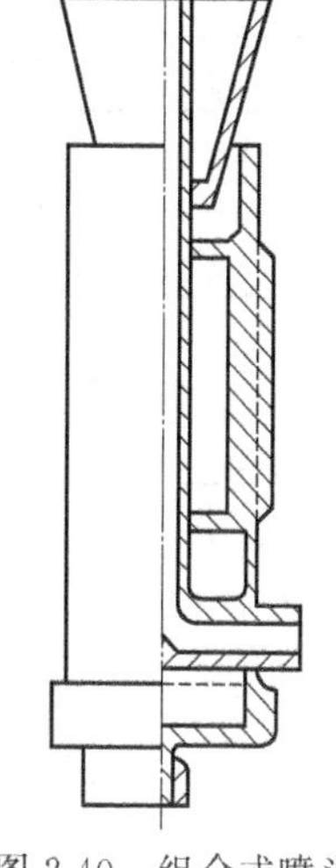

图 2-40　组合式喷头

3. 喷头的标志、包装、运输与贮存

(1) 喷头的标志　产品标牌和商标固定在喷头外壳或包装的明显位置，产品标牌的型式、尺寸及技术要求应符合有关规定。产品标牌应包括下列内容：

a. 商标；

b. 制造厂名称；

c. 产品名称及型号规格；

d. 认证标记（如获得）；

e. 产品出厂日期。

(2) 包装和运输

① 包装材料可采用经试验证明性能可靠的一种或几种材料。采用的包装材料（塑料、金属、钢木、纸木等）应保证包装箱的强度，做到包装紧凑，防护合理，安装可靠，符合装贮要求。

② 每只喷头在包装前应清洗干净，做好防腐处理后用塑料袋包好，再装入硬纸盒内，每只纸盒内应装入同一型号的喷头。

③ 包装应符合《机电产品包装通用技术条件》(GB/T 13384—2008) 规定，对防水、防潮、防霉、防锈及防震等要求较高的喷头产品，生产厂应根据实际需要制定相应的企业标准，从严执行。

④ 包装盒上应标明：

a. 收货单位与地址；

b. 产品货号名称、型号及外形尺寸；

c. 数量和出厂日期。

⑤ 包装（盒）内应有下列物品：

a. 装箱清单；

b. 产品质量合格证；

c. 使用说明书、喷头性能表等技术文件。其中喷头性能表除了包括喷头的主要结构尺寸、水力性能参数、环境要求参数外，还应当附有喷头材质、重量等内容；

d. 安装拆卸的专用工具（必要时）。

(3) 贮存

① 应存放于清洁、干燥的库房货架或木垫板上。

② 存放前喷头应性能完好，表面涂防锈油。

③ 不应在露天存放，存放处周围无易燃、易爆物及有毒气体。

4. 喷泉水型

经过不断的发展，喷泉的水型也越来越丰富，具体形式见表 2-2。

表 2-2　喷泉水型的形式

序号	名　称	喷泉水型	备　注
1	单射形		单独布置

续表

序号	名 称	喷泉水型	备 注
2	拱顶形		
3	水幕形	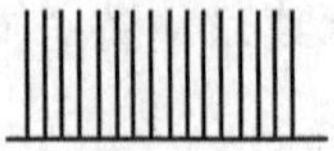	在直线上布置
4	向心形		
5	圆柱形		
6	屋顶形		
7	喇叭形	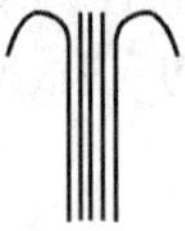	
8	编织形 a. 向外编织 b. 向内编织 c. 篱笆形	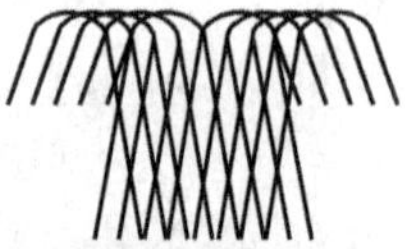 (a) 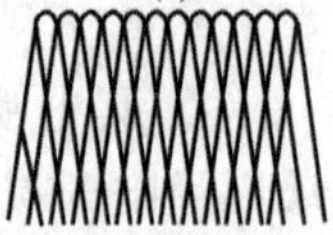 (b)  (c)	
9	圆弧形		
10	蘑菇形 （涌泉形）	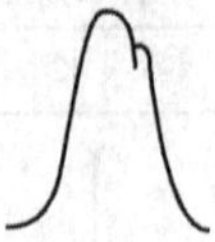	单独布置

续表

序号	名 称	喷泉水型	备 注
11	吸力形		单独布置
12	旋转形	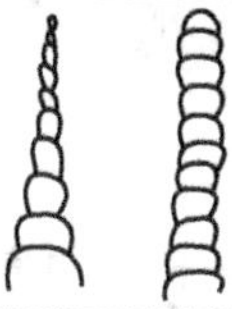	
13	喷雾形		
14	洒水形		
15	扇形		
16	半球形	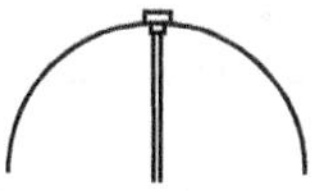	
17	孔雀形		
18	牵牛花形	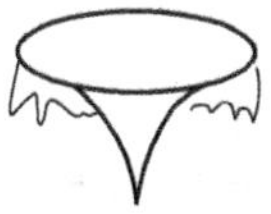	
19	蒲公英形		
20	多层花形	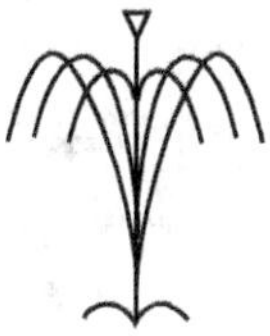	

三、喷泉水力设计

喷泉的水压：一种是利用城市供水提供的压力，一种是利用自然高差，还有一种是用水泵加压。一般采用前两种。

水压在喷泉设计时，首先必须弄清所能提供的最小水压是多少，例如，上游水的最低水位、自来水的最小压力等。然后，设计喷水的最高射程和最远射程、水的形态，并结合设计考虑水的流量，选择合适的喷头。

(1) 喷头的计算

喷头的计算公式如下：

$$q=2\mu Fgh\times10^{-3}$$

式中　q——喷头流量，m^3/s；

F——喷孔横截面积，m^2；

μ——流量系数，参见喷嘴的水力特性，见表 2-3；

g——重力加速度，$9.8m/s^2$；

h——喷嘴水压，m。

表 2-3　喷嘴的水力特性

孔和喷嘴的类型	略图	流量系数 μ	备注
薄壁孔(圆形或方形)		0.62	在水头大于 1m 时,流量系数减至 0.60～0.61；在直径大于 30mm 和水头大于 1m 时，$\mu=0.61$,在小直径及小水头时,采用下列 μ 值：$d=1mm,\mu=0.64;d=20mm,\mu=0.63;d=30mm,\mu=0.62$
勃恩谢列孔		0.6～0.64	
勃恩谢列孔		0.62	
文德利长喷嘴		0.82	
文德利短喷嘴		0.61	
端部伸入水池内的保尔德喷嘴		0.71	$L=(3\sim4)d$
		0.53	$L=2d$
圆锥形渐缩喷嘴	$\alpha=5°$ $\alpha=13°$ $\alpha=45°$	0.92	$L=3d$
		0.875	$L\leqslant3d$
圆锥形扩张喷嘴		0.48	
水防喷嘴		0.98～1.0	

注：表内备注中 L 表示相邻喷嘴间的距离，单位为 mm。

(2) 喷泉总流量 (Q) 的计算　计算一个喷泉喷水的总流量，是指在某一时间内，同时工作的各个喷头喷出的流量之和的最大值。即 $Q=q_1+q_2+\cdots+q_n$。

(3) 计算管径

管径的计算公式如下：

$$D=\sqrt{\frac{4Q}{\pi v}}$$

式中　D——管径；

Q——总流量；
π——圆周率；
v——流速，通常选用0.5～0.6m/s。

(4) 总扬程计算

总扬程的计算公式如下：

$$总扬程=净扬程+损失扬程$$
$$损失扬程=净扬程\times(10\%\sim30\%)$$

四、喷泉系统设计

1. 土建设计

(1) 水景喷泉工程中，建（构）筑物的设计除应满足其功能要求外，还应满足建（构）筑物防火、防水、防冻、防腐、排水、隔声和人员疏散等要求，并应满足水景喷泉工程系统的安装、操作和维修要求。

(2) 水景喷泉工程中建（构）筑物的位置、朝向、体量、空间环境等，应与水景喷泉的功能协调一致。

(3) 建（构）筑物的主体结构或结构构件，应能承受水景喷泉工程系统的荷载，并具有稳定性。因水泵等设备运行时产生的振动，不应影响激光等精密光源的运行。

(4) 建（构）筑物的梁、板、柱上的预埋件宜在主体结构施工时埋入，也可采用膨胀螺栓固定，预埋件的位置应准确。室内地面、墙面的预留洞、沟、槽和预埋管、防水磁管、电套管等应符合设计和国家现行相关标准的要求。

(5) 机房、配电间等建筑物的照明、通风和门窗等应符合国家现行有关标准的要求。地下机房应设进风、排风装置。

(6) 所有穿池壁和池底的管道均应设止水环或防水套管。水池的沉降缝、伸缩缝等应设止水带。

(7) 当水池采用钢筋混凝土结构时，宜将结构配筋的纵横主筋焊接成网，并用扁钢引出结构层外，作为电气设备的接地极。引出扁钢间距不宜大于10m。对既有水池，应采取措施做好电气设备的接地极。

(8) 水上建（构）筑物的维修通道应符合下列规定。

① 通道地坪高应根据景观水体大小、风浪等因素决定，当无资料时，应按不小于通道所在位置水体设计位标高0.5m计。

② 通道宽度不应小于0.8m，当有设备运输时，其宽度应满足设备运输要求。

③ 通道两侧应有人行栏杆。栏杆材料、间距、高度和颜色等应符合设计和国家现行相关标准的要求。

④ 通道应有限制游人攀爬的警示标志。

(9) 景观水体的安全措施应符合下列规定：

① 水泉的水深大于0.5m时，水池外围应设池壁、台阶、护栏、警戒线等围护措施。

② 水泉的水深大于0.7m时，池内岸边宜做缓冲台阶等。

③ 旱泉、水旱泉的地面和水泉供儿童涉水部分的池底应采取防滑措施。

④ 无护栏景观水体的近岸2m范围内和园桥、汀步附近2m范围内，水深不应大于0.5m。

⑤ 在天然湖泊、河流等景观水体两岸应设有警戒线、警示标志等安全措施。

2. 电气系统设计

(1) 供电系统应简单可靠，按三级负荷供电；对大型水景喷泉工程，较多人员集中的公共场所，宜按二级负荷供电。供配电系统设计应符合现行国家标准《供配电系统设计规范》(GB 50052—2009) 的规定。

(2) 电压等级选择和供电质量应符合现行国家标准《建筑物电气装置的电压区段》(GB/T 18379—2001)、《电能质量 供电电压偏差》(GB/T 12325—2008)、《电能质量 电压波动和闪变》(GB/T 12326—2008) 和《电能质量 公用电网谐波》(GB/T 14549—1993) 的规定。

(3) 电力装置的电动机，应符合现行国家标准《通用用电设备配电设计规范》(GB 50055—1993) 的规定。其开关设备和导体选择应符合现行国家标准《3～110kV 高压配电装置设计规范》(GB 50060—2008) 的规定。恒负载连续运行，单台功率在 250kW 及以上时，宜采用同步电动机；单台功率在 200kW 及以上时，宜采用高压电动机。

(4) 低压配电线路的保护应符合现行国家标准《低压配电设计规范》(GB 50054—1995) 的规定，并应符合下列要求。

① 低压配电线路应装设短路保护、过载保护和接地故障保护或漏电保护，用于切断供电电源或发出报警信号。漏电保护应符合现行国家标准《剩余电流动作保护装置安装和运行》(GB 13955—2005) 的规定。

② 低压配电线路采用的上下级保护电器，其动作应具有选择性，各级之间应能协调配合。常用断电器上下级之间的选择性配合可按表 2-4 进行选配。

表 2-4 常用断路器上下级配合选择

序号	项 目	过流脱扣额定电流/A							
1	上一级脱扣器额定电流	20	25	32	40	50	63	80	100
2	下一级脱扣器额定电流	10	16	25	25	32	40	50	63
3	分断能力	6kA							

(5) 建（构）筑物防雷设计应符合现行国家标准《建筑物防雷设计规范》(GB 50057—2010) 的规定。

(6) 电击防护安全设计应符合下列规定：

① 喷水池的区域划分，如图 2-41 所示。

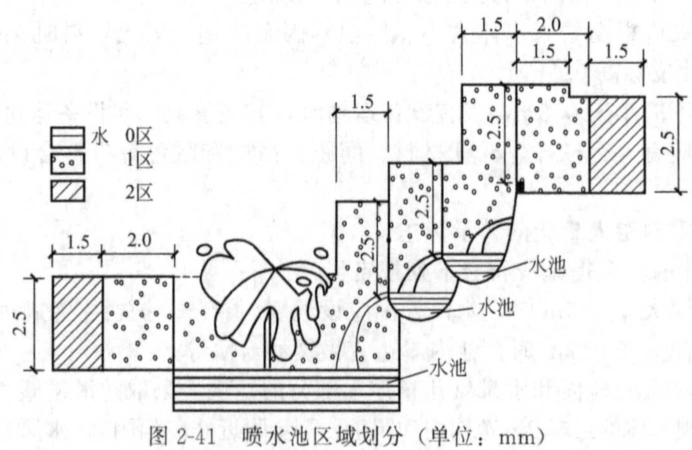

图 2-41 喷水池区域划分（单位：mm）

a. 0 区。本区的界面：水池的池内部分。

b. 1 区。本区的界面

本外侧平面：距离水池边缘 2m 处以及溢水沟（槽）1.5m 处的垂直平面；

下侧平面：在上述 2m 和 1.5m 处的内侧地面或表面；

上侧平面：在上述 2m 和 1.5m 处高出地面或表面 2.5m 的水平面。

c. 2 区。本区的界面

外侧平面：1 区外侧平面和距离该平面 1.5m 的平行平面；

下侧平面：地面；

上侧平面：高出地面 2.5m 的水平面。

② 安全防护应能同时满足正常下作和故障情况下的保护。

a. 0 区和 1 区供电回路的保护应采用特低电压（SELV）供电，其安全电源应装在 0 区与 1 区之外；或采用漏电动作电流不大于 30mA 的漏电保护器自动切断电源；或隔离变压器供电。变压器应安装在 0 区之外，并只给一台（类）设备供电或采用防护等级 IPX8 变压器就地供电。

b. 2 区供电回路的保护应采用特低电压（SELV）供电，其安全电源应装在 0 区、1 区和 2 区之外；或采用漏电动作电流不大于 30mA 的漏电保护器自动切断电源；或隔离变压器供电。变压器应装在 0 区、1 区和 2 区之外，并只给一台（类）设备供电。

c. 喷水池应与建筑总体形成总等电位联结。在 0 区、1 区和 2 区内的所有装置外部可导电部分，应用等电位联结导体（线）连接，并和这些区域内的设备外露可导电部分的保护导体（线）相连接。

③ 电气设备的外壳防护等级应符合下列规定：

a. 0 区：采用 IPX8 防护等级；

b. 1 区：采用 IPX5/4 防护等级；

c. 2 区：当用于室内场所时，2 区采用 IPX2 防护等级；当用于室外场所时，2 区应采用 IPX4 防护等级。

④ 在 0 区和 1 区内不应安装开关设备或控制设备以及电源插座。在 2 区允许安装电源插座和开关，但其电源回路应符合相关规定的要求。

⑤ 应采取确保 0 区和 1 区内的电气设备不可触及的措施。0 区和 1 区照明器具应是固定式的，并应符合现行国家标准《灯具　第 2-18 部分：特殊要求　游泳池和类似场所用灯具》（GB 7000.218—2008）的规定。

a. 灯具应为防触电保护的Ⅲ类灯具，其外部和内部线路的工作电压应不超过 12V。

b. 灯具外壳防护等级应符合规定。

c. 灯具安装方式、光源更换和电源连接形式的分类应符合 0 区应从水中取出整个灯具更换光源；1 区电源连接和更换光源应在灯具不与水接触的侧面进行。

d. 光源宜采用高效、节能和长寿命的产品（例如 LED 产品），需要时也可应用光纤灯。

e. 浸在水中才能安全工作的灯具，应采取低水位断电措施。灯具应标明："只能侵入水中使用"。

f. 采用光纤灯时，宜将光源发生器及其电源柜的配电小间就地设置，同时应符合外壳防护等级为 IPX5；电源进线及光缆出线均有保护管，且有防水密封措施的要求。

⑥ 采用 220V 电源照明灯具时，应安装隔离变压器。

⑦ 在 0 区和 1 区的水泵应符合现行国家标准《家用和类似用途电器的安全　泵的特殊要求》（GB 4706.66—2008）的规定。

（7）线缆选择应符合下列规定：

① 线缆选择及敷设应符合现行国家标准《电力工程电缆设计规范》（GB 50217—2007）、

《建筑物电气装置 第5部分：电气设备的选择和安装 第523节：布线系统载流量》(GB/T 16895.15—2002)的规定。

② 线缆绝缘应符合下列要求：

a. 中性点直接接地或经低阻抗接地的系统，当接地保护动作不超过1min切除故障时，应接100%的使用回路工作相电压；

b. 控制电缆额定电压不应低于该回路工作电压，且应满足可能经受的暂态和工频过电压的要求。

③ 线缆截面的选择应符合下列要求：

a. 线路电压损失应满足用电设备端子处电压偏差损失允许值。用电设备端子处电压偏差允许值应符合表2-5的要求；

表2-5 用电设备端子电压偏差允许值

名称		允许值%
电动机		±5
照明	一般场所	±5
	视觉要求较高场所	+5～−2.5
其他用电设备		±5

b. 按敷设方式、环境条件和谐波电流影响确定的线缆载流量，不应小于计算电流；

c. 应满足热稳定的要求。对非熔断保护的回路，可按短路电流作用下缆芯温度允许值来校验；

d. 水下线缆导体最小截面应满足机械强度的要求；

e. 采用单芯导线作保护中性线（PEN）干线时，铜芯截面不应小于$10mm^2$，采用多芯电缆的芯线作保护中性线（PEN）干线，其截面不应小于$4mm^2$；

f. 当保护线（PE）所用材质与相线相同时，PE线最小截面应符合表2-6的规定；

表2-6 PE线最小截面 单位：mm^2

相线芯线截面S	PE线最小截面
$S≤16$	S
$16<S≤35$	16
$S>35$	$S/2$

g. PE线采用单芯绝缘导线，按机械强度要求，截面不应小于下列数值。

有机械性保护时为$2.5mm^2$；无机械性保护时为$4mm^2$。

④ 0区、1区、2区电缆应符合现行国家标准《额定电压450/750V及以下橡皮绝缘电缆 第1部分：一般要求》(GB 5013.1—2008)和《额定电压450/750V及以下橡皮绝缘电缆第4部分：软线和软电缆》(GB 5013.4—2008)中规定的YCW型电缆或至少具有与其等效性能的电缆（如JHS型电缆）。

⑤ 接线盒在1区内允许为特低电压（SELV）回路安装接线盒。除此之外，在0区和1区内不应安装其他接线盒。

⑥ 控制、信号、测量、网络电缆的选择应符合下列要求。

对强电回路控制电缆，当位于存在干扰影响的环境，又不具备有效抗干扰措施，宜采用金属屏蔽。下列情况的回路，相互间不宜合用一根控制电缆。

a. 弱电信号、控制回路与变频器输出线路和其他有干扰源的设备。

b. 低电平信号与高电平信号回路。

c. 不同馈电回路的断路器、接触器控制器回路。

计算机系统控制电缆的选择应符合下列要求。

a. 开关量信号可采用总屏蔽电缆。

b. 高电平模拟信号，宜用双绞线芯分屏蔽电缆，必要时也可用双绞线芯分屏蔽复合总屏蔽电缆。

c. 低电平模拟信号或脉冲量信号，宜采用双绞线芯分屏蔽电缆，必要时也可用双绞线芯分屏蔽复合总屏蔽电缆。

d. 用于计算机通信的网络及串行通信电缆，可采用双绞线芯分屏蔽复合总蔽电缆、同轴电缆或光纤电缆。

e. 水下电缆线芯最小截面不应小于 0.5mm^2，双绞线绞距不应小于 60mm。

3. 给排水系统设计

(1) 给水排水系统的设计应符合现行国家标准《建筑给水排水设计规范》(GB 50015—2003) 和水景喷泉工艺相关的规定。

(2) 给水排水系统应满足水景喷泉工程的水量、水压和水质的要求。

(3) 应根据水景喷泉工程总体规划，计算和确定水景喷泉景观水体的水面形状、总面积、高程、水深和最小总容量。

(4) 水景喷泉工程水源、充水、补水的水质，根据其不同功能应符合下列规定。

① 人体非全身性接触的娱乐性景观环境用水水质，应符合国家标准《地表水环境质量标准》(GB 3838—2002) 中规定的Ⅳ类标准。

② 人体非直接接触的观赏性景观环境用水水质应符合国家标准《地表水环境质量标准》(GB 3838—2002) 中规定的Ⅴ类标准。

③ 高压人工造雾系统水源水质应符合现行国家标准《生活饮用水卫生标准》(GB 5749—2006) 或《地表水环境质量标准》(GB 3838—2002) 规定。

④ 高压人工造雾设备的出水水质应符合现行国家标准《生活饮用水卫生标准》(GB 5749—2006) 的规定。

⑤ 旱泉、水旱泉的出水水质应符合现行国家标准《生活饮用水卫生标准》(GB 5749—2006) 的规定。

⑥ 在水资源匮乏地区，如采用再生水作为初次充水或补水水源，其水质不应低于现行国家标准《城市污水再生利用　景观环境用水水质》(GB/T 18921—2002) 的规定。

(5) 当水景喷泉工程的水体水质不能达到规定的水质标准时，应进行水质净化处理。

(6) 水质保障措施和水质处理方法应符合下列规定：

① 水质保障措施和水质处理方法的选择应经技术经济比较确定。

② 宜利用天然或人工河道，且应使水体流动。

③ 宜通过设置喷泉、瀑布、跌水等措施增加水体溶解氧。

④ 可因地制宜采取生态修复工程净化水质。

⑤ 应采取抑制水体中菌类生长、防止水体藻等滋生的措施。

⑥ 容积不大于 500m^3 的景观水体宜采用物理化学处理方法，如混凝沉淀、过滤、加药气浮和消毒等。

⑦ 容积大于 500m^3 的景观水体宜采用生态生化处理方法，如生物接触氧化、人工湿地等。

(7) 人工水景喷泉水池注水充满时间，应根据水池体量、使用性质、供水条件或水源条件等因素确定，当资料不足时，可按下列规定。

① 容积不大于500m^3的小体量人工水景喷泉水池注水充满时间不宜超过12h，最长不应超过24h。

② 容积大于500m^3大体量人工水景喷泉水池不宜超过24h，最长不应超过48h。

③ 如采用雨水等再生水可适当放宽。

(8) 水景喷泉工程的补水，应按规定的水源的种类选用。当只有自来水水源时，在采用自来水的同时，应采取防回流污染水源的措施。住宅小区的人工景观水体的补水严禁使用自来水。

(9) 水景喷泉工程的补水量计算应符合下列规定。

① 当天然或人工河道类重力连续流动水体形成的水景，其水源符合国家标准《地表水环境质量标准》(GB 3838—2002) Ⅳ、Ⅴ类时，不需补水。

② 当有计算资料时，补水量应按下式计算：

$$Q=Q_1+Q_2+Q_3+Q_4+Q_5+Q_6$$

式中 Q——补水量（m^3/d）；

Q_1——蒸发量（m^3/d）；

Q_2——风吹损失量（m^3/d）；

Q_3——渗漏量（m^3/d）；

Q_4——绿化用水量（m^3/d）；

Q_5——浇洒道路用水量（m^3/d）；

Q_6——其他或未预见损失水量（m^3/d）。

(10) 水景喷泉工程水体循环应符合下列规定。

① 根据水景喷泉功能的要求，水体循环可分为造景类用水循环系统和水处理循环系统。

② 造景类用水循环系统应根据溪流、瀑布、喷泉观赏、娱乐等设施规模和数量确定水循环流量。

③ 天然或人工河道类重力连续流动的动态水景水体，当水源符合国家标准《地表水环境质量标准》(GB 3838—2002) Ⅳ、Ⅴ类时，不应设置水处理循环系统。

④ 其他各类封闭的水景喷泉水体，应设置水处理循环系统，并应根据水体容积、水源水质按表2-7确定水处理设计循环周期。

表2-7 不同容积和不同水源水质的设计循环周期

序号	容积/m^3	水源水质	设计循环周期/d
1	≤500	符合国家标准《地表水环境质量标准》(GB 3838—2002)Ⅳ、Ⅴ类	1～2
2	≤500	符合国家标准《城市污水再生利用 景观环境用水水质》(GB/T 18921—2002)	0.5～1.5
3	＞500	机械提升流动的动态水景，符合国家标准《地表水环境质量标准》(GB 3838—2002)Ⅳ、Ⅴ类	4～7
4	＞500	机械提升流动的动态水景，符合现行标准《城市污水再生利用 景观环境用水水质》(GB/T 18921—2002)的再生水	2.5～5
5	＞500	静态水景，符合国家标准《地表水环境质量标准》(GB 3838—2002)Ⅳ、Ⅴ类	3～5
6	＞500	符合现行国家标准《城市污水再生利用 景观环境用水水质》(GB/T 18921—2002)的再生水	2～4

⑤ 多个水景喷泉水池共用一个水处理循环系统时，应符合下列规定：

a. 每个水池的回水应分别接至水处理循环系统，且应在各回水管上设调节控制阀。

b. 净化后的水应分别接至每个水池，且应在每个水池的给水管上设调节控制阀。

c. 当系统停止运行，多个水池水面高程不同时，应采取低位水池不溢水的措施。

(11) 单独设置的循环泵房宜靠近景观水池或溪流、瀑布等水体。

(12) 景观水池平面形状和尺寸应满足管道、水泵、喷头、给水口、泄水口、溢流口、吸水坑等的布置要求。池内最高喷水水柱距水池边缘或收水线边缘的距离，应根据水柱高度、水滴飘散距离核算，且不得小于水柱高度的一半。水池收水线范围内应设 0.01 坡度坡向水池中心，并应采取收水措施。

(13) 应根据水景形式、喷头性能与数量、配水管管径、水泵设置方式和施工安装要求等确定景观水池的深度。

(14) 造景类用水循环系统水泵应符合下列规定。

① 水泵流量和扬程应按溪流、瀑布设计规模、喷头水力参数、喷头数量，以及管道系统的水头损失等经计算确定。

② 水泵额定流量、额定扬程应为理论计算值的 1.10～1.15 倍。

③ 水下水泵宜选用潜水泵，池水较浅或要求水泵高度较低时宜选用卧式潜水泵。

④ 压力不同的喷泉造景单元的给水系统，其水泵宜分开设置。

⑤ 在人能涉水区域，池内不应设置水泵。当在池外设置时，应采用离心水泵并应设计成自灌式或自吸式，水泵吸水管上应装有检修阀门。

⑥ 不宜设置备用泵。

(15) 水处理循环系统水泵应符合下列规定。

① 水泵的流量和扬程应根据设计循环水量、景观水体液位差和管道系统的水头损失等经计算确定。

② 设在景观水池之外的水泵宜选离心泵。

③ 不宜设置备用泵。

④ 水泵应设计为自灌式或自吸式。水泵吸水管上应设检修阀门。

(16) 潜水泵滤网的选择应符合下列规定。

① 当所选喷头的喷嘴口径小于潜水泵进水滤网孔径时，应在水泵进水口处增设 30 目滤网。

② 滤网材料应采用 0Cr18Ni9 (304) 不锈钢。

(17) 阀门的选择与安装应符合下列规定。

① 管径不大于 50mm 时，宜采用截止阀；管径大于 50mm 时，宜采用闸阀或蝶阀。

② 在双向流动的管段上，应采用闸阀。

③ 在经常启闭的管段上，宜采用截止阀或闸阀。

④ 不经常启闭而又需要快速启闭的阀门，应采用快开阀。

⑤ 连接喷头的支管上的调节阀，可选用不锈钢球阀或铜球阀；在支管上不装调节阀时，应在每台水泵的出水管上或干管上装调节阀，可选用与管道材料相同的闸阀或蝶阀。

⑥ 两台以上水泵并联时，每台水泵出水管上应装止回阀。

⑦ 对于程控喷泉、音乐喷泉、跑泉、跳泉等，当采用阀门控制时，可选用水下电磁阀、数控阀、液压阀或气压阀等。

(18) 有水位控制和补水要求的水景喷泉工程应设给水管、配水管、补充水管、循环水管、溢流管、泄水管等。各种管道的设置应符合下列规定。

① 设置在景观水池外的某一水泵，在供给不同喷头组的分供水管上应设流量调节装置，其位置应设在便于观察喷水射流的泵房内或水池附近井室内的供水管上。

② 景观水池内的配水管宜为环状布置或对称布置。

③ 管路变径处应采用异径管和异径管件，不得采用补芯。弯头宜采用大转弯半径的光滑弯头。

④ 管道连接应严密、光滑。

(19) 给水口的设置应符合下列规定。

① 凡设置补水、水处理循环系统及景观水池池外造景类用水循环系统的水景喷泉工程均应设置给水口。

② 大体量水景喷泉工程应设自动补水的给水口。

③ 小体量水景喷泉工程可设手动补水的给水口。

④ 给水口的设置数量应满足池体补水量池体循环水的要求。

(20) 回水口的设置应符合下列规定。

① 凡设置给水口的水量喷泉工程均应设置重力回水口。

② 回水口的设置数量应满足池体回水量的要求。

③ 宜采用重力方式回水。

④ 池底回水口可兼作泄水口，但回水管和泄水管应分设。

⑤ 池底回水口顶面应设格栅，格栅间隙应经计算确定。

(21) 泄水设施的设置应符合下列规定。

① 机械提升连续流动的动态水景和天然或人工湖泊类静态水景应设泄水设施。

② 宜采用重力方式泄水。当不具备重力泄水条件时，应采用机械排空方式。

③ 排空时间不宜超过 48h。

(22) 溢水设施的设置应符合下列规定。

① 机械提升连续流动的动态水景和天然或人造湖泊类静态水景宜设置溢水设施。

② 重要水景喷泉工程或暴雨时不允许池水水位升高时，应设置溢流排涝设施。

③ 溢水设施的型式、尺寸应满足设计暴雨流量的要求。

④ 溢水设施宜设有格栅，栅条间隙应经计算确定。

(23) 对喷泉造景类用水循环系统，每个喷水造型的水泵、管道、阀门和喷头应构成一个独立的运行单元。每个独立运行单元中的喷头，其型号、规格宜相同。

(24) 给水管道设计流速，应符合表 2-8 的规定。

表 2-8 管道设计流速 单位：m/s

管径/mm	≤25	32～50	70～100	>100
钢管、不锈钢管	≤1.5	≤2.0	≤2.5	≤3.0
钢管、塑料管	≤1.0	≤1.2	≤1.5	≤2.0
复合管	可参照内衬材料的管道设计流速选用			

(25) 室外喷泉工程应采用铜或不锈钢喷头。室内喷泉工程除选用铜或不锈钢等金属材料喷头外，也可选用工程塑料（ABS）喷头。

(26) 选用不同喷水高度的喷嘴口径时，喷嘴口径不宜小于行业标准《喷泉喷头》(CJ/T 209—2005) 的规定。

(27) 管材的选择应符合下列规定。

① 喷泉工程的管道宜选用不锈钢、铜管。可采用焊接、卡压、法兰等接口方式连接。

受投资条件限制时，可采用热镀锌钢管，连接方式可采用螺纹连接或法兰连接。

② 室内水景喷泉工程和移动式水景喷泉工程在无抗冻、抗震要求时，可选用塑料管。

③ 各种管材应符合现行相应的国家或行业标准。

④ 应根据环境与景观水体的水质决定管材材质和牌号。

（28）冰冻地区水景喷景工程防冻措施应符合下列规定。

① 应因地制宜设计防冻措施。

② 冰冻期停运的水景喷泉工程，所有管段、设备和池体应有放空措施。

③ 冰冻期需要运行的水景喷泉工程，应采用有效地防止设备冻坏的措施。

④ 河湖上的水景喷泉工程，水面以上管道可采用放空措施。在冰层较薄地区冰冻层内的管道、喷头可采用电伴热措施。在冰层较厚地区应避免在冰冻层内设置喷头、阀门、水泵等。

⑤ 室外水景喷泉工程，不宜采用塑料、橡胶等易老化、脆化、变形材料的管道、阀门、喷头和其他配件。

（29）高压人工造雾系统设计应符合下列规定。

① 高压人工造雾给水系统的设计应符合现行国家标准《建筑给水排水设计规范》（GB 50015—2003）的规定。

② 高压人工造雾系统的水源水质应符合现行国家标准《生活饮用水卫生标准》（GB 5749—2006）或《地表水环境质量标准》（GB 3838—2002）的规定。

③ 高压人工造雾设备的出水水质应符合现行国家标准《生活饮用水卫生标准》（GB 5749—2006）的规定。

④ 高压人工造雾系统的设备间应靠近高压人工造雾现场。当设备间无法靠近高压人工造雾现场时，两者的距离不宜超过200m。

⑤ 高压人工造雾工程系统中的喷头、管材和配件宜选用不锈钢或铜材料。喷头喷口宜选用耐磨的高硬度材料。

⑥ 高压人工造雾工程中的喷头如处于易受外力损伤的位置时，应采取防撞措施。

（30）水景喷泉工程充水、补水系统上应安装用水计量装置。

（31）水景喷泉系统中应设置水样采集点。

4. 控制系统设计

（1）对于控制功能要求较简单的小型水景喷泉，可使用PLC、SCM或其他更具软件指令运行的控制器作为中央控制单元。

（2）应选工业计算机作为中央控制单元。在环境条件允许情况下，可使用商用PC。

（3）中央控制单元的每个数字开关量控制信号的状态和模拟量信号的大小必须在中央控制单元或执行器上有明确指示。

（4）水下电磁阀的电压标准应采用特低电压（SELV），或采用隔离变压器。

（5）使用水位传感器、水下位置传感器或其他感应器件时，如感应器安装在人容易接触的地方，应使用特低电压（SELV），并采用隔离变压器。

（6）当使用感应器时，感应器的状态必须在中央控制单元或执行器上有明确指示。

（7）控制系统应符合现行国家标准《电气控制设备》（GB/T 3797—2005）的有关规定。

（8）在采用PC作为中央控制单元时，系统控制软件应具有下列功能：

① 手动功能，能单独对水景各系统设备进行手动调试。

② 程序控制功能，能在不进行音乐表演时按控制程序自动变化。

③ 实时控制功能，能实时采集音乐信号，进行实时同步表演。

④ 预编辑表演功能，能对音乐进行分析，控制喷泉水体的动作和灯光色彩的变化，当需要时，能控制水幕电影和激光等设备进行同步表演。

(9) 系统操作软件在下列方面应具有开放性：

① 用户能自行增加预编辑曲目。

② 用户能自行编排某些特殊的喷泉水型和喷泉附属设施的动作和变化。

③ 用户能现场更改系统的有关运行参数。

④ 具有接口扩展及软件升级功能。

(10) 在由多台 PC 或其他控制单元组成的控制网络中，应保证网络运行的同步性。

(11) 在采用多台 PC 作为控制单元时，如需要互相通信，宜优先使用以太网将操作端 PC 和控制端 PC 连接起来，采用远程操作软件进行互动操作。

(12) 根据工程需要可配置不间断电源。

(13) 当存在的场强大于 3V/m 电磁干扰时，可采用屏蔽布线和屏蔽设备或采用光缆系统，或采用具有远程控制协议的控制模块或下位机进行远程操作。

(14) 控制系统的配线应采用阻燃型线缆。

(15) 控制系统应采取防雷措施，并符合现行国家标准《建筑物防雷设计规范》(GB 50057—2010) 的规定。

5. 水幕系统设计

① 水幕发生装置的选型应符合水幕发生器的使用环境和条件。

② 水幕工程系统的设备和材料应能在 0～45℃的环境下正常工作。

③ 应根据水幕发生器形成的水幕尺寸数值，选择水泵型号、规格。

④ 在风力小于三级时，水幕发生器所形成的水幕尺寸应不小于设计呈像时所需要的水幕尺寸。扇形水幕张角应在 160°～180°。水幕长高比应为 3∶1。不宜使用扇形水幕时，应选用矩形水幕。

⑤ 稳流箱、水整流器、集束管及其系统应满足密封性能要求。

⑥ 各类型水幕发生器及其系统应满足强度性能要求。

⑦ 支撑类型固定水幕发生器的钢结构应符合现行国家标准《钢结构设计规范》(GB 50017—2003) 的规定。

6. 音响系统设计

(1) 音响系统包括拾音、高保真传声、混音、放大、扬声和控制等部分。各系统的设计，应符合现行国家或行业标准的相关规定。

(2) 应根据水景喷泉工程的不同功能、周边环境、投资规模等选择音响系统的档次和功率、噪声、失真度、音质等技术参数。

(3) 各类噪声（宽带、窄带、离散、频率、稳态、非稳态、脉冲等）不应影响音响系统的音质。

(4) 传声器的额定输出阻抗应与扬声器的额定输出阻抗匹配。单台传声器输出阻抗与额定值的允许偏差应不大于 30%。

(5) 扬声器（或音柱）的数量、位置间距和高度的设计应符合下列要求：

① 对观赏者产生的环境等效声压级应小于 75dB (A)，噪声声压级应不大于 40dB (A)。

② 突发噪声（距地 1.2m，距观赏者 1m 的敏感区）峰值不应大于当地允许的等效声压级值。

③ 总噪声小时等效声压级应符合当地允许等效声压级值。

(6) 单体扬声器（或音柱）出口处声功率级应小于 110dB (A)。

(7) 系统声场设计应符合下列规定：

① 应考虑现场的大面积水面对声波的反射。

② 应考虑两组以上的水平指向宽、垂直指向窄的高声压。

③ 应由具有远投射、指向性强的线阵列音箱组成。

④ 应组成两个超高压输出的“声塔”，且该声塔可覆盖听声区域并应符合下列规定：

a. 声塔的高度应根据现场的环境而定。

b. 声塔设计要考虑其强度（包括重力、受风力和水流冲击力）。

⑤ 背景音乐的声压级应为 55～65dB（A）。

⑥ 设计时扩声系统输出的声压级应超过环境噪声声压级 20dB（A）以上。

⑦ 设计时宜采用集中供声的方法，最大限度降低环境反射声和多声源传播延时不一致造成的影响。

(8) 音响供电与水景喷泉供电应分路供给。

7. 激光系统设计

(1) 激光表演系统的激光器、变压器、表演器和连接导线等应有产品合格证。

(2) 激光器应根据设计要求的规格型号、标称功率和激光谱线等参数进行选择。

(3) 激光器的选型应符合设计要求，激光表演中激光束的扫描速度和功率应符合现行国家标准《激光产品的安全　第 1 部分：设备分类、要求和用户指南》（GB 7247.1—2001）的规定。激光的安全标志以及标志的位置应符合现行国家标准《安全标志及其使用导则》（GB 2894—2008）的规定。在激光设备上应标出“激光辐射”或辐射警告标记。

(4) 激光设备所处的环境应符合下列要求：

① 激光设备贮存温度应小于 50℃、大于 0℃。

② 激光设备工作温度应小于 35℃、大于 10℃。

③ 激光设备贮存相对湿度应小于 90%、大于 0%。

④ 激光设备工作相对湿度应小于 70%、大于 20%。

⑤ 激光设备贮存或工作时，不能结露。

(5) 变压器应根据设计要求的规格型号、标称功率和频率进行选择。

(6) 绝缘塑料铜芯多股导线的规格应根据设计要求进行选择。

五、喷泉施工

1. 喷泉管道布置

① 喷泉管道要根据实际情况布置。装饰性小型喷泉，其管道可直接埋入土中，或用山石、矮灌木遮盖。大型喷泉，分主管和次管，主管要敷设在可通行人的地沟中，为了便于维修应设检查井；次管直接置于水池内。管网布置应排列有序，整齐美观。

② 环形管道最好采用十字形供水，组合式配水管宜用分水箱供水，其目的是要获得稳定等高的喷流。

③ 为了保持喷水池正常水位，水池要设溢水口。溢水口面积应是进水口面积的两倍，要在其外侧配备拦污栅，但不得安装阀门。溢水管要有 3%的顺坡，直接与泄水管连接。

④ 补给水管的作用是启动前的注水及弥补池水蒸发和喷射的损耗，以保证水池正常水位。补给水管与城市供水管相连，并安装阀门控制。

⑤ 泄水口要设于池底最低处，用于检修和定期换水时的排水。管径 100mm 或 150mm，也可按计算确定，安装单向阀门，与公园水体和城市排水管网连接。

⑥ 连接喷头的水管不能有急剧变化，要求连接管至少有 20 倍其管径的长度。如果不能

满足时，需安装整流器。

⑦ 喷泉所有的管线都要具有不小于2%的坡度，便于停止使用时将水排空；所有管道均要进行防腐处理；管道接头要严密，安装必须牢固。

⑧ 管道安装完毕后，应认真检查并进行水压试验，保证管道安全，一切正常后再安装喷头。为了便于水型的调整，每个喷头都应安装阀门控制。

2. 喷水池施工

喷水池由基础、防水层、池底、池壁、压顶等部分组成，如图2-42所示。

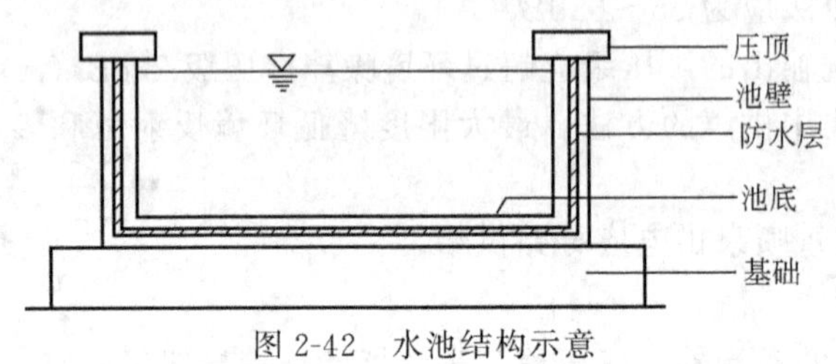

图2-42　水池结构示意

(1) 基础　基础是水池的承重部分，由灰土和混凝土层组成。施工时先将基础底部素土夯实（密实度不得小于85%）；灰土层一般厚30cm（3份石灰、7份中性黏土）；C10混凝土垫层厚10～15cm。

(2) 防水层　水池工程中，防水工程质量的好坏对水池安全使用及其寿命有直接影响，因此，正确选择和合理使用防水材料是保证水池质量的关键。

目前，水池防水材料种类较多，如按材料分，主要有沥青类、塑料类、橡胶类、金属类、砂浆、混凝土及有机复合材料等；如按施工方法分，有防水卷材、防水涂料、防水嵌缝油膏和防水薄膜等。

① 沥青材料　主要有建筑石油沥青和专用石油沥青两种。专用石油沥青可在音乐喷泉的电缆防潮防腐中使用。建筑石油沥青与油毡结合形成防水层。

② 防水卷材　品种有油毡、油纸、玻璃纤维毡片、三元乙丙再生胶及603防水卷材等。其中油毡应用最广，三元乙丙再生胶用于大型水池、地下室、屋顶花园作防水层效果较好；603防水卷材是新型防水材料，具有强度高、耐酸碱、防水防潮、不易燃、有弹性、寿命长、抗裂纹等优点，且能在−50～80℃环境中使用。

③ 防水涂料　常见的有沥青防水涂料和合成树脂防水涂料两种。

④ 防水嵌缝油膏　主要用于水池变形缝防水填缝，种类较多。按施工方法的不同分为冷用嵌缝油膏和热用灌缝胶泥两类。

⑤ 防水剂和注浆材料　防水剂常用的有硅酸钠防水剂、氯化物金属盐防水剂和金属皂类防水剂。注浆材料主要有水泥砂浆、水泥玻璃浆液和化学浆液三种。

水池防水材料的选用，可根据具体要求确定，一般水池用普通防水材料即可。钢筋混凝土水池也可采用抹5层防水砂浆（水泥加防水粉）做法。临时性水池还可将吹塑纸、塑料布、聚苯板组合起来使用，也有很好的防水效果。

(3) 池底　池底直接承受水的竖向压力，要求坚固耐久。多用钢筋混凝土池底，一般厚度大于20cm；如果水池容积大，要配双层钢筋网。施工时，每隔20m选择最小断面处设变形缝（伸缩缝、防震缝），变形缝用止水带或沥青麻丝填充；每次施工必须由变形缝开始，不得在中间留施工缝，以防漏水，如图2-43～图2-45所示。

(4) 池壁　池壁是水池的竖向部分，承受池水的水平压力，水愈深容积愈大，压力也愈大。池壁一般有砖砌池壁、块石池壁和钢筋混凝土池壁三种，如图2-46所示。

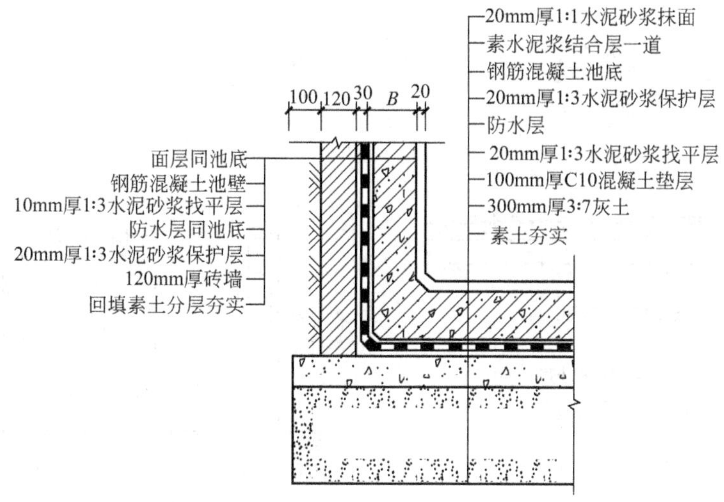

图 2-43　池底做法

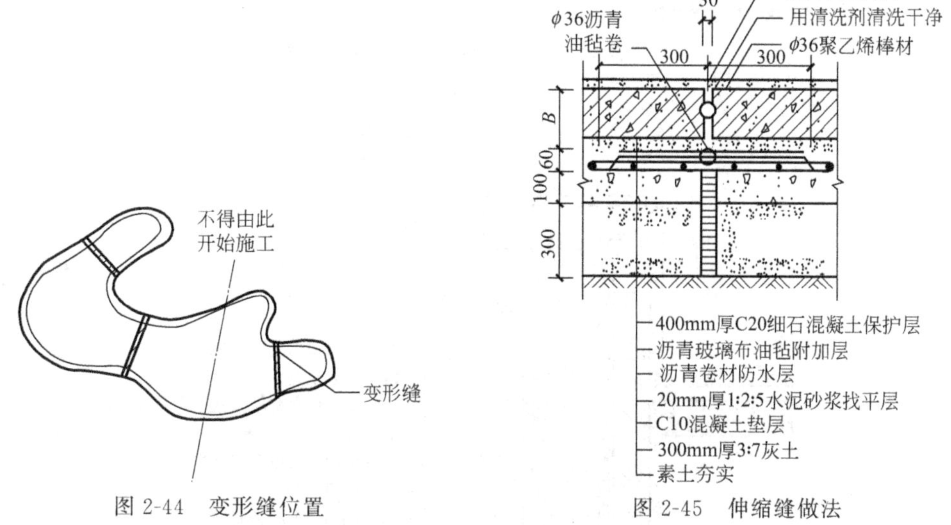

图 2-44　变形缝位置

图 2-45　伸缩缝做法

壁厚视水池大小而定，砖砌池壁一般采用标准砖、M7.5 水泥砂浆砌筑，壁厚不小于 240mm。砖砌池壁虽然具有施工方便的优点，但红砖多孔，砌体接缝多，易渗漏，不耐风化，使用寿命短。块石池壁自然朴素，要求垒砌严密，勾缝紧密。混凝土池壁用于厚度超过 400mm 的水池，C20 混凝土现场浇筑。钢筋混凝土池壁厚度多小于 300mm，常用 150～200mm，宜配 $\phi 8$、$\phi 12$ 钢筋，中心距多为 200mm，如图 2-47 所示。

(5) 压顶　压顶属于池壁最上部分，其作用为保护池壁，防止污水泥沙流入池中，同时也防止池水溅出。对于下沉式水池，压顶至少要高于地面 5～10cm；而当池壁高于地面时，压顶做法必须考虑环境条件，要与景观相协调，可做成平顶、拱顶、挑伸、倾斜等多种形式。压顶材料常用混凝土和块石。

完整的喷水池还必须设有供水管、补给水管、泄水管和溢水管及沉泥池。其布置如图 2-48～图 2-50 所示。管道穿过水池时，必须安装止水环，以防漏水。供水管、补给水管安装调节阀；泄水管配单向阀门，防止反向流水污染水池；溢水管无需安装阀门，连接于泄水

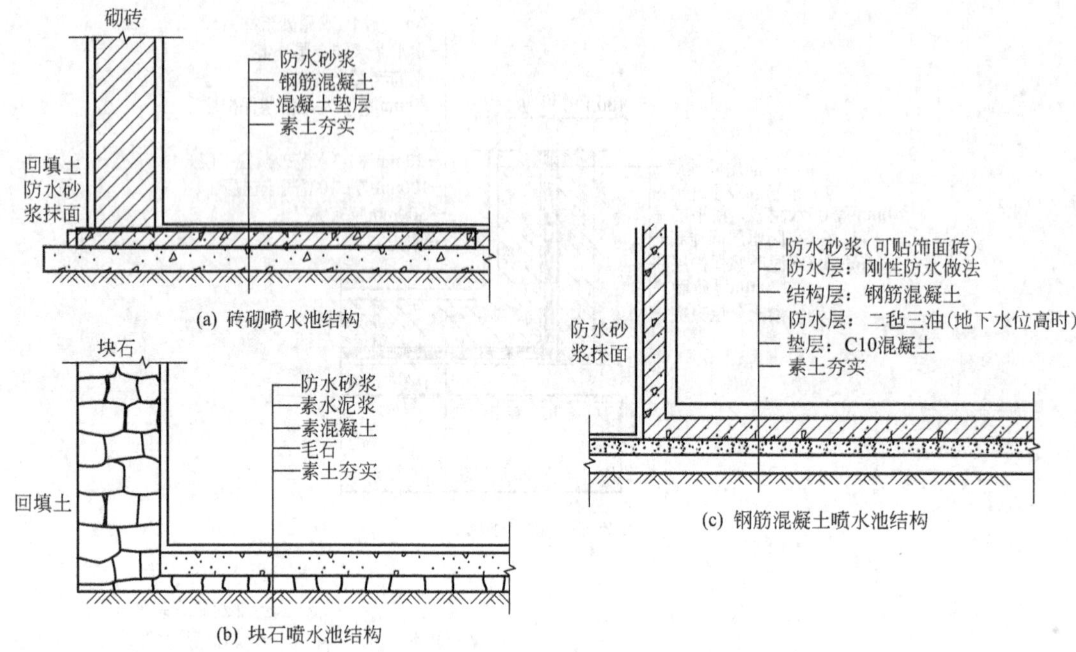

图 2-46 喷水池池壁（底）构造

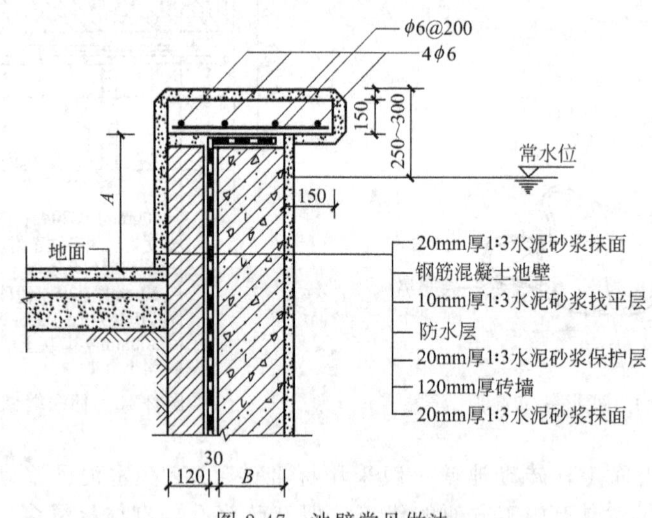

图 2-47 池壁常见做法

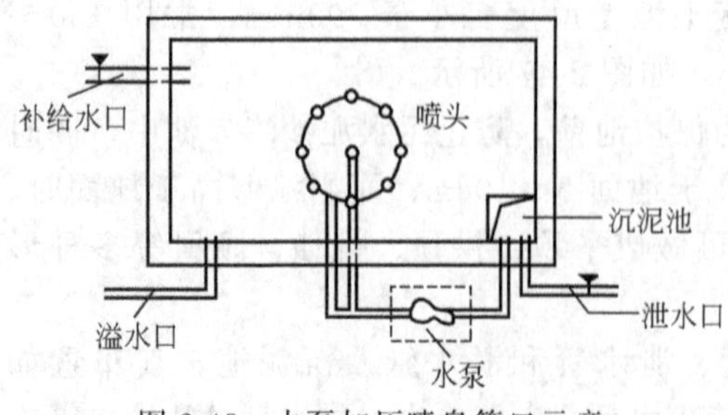

图 2-48 水泵加压喷泉管口示意

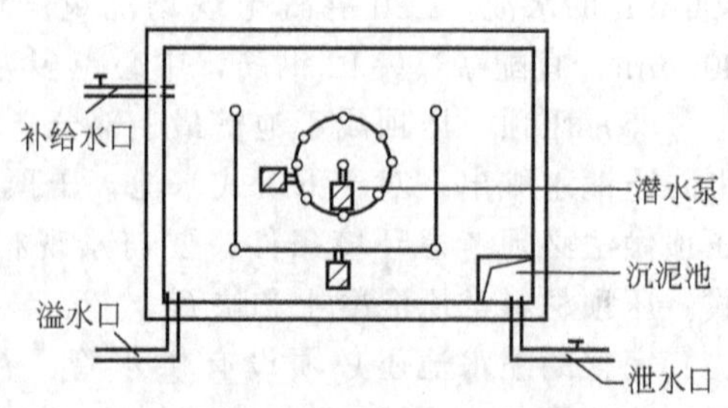

图 2-49 潜水泵加压喷泉管口示意

管单向阀后直接与排水管网连接（具体见管网布置部分）。沉泥池应设于水池的最低处并加过滤网。

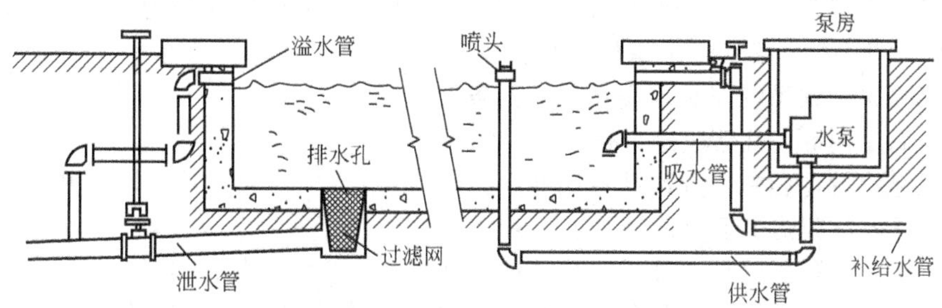

图 2-50 喷水池管线系统示意

图 2-51 是喷水池中管道穿过池壁的常见做法。图 2-52 为在水池内设置集水坑，以节省空间。集水坑有时也用做沉泥池，此时，要定期清淤，且于管口处设置格栅。图 2-53 为防淤塞而设置的挡板。

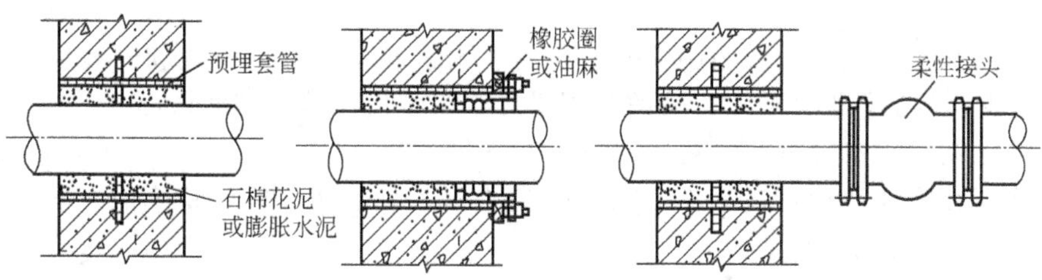

图 2-51 管道穿池壁做法

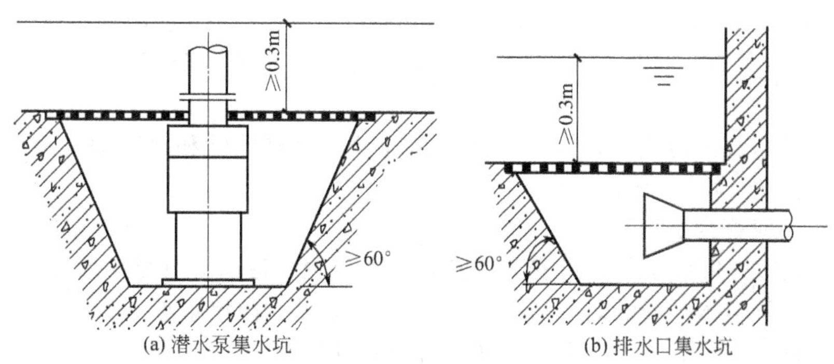

图 2-52 水池内设置集水坑

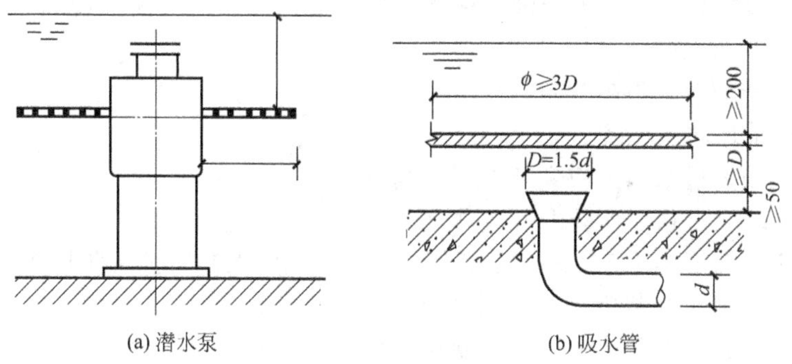

图 2-53 吸水口上设置挡板

3. 喷泉系统安装

(1) 一般规定

① 水景喷泉工程系统的安装应编制施工组织设计，并应包括与土建施工、设备安装、装饰装修的协调配合方案和安全措施等内容。

② 水景喷泉工程系统安装前应具备下列条件。

a. 设计文件齐备，且已通过审查。

b. 施工组织设计和施工方案已经批准。

c. 施工场地符合施工组织设计要求。

d. 预留基础、孔洞、预埋件等符合设计图纸要求，并已验收合格。

③ 水景喷泉工程系统所使用的主要材料、成品、半成品、配件和设备必须具有中文质量合格证明文件，规格、型号及性能检测报告应符合国家现行标准或设计要求。进口设备材料应有报关单，当需要时应有商检证。

④ 所有材料进场时应对品种、规格、型号、外观等进行验收、清点和分类。包装应完好，表面应无划痕和外力冲击破损，并经监理人员核查确认。在存放、搬运、吊装中不应碰撞和损坏。

⑤ 水景喷泉工程系统所采用的喷头、管材、水泵和设备等的布置和安装应符合国家现行有关标准或满足工艺设计要求。修改工程设计必须经设计单位书面认可。

⑥ 主要设备必须有完整的安装使用说明书。

⑦ 凡利用现有建（构）筑物作为水景喷泉工程系统的建（构）筑物的，在施工、安装时不得损害其结构和防水功能等。

(2) 泵、阀、管道、喷头、水下动力设备

① 水景喷泉工程系统的泵、阀、管道、喷头和水下动力设备等的安装应符合现行国家标准《建筑工程施工质量验收统一标准》(GB 50300—2001)、《风机、压缩机、泵安装工程施工及验收规范》(GB 50275—2010) 和《建筑给水排水及采暖工程施工质量验收规范》(GB 50242—2002) 的规定。

② 水景喷泉水池土建主体，应预埋各种预埋件。穿过池壁和池底的管道应采取防渗漏措施。

③ 管道安装应符合下列规定。

a. 管道安装宜先安装主管，后安装支管，管道位置和标高应符合设计要求。

b. 配水管网管道水平安装时，应有 2‰～5‰的坡度坡向泄水点。

c. 管道下料时，管道切口应平整，并与管中心垂直。

d. 各种材质的管材连接应保证不渗漏。

e. 各种支吊架安装应符合现行国家标准《建筑给水排水及采暖工程施工质量验收规范》(GB 50242—2002) 的规定。

④ 潜水泵安装应符合下列规定。

a. 潜水泵应采用法兰连接。

b. 同组喷泉用的潜水水泵应安装在同一高程。

c. 潜水泵轴线应与总管轴线平行或垂直。

d. 潜水泵淹没深度小于 500mm 时，在泵吸入口处应加装防护流防护网罩。

⑤ 水景喷泉的喷头安装应符合下列规定。

a. 管网安装完成并进行冲洗后，方能安装喷头。

b. 喷头前应有长度不小于 10 倍喷头公称尺寸的直线管段或设整流装置。

c. 应根据溅水不得溅至水池外面的地面上或收水线以内的要求，确定喷头距水池边缘的距离。

d. 同组喷泉用喷头的安装形式宜相同。

e. 隐蔽安装的喷头，喷口出流方向水流轨迹上不应有障碍物。

⑥ 阀门安装前，应做强度和严密性试验。试验应在每批（同牌号、同型号、同规格）数量中抽查10%，且不少于一个。对于安装在主干管上起切断作用的闭路阀门，应逐个做强度和严密性试验。

⑦ 阀门的强度和严密性试验，应符合下列规定：阀门的强度试验压力为公称压力的1.5倍；严密性试验压力为公称压力的1.1倍；试验压力在试验持续时间内应保持不变，且壳体填料及阀瓣密封面无渗漏。阀门试压的试验持续时间应不小于表2-9的规定。

表2-9　阀门试压的试验持续时间

公称尺寸 DN	最短试验持续时间/s		
	严密性试验		强度试验
	金属密封	非金属密封	
≤50	15	15	15
65～200	30	15	60
250～450	60	30	180

⑧ 高压人工造雾装置的基础设施应满足载荷、防震、底部通风、排水等要求。

⑨ 高压人工造雾装置正面的操作空间宽度不宜小于1.5m，特殊情况下不应小于1.3m。

⑩ 高压人工造雾装置为落地式安装并有侧、后开门或有可卸下安装的面板时，高压人工造雾装置侧、后面的操作空间宽度不宜小于1m，特殊情况下不应小于0.8m。

⑪ 高压人工造雾装置的金属框架和基础型钢必须可靠接地（PE）或接零（PEN）；装有电器的可开启门，门和框架的接地端子间应用裸编织铜线连接，且有标识。接地连接线的最小截面积应符合现行国家标准《建筑电气工程施工质量验收规范》（GB 50303—2002）的规定。

⑫ 高压人工造雾配水管网中管材与管材、管材与配件、配件与喷头之间宜采用卡套式专用接头连接。连接应密封可靠，不漏水。

（3）电气与自动控制

① 成套配电柜，控制柜（屏、台）的安装应符合现行国家标准《建筑电气工程施工质量验收规范》（GB 50303—2002）的规定。

② 等电位联结应符合下列规定：

a. 喷水池应与建筑总体形成总等电位联结。采用40×4镀锌扁钢或25mm^{2}铜导线，将建筑物总等电位联结MEB端子板与安装在喷水池进线井内的辅助等电位联结SEB端子板接成回路。

b. 在区域内的所有装置外部可导电部分，用等电位联结线联结，并和这些区域内的设备外露可导电部分的保护线相连接于辅助等电位联结SEB端子板上，并经过建筑物总等电位联结MEB端子板与接地装置相连。具体应包括下列部分：

喷水池构筑物内钢筋和外露金属部件；所有成型的金属外框；固定在水池构筑物上或水池内的金属构件；与喷水池有关的电气设备的金属配件，包括水泵、电动机；水下照明灯的电源和灯盒，爬梯扶手、给水口、排水口、金属管道系统、变压器外壳等；永久性的金属隔离栏栅、金属网罩等。

c. 在喷水池周边内的地面下无钢筋时，宜敷设电位均衡导线，自周边外侧 0.3m 埋设三圈均衡导线，圈间距 0.6m，三圈均衡导线之间最少有两处做横向连接。均衡导线采用 25×4 镀锌扁钢或 $\phi10$ 镀锌圆钢。

d. 接地体（线）焊接应采用搭接焊，其搭接长度必须符合下列规定。

扁钢为其宽度的两倍（且至少 3 个棱边焊接）；圆钢为其直径的 6 倍；圆钢与扁钢连接时，其长度为圆钢直径的 6 倍；扁钢与钢管、扁钢与角钢焊接时，除应在其接触部位两侧进行焊接处，并应焊以由钢带弯成的弧形（或直角形）卡子或直接由钢带本身弯成弧形（或直角形）与钢管（或角钢）焊接；

e. 对于暗敷的等电位联结线及其连接处，电气施工人员应做隐蔽工程检验记录及检测报告，对于隐蔽部分的等电位联结线及其连接处，应在竣工图上注明实际走向和部位。

③ 水景喷泉装置的金属框架和基础型钢必须可靠接地（PE）或接零（PEN）；装有电器的可开启门，门和框架的接地端子间应用裸编织铜线连接，且有标识。

④ 对于强电、弱电系统混装在同一柜中的控制设备，其安装应符合《综合布线系统工程验收规范》（GB/T 50312—2007）的有关规定。

⑤ 落地式控制柜在有电缆沟的情况下，至少应高出地面 50mm，室外应高出地面 200mm。电缆沟内应有防水措施，并应采取封闭措施，防止小动物进入。

⑥ 在装有大量变频器的电控柜中，应注意采取有效的抗干扰措施。

⑦ 灯具安装应符合下列规定。

a. 单接线口水下照明灯具，其电源进线应由接线盒馈电。

b. 双接线口水下照明灯具，每盏灯具均应一进一出接线，互为连接、进出相接，最后一盏灯具与电源连接。

c. 水下照明灯具的安装，应符合《民用建筑电气设计规范》（JGJ/T 16—2008）的相关规定。

d. 所有金属体灯具应沿电源线敷设接地（PE）线，并与灯体内接地端子可靠连接。

e. LED 灯可采用双层防护防水包接，其变压器必须可靠接地。

f. 固定水下照明灯具的金属管道在适当位置用扁钢与池内结构钢筋连成一体。

g. 水上照明灯具安装应满足防水、防漏电和防破碎的要求，并应有良好的固定。

⑧线缆敷设应符合下列规定。

线缆敷设应符合现行国家标准《电气装置安装工程　电缆线路施工及验收规范》（GB 50168—2006）的规定。线缆敷设前应按下列要求进行检查。

a. 线缆型号、电压、规格应符合设计要求。浸入水中的电缆必须采用水下电缆。

b. 线缆外观应无损伤、绝缘良好，当对电缆的外观和密封状态有怀疑时，应进行潮湿判断；直埋电缆与水底电缆应经试验合格。用直流 500V 兆欧表测量绝缘电阻（100V 以下线路用 100V 表），其阻值不应小于 5MΩ；当设计文件有特殊规定时，应符合其规定。光纤电缆应进行光纤导通检查。

c. 应按设计和实际路径计算每根线缆长度。

d. 并联使用的线缆，其长度、型号、规格应相同，并宜为同一生产厂的产品。

线缆的最小弯曲半径，应符合现行国家标准《电气装置安装工程　电缆线路施工及验收规范》（GB 50168—2006）的规定。非水中敷设电缆宜采用电缆沟敷设。直埋电缆埋置深度应符合下列要求。

a. 电缆表面距地面的距离不应小于 0.7m。在引入建筑物、与地下建筑物交叉及绕过地下建筑处，可浅埋，但应采取保护措施；

b. 电缆应埋设于冻土层以下，当受条件限制时，应采取防止电缆受到损坏的措施。

直埋电缆的上、下部应铺以不小于100mm厚的软土砂层，并加盖保护板，其覆盖宽度应超过电缆两侧各50mm，保护板可采用混凝土盖板或砖块。回填土前，应经隐蔽工程验收合格，并分层夯实。电缆之间，电缆与其他管道、道路、建筑物等之间平行和交叉时的最小净距，应符合国家标准《电气装置安装工程 电缆线路施工及验收规范》（GB 50168—2006）的规定。电缆与道路交叉时，应敷设于保护管内，保护管的两端宜伸出道路基两边各0.5m；伸出排水沟0.5m。直埋电缆在直线段每隔50～100m处、电缆接头处、转弯处、进入建筑物等处，应设置明显的方位标志或标村桩。

0区、1区和2区的布线系统应设有可触及的金属外护物。电缆应敷设在由绝缘材料制成的导管中。0区和1区内不允许非本区的配电线路通过。电缆应是整根的，中间无接头。0区内电气设备的电缆宜远离水池的外边缘，在水池内的线路宜以最短的路径接到设备上，这些电缆应敷设在导管中。1区电缆的敷设应有合适的机械保护。

控制系统各设备之间的连接线应可靠连接，在使用接线端子连接的地方，控制线要涮锡处理。高速远距离传送的数据线应采用带屏蔽的控制线缆（如RS232、RS485和DMX512控制线），当环境条件不允许采用普通控制线缆时，应考虑采用光缆传输或无线传输。

（4）水幕、激光设备、音响设备

① 水幕系统安装应符合下列规定。

a. 水幕、激光系统安装应符合设计要求。

b. 固定水幕系统的钢结构施工应符合现行国家标准《钢结构工程施工质量验收规范》（GB 50205—2001）的规定。

c. 扇形水幕发生器连接应检查紧固螺栓是否紧固和检查水幕发生器与固定基础、动力泵接口和稳流箱软连接避振设施是否可靠。

d. 安装矩形水幕发生器前应检查固定支架的稳固性。连接管与水幕发生器的管端应固定。

② 激光设备的安装应符合下列规定：

激光的安装应符合下列规定。

a. 室内的激光系统，应在室内装修完毕，待装修材料中的水汽挥发之后再安装。

b. 应根据激光器设计要求的高度和角度位置，预先设置安装平台或预埋吊挂件。

c. 应将激光器及与之配套的光学无件和配件组装在一起。

d. 带有变压器的激光器的电源进线端头应制作成符合现行行业标准《导线用铜压接端头 第1部分：0.5～6.0导线用铜压接端头》（JB/T 2436.1—1992）和《导线用铜压接端头 第2部分：10～300mm^{2}导线用铜压接端头》（JB/T 2436.2—1994）规定的铜压头。

e. 应将循环水管敷设在带有热交换器的激光器和热交换器之间。

f. 激光器热交换系统的冷却管路，其连接应正确可靠，使用软管连接时应无扭折和裂纹。对风冷系统应检查风道畅通、过滤器无堵塞现象。

g. 当安装桌上静置式的激光器及表演器时，应将专用桌放置好，再进行设备安装及连接各支路导线。

表演器的安装应符合下列规定。

a. 按设计说明调整表演器位置和角度。

b. 表演器调试完成后，应将其机箱固定。

c. 表演器内的电气连接应符合现行国家标准《家用和类似用途插头插座 第二部分：

器具插座的特殊要求》(GB 2099.2—1997) 的规定。

d. 表演器内的光路连接，应符合产品说明书。

e. 调试光路时，严禁激光直射眼睛、皮肤或易燃易爆物。

③ 激光表演控制接口宜安装在上位机机箱内，或通过USB、DMX512、SMPTE等接口与上位机连接，并在上位机内安装控制接口的驱动程序。

④ 上位机的安装应按设计要求选用兼容机或工控机，并根据设计要求安装软件平台。

音响系统设施（备）安装应符合下列规定。

a. 音响系统安装应符合设计要求。

b. 传声器输出线的连接应牢固、安全、可靠。

c. 音响系统传输的信号电缆等硬件的连接应采取抗干扰措施。

d. 音响系统安装不得出现下列情况。

短路；断路或无输出；检听声音不正常；灵敏度和频率响应程度超出允差范围；过载等效声压级低于规定值；噪声超过允许范围。

e. 音响系统穿线应设穿线管。

f. 扬声器（或音柱）应有防晒、防雨雪淋袭、防风、防震和防外力损伤等保护措施，并进行防雷接地。必要时应进行美化装饰。

4. 喷泉的照明

(1) 喷泉照明概述

① 喷泉照明的特点。喷泉照明与一般照明不同。一般照明是要在夜间创造一个明亮的环境，而喷泉照明则是要突出水花的各种风姿。因此，它要求有比周围环境更高的亮度。而被照明的物体又是无色透明的水，这就要利用灯具的各种不同的光分布和构图，形成特有的艺术效果，形成开朗、明快的气氛，供人们观赏。

② 喷泉照明的种类

a. 固定照明。如日内瓦莱蒙湖上那耸入云天的145m高的大喷泉，就是在距喷水口20m处装设了一台巨型探照灯，形成银色水柱直刺暮空，景色十分壮观。

b. 闪光照明和调光照明。这是由几种彩色照明灯组成的，它可通过闪光或使灯光慢慢地变化亮度，以求得适应喷泉的色彩变化。

c. 水上照明与水下照明。水上照明和水下照明各有优缺点。大型喷泉往往是两者并用，水下照明可以欣赏水面波纹，并且由于光是由喷泉下面照射的，因此当水花下落时，可以映出闪烁的光。

③ 喷泉照明的手法。为了既能保证喷泉照明取得华丽的艺术效果，又能防止使观众产生眩目，布光是非常重要的。照明灯具的位置一般是在水面下5～10m处。在喷嘴的附近，以喷水前端高度的1/5～1/4以上的水柱为照射的目标；或以喷水下落到水面稍向上的部位为照射的目标。这时如果喷泉周围的建筑物、树丛等的背景是暗色的，则喷泉水的飞花下落的轮廓，就会被照射得清清楚楚。

(2) 喷泉照明的灯具　喷泉常用的灯具，从外观和构造来分类，可以分为灯在水中照明的简易型灯具和密闭型灯具两种。

① 简易型灯具如图2-54所示。灯的颈部电线进口部分备有防水机构，使用的灯泡限定为反射型灯泡，而且设置地点也只限于人们不能进入的场所。其特点是采用小型灯具，容易安装。

② 密闭型灯具有多种光源的类型，而且每种灯具限定了所使用的灯。例如，有防护式柱形灯、反射型灯、汞灯、金属卤化物灯等光源的照明灯具等。一般密封型照明器如图2-55所示。

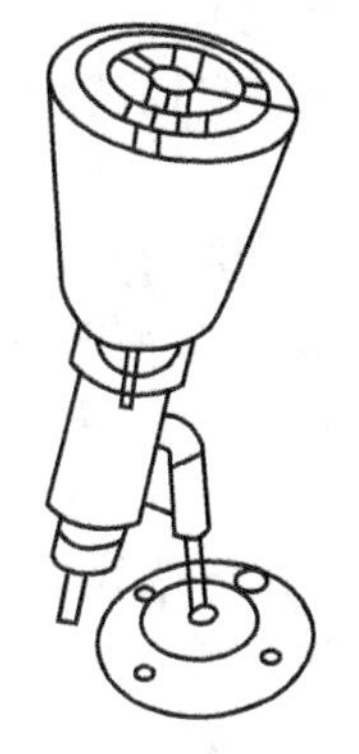

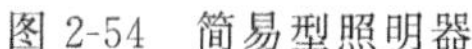

图 2-54　简易型照明器

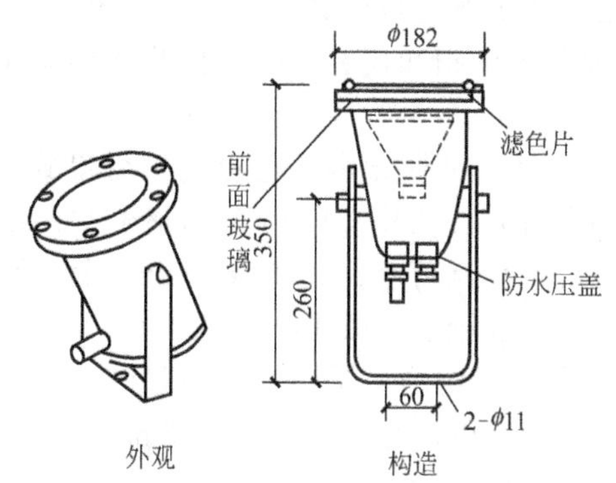

图 2-55　密封型照明器（单位：mm）

（3）滤色片　当需要进行色彩照明时，在滤色片的安装方法上有固定在前面玻璃处的和可变换的（滤色片旋转起来，由一盏灯而使光色自动地依次变化），一般使用固定滤色片的方式。调光型照明器具体形式见图 2-56。

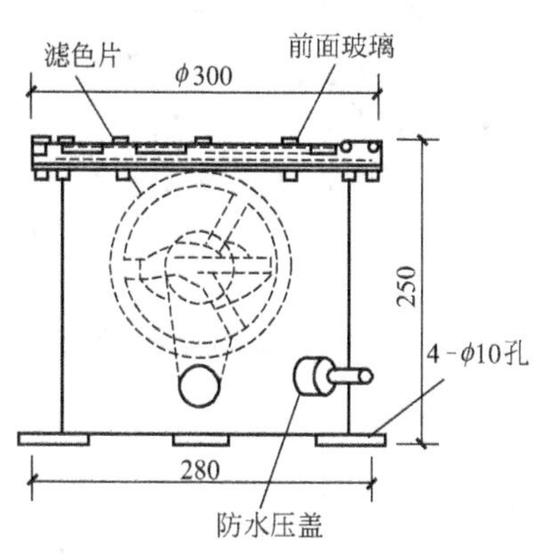

图 2-56　调光型照明器（单位：mm）

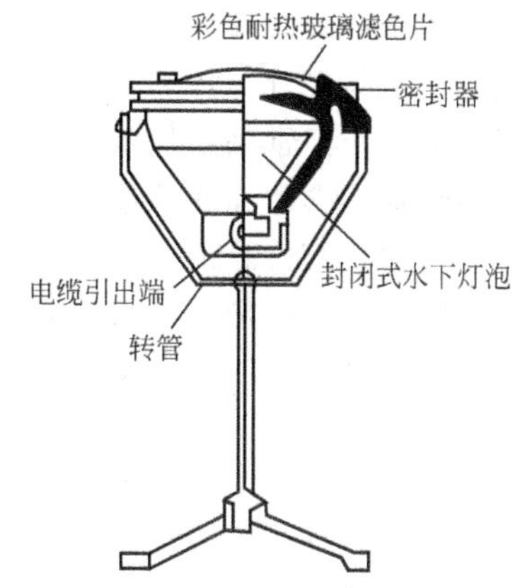

图 2-57　可变换的调光型照明器

国产的封闭式灯具（图 2-57）用无色的灯泡装入金属外壳。外罩采用不同颜色的耐热玻璃，而耐热玻璃与灯具间用密封橡胶圈密封，调换滤色玻璃片可以得到红、黄（琥珀）、绿、蓝、无色透明等五种颜色。灯具内可以安装不同光束宽度的封闭式水下灯泡，从而得到几种不同光强。不同光束宽度的结果、性能见表 2-10。

表 2-10　配用不同封闭式水下灯泡后灯具的性能

光束类型	编号	工作电压/V	光源功率/W	轴向光束/cd	光束发散角/(°)	平均寿命/h
狭光束	Fsd200～300(N)	220	300	≥40000	25＜水平＜60	1500
宽光束	Fsd220～300(W)	220		≥80000	垂直＜10	1500
狭光束	Fsd220～300(H)	220		≥70000	25＜水平＜30	750
宽光束	Fsd12～300(N)	12		≥10000	垂直＞15	1000

注：光束发散角的定义是：当光轴两边光强降至中心最大光强的 1/10 时的角度。

（4）施工要点

① 照明灯具应密封防水并具有一定的机械强度，以抵抗水浪和意外的冲击。

② 水下布线应满足水下电气设备施工相关技术规程规定，为防止线路破损漏电，需常

检验。严格遵守先通水浸没灯具，后开灯；再先关灯，后断水的操作规程。

③ 灯具要易于清扫和检验，防止异物水浮游生物的附着积淤。宜定期清扫换水，添加灭藻剂。

④ 灯光的配色，要防止多种色彩叠加后得到白色光，造成消失局部的彩色。当在喷头四周配置各种彩灯时，在喷头背后色灯的颜色要比近在游客身边灯的色彩鲜艳得多。因此，要将透射比高的色灯（黄色、玻璃色）安放到水池边近游客的一侧，同时也应相应调整灯对光柱照射部位，以加强表演效果。

⑤ 电源线用水下电缆，其中一根应接地，并要求有漏电保护。在电源线通过镀锌铁管在水池底接到需要装灯的地方，将管子端部与水下接线盒输入端直接连接，再将灯的电缆穿入接线盒的输出孔中密封即可。

六、喷泉系统运行、维护与管理

（1）市网的正常供水、供电应能满足水景喷泉工程的要求。

（2）水景喷泉工程宜由专业公司或经培训合格的专业人员运行、维护和管理。

（3）运行人员离岗或水景喷泉暂停使用时，应及时切断水源和电源。

（4）运行人员应经常检测室（池）外给水排水管道、电线电缆，判断其运行状况。

（5）运行人员应经常对各类井、沟进行检查，如井盖（板）丢失，应及时更换。

（6）运行人员应经常采集池水水样，发现异常及时采取措施。

（7）非运行期，含冰冻期停运的水景喷泉工程，必要时应将池水排尽并采取覆盖保护。

（8）水质检验应有检验记录。

（9）水景喷泉运行维护及维修时应有运行记录。

（10）日常运行时如发生下列情况应立即停机检查，待查明原因排除故障后方能恢复使用。

① 水景喷泉装置突然断水、断电。

② 由电力、水力驱动的动态水形出现形态异常时。

③ 水下灯具出现漏电、短路现象。

④ 水景喷泉装置内发生异常振动、气味或烟雾时。

⑤ 水景喷泉装置指示灯、指示仪表发生异常波动或无指示。

⑥ 控制系统失控。

⑦ 喷头被堵塞的数量超过总数的10%。

⑧ 水景喷泉系统漏水导致水形效果不佳。

第四节　瀑布设计与施工

一、瀑布的分类

瀑布可分为天然瀑布和人工瀑布。天然瀑布是由于河床突然陡降形成落水高差，水经陡坎跌落如布锦悬挂空中，形成千姿百态、美轮美奂的景色。人工瀑布是以天然瀑布为基础，通过工程建筑手段修建的落水景观。人工瀑布常以山体上的山石、树木为背景，上游积聚的水（或水泵提水）流至落水口，落下形成瀑布。

庭园中的瀑布按其跌落形式分为阶梯式、滑落式、幕布式、丝带式等多种，并模仿自然景观，采用天然石材或仿石石材设置瀑布的背景和引导水的流向，如景石、分流石、承瀑石等。通常情况下，由于人们对瀑布的喜好形式不同，而瀑布自身的展现形式也不同，加之表达的题材及水景不同，造就出多姿多彩的瀑布。

二、瀑布的组成

（1）背景　瀑布背景为瀑布提供了丰富的水源，与瀑布一起形成了深远、宏伟、壮丽的画面。

（2）上游河流　瀑布上游河流是瀑布水的来源。

（3）瀑布口　瀑布口山石的排列方式不同，形成的水幕形式就不同，也就形成不同风格的瀑布。

（4）布身　布身指瀑布落水的水幕，其形式变化多种多样，主要有布落、披落、重落、乱落等。

（5）潭　由于长期水力冲刷，在瀑布的下方形成较深盛水的大水坑称为潭。

（6）下游河流　瀑布下游河流是瀑布水流去的通道。

三、瀑布用水量设计

瀑布的用水量与布身的高度有直接关系。瀑布顶蓄水池中的水向外溢，为了使水幕整齐平直，故外溢时的速度一般小于0.9m/s。不同高度的瀑布每秒的用水量，见表2-11。在庭园工程建设中，人工瀑布用水通常循环使用。

表2-11　瀑布用水量

瀑布高度/m	溢水厚度/mm	用水量/(L/s)	瀑布高度/m	溢水厚度/mm	用水量/(L/s)
0.3	6	3	3.00	19	7
0.9	9	4	4.50	22	8
1.50	13	5	7.50	25	10
2.10	16	6	>7.50	32	12

四、瀑布的设计

瀑布的设计可分为自然式和整形式两类。自然式瀑布是与假山设计相结合或作为溪流的一部分，整形式瀑布是单独设计成规整的体型，这两种瀑布的主要设计环节是相同的。

（1）供水及排水系统的设计　在假山设计或整形的设计中要有上行的给水管道和下行的清污管，进水管径的大小、数量及水泵的规格，可根据瀑布的流量来确定。

（2）顶部蓄水池的设计　蓄水池的容积要根据瀑布的流量来确定，要形成较壮观的景象，就要求其容积大；相反，如果要求瀑布薄如轻纱，就没有必要太深、太大。图2-58为

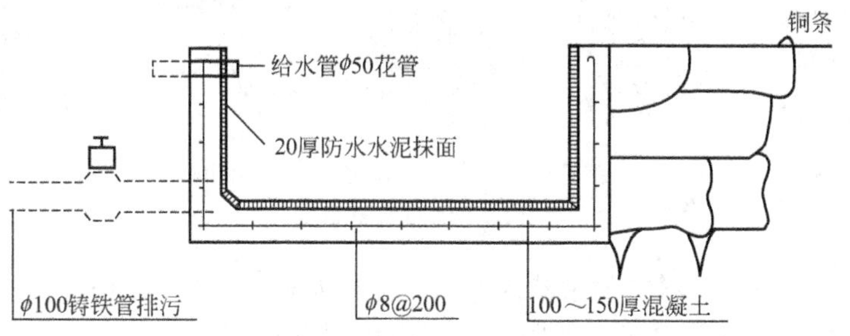

图2-58　蓄水池结构（单位：mm）

蓄水池结构。

（3）堰口处理　所谓堰口就是使瀑布的水流改变方向的山石部位。欲使瀑布平滑、整齐，对堰口必须采取一定的措施：第一种，可以在堰口处固定“∧”形铜条或不锈钢条，因为这种金属构件能被做得相当平直；第二种，必须使进水管的进水速度比较稳定，进水管一般采取花管或在进水管设挡水板，以减少水流出水池的速度，一般这个速度不宜超过 1m/s。

（4）瀑身设计　瀑布水幕的形态也就是瀑身，它是由堰口及堰口以下山石的堆叠形式确定的。例如，堰口处的整形石呈连续的直线，堰口以下的山石在侧面图上的水平长度不超出堰口，则这时形成的水幕整齐、平滑，非常壮丽。堰口处的山石虽然在一个水平面上，但水际线伸出、缩进有所变化。这样的瀑布形成的景观有层次感。如果堰口以下的山石，在水平方向上堰口突出较多，就形成了两重或多重瀑布，这样的瀑布就显得活泼而有节奏感。图 2-59 为不同的瀑布水幕形式。

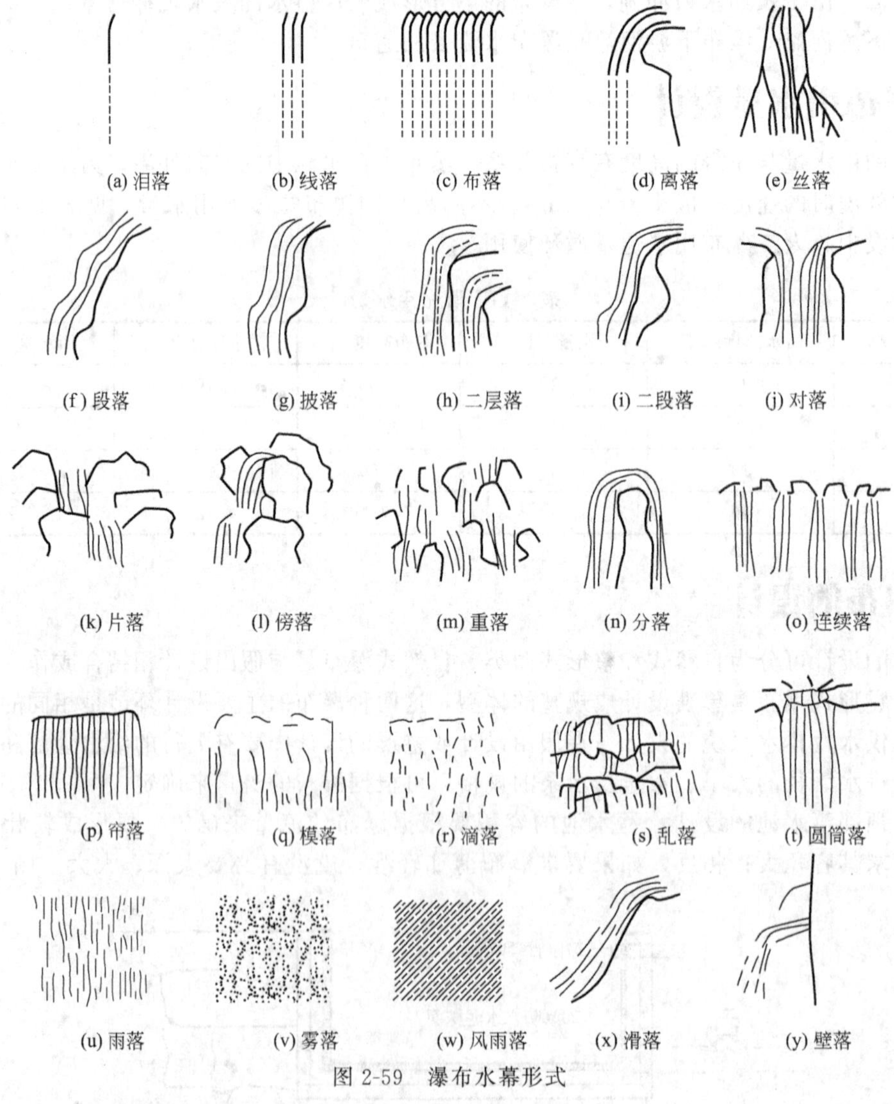

图 2-59　瀑布水幕形式

（5）潭底及潭壁设计　瀑布的水落入潭中，潭底及壁受一定的冲力。一般由人工水池替代潭时，其底及壁的结构必须相应加固。庭园中依据瀑布落差的大小对水池底作相应的处理，其做法如下所述。

① 水池底部的处理方法

a. 水落差大于5m时，采取A类，如图2-60所示。

b. 水落差2～5m时，采取B类，如图2-61所示。

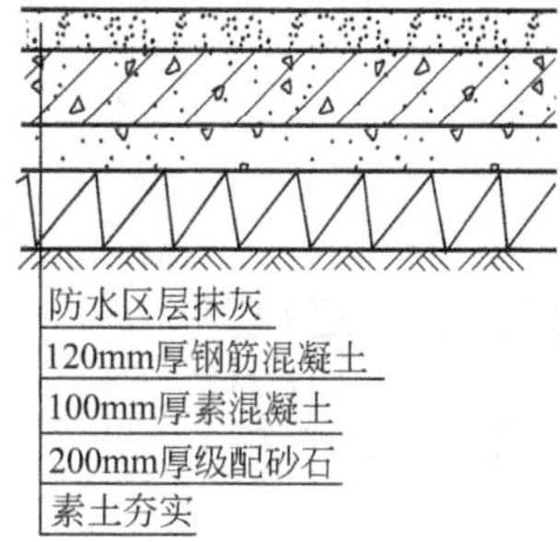

图2-60 A类池底结构

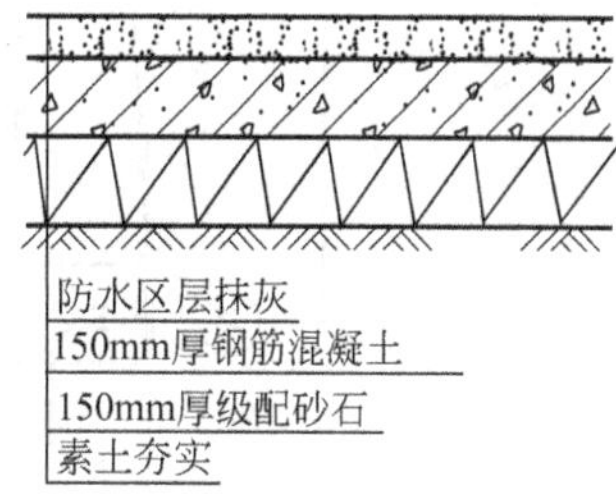

图2-61 B类池底结构

c. 水落差小于2m时，采取C类，如图2-62所示。

② 水池壁的处理方法。水池壁所受到的冲力一般比池底所受到的冲力小，可用水泥砂浆砌240mm厚砖墙，防水层抹灰即可。

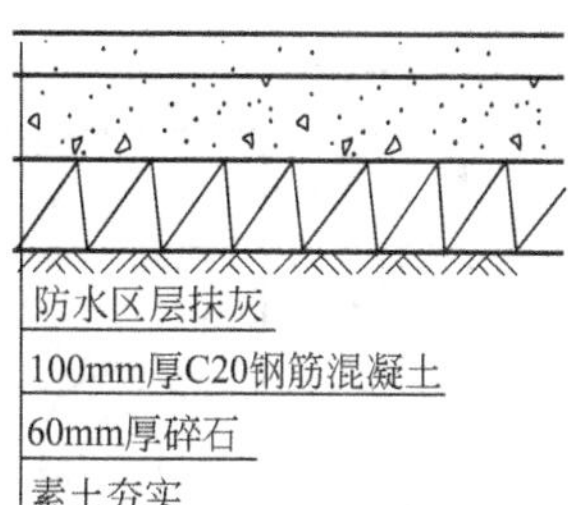

图2-62 C类池底结构

③ 瀑布水潭大小的确定。潭的大小需要根据瀑布水流量的大小而定，也要综合考虑观赏瀑布的最佳视距，瀑布水不外溅的最小距离等。一般水池的宽度不小于瀑布落差的2/3，而观看瀑布全景离瀑布的水平距离（可以用水池的长度来限制）与瀑布的高度相等。

水池壁的高度可以结合人们坐着休息时椅凳的高度来设计，为35～45cm，也可以用自然山石点缀，与假山瀑布统一协调。

五、瀑布布置要点

（1）整形式瀑布宜布置在视线集中、空间较开敞的地方。地势若有高差变化则更为理想。

（2）瀑布着重表现水的姿态、水声、水光，以水体的动态取得与环境的对比。

（3）瀑布池台应有高低、长短、宽窄的变化，参差错落，使硬质景观和落水均有一种韵律的变化。

（4）水池平面轮廓多采用折线形式，便于与池中分布的瀑布池台（常为方形或长方形）协调。池壁高度宜小，最好采用沉床式或直接将水池置于低地中，有利于形成观赏瀑布的良好视域。

（5）考虑游人近水、戏水的需要，池中应设置汀步，使池、瀑成为诱人的游乐场所。

（6）无论瀑布池台、池壁还是汀步，质地宜粗糙、硬朗，以便与瀑布的滑润、柔美产生对比变化。

六、瀑布的水体净化装置

为保护水体的清洁，应对瀑布水体进行净化，其装置如图2-63～图2-65所示。

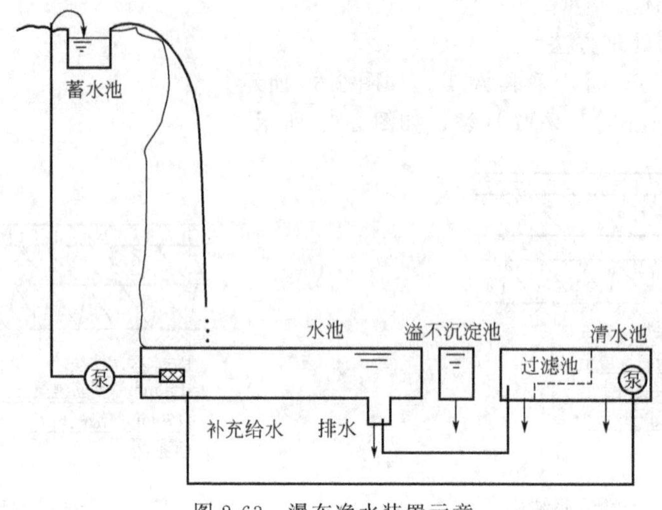

图 2-63　瀑布净水装置示意

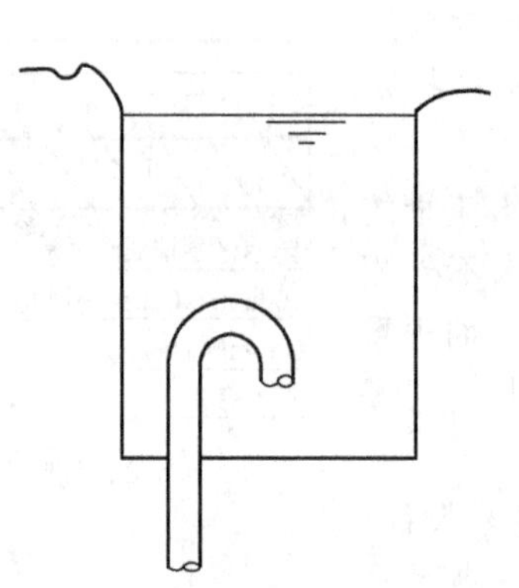
图 2-64　蓄水池出水口处理

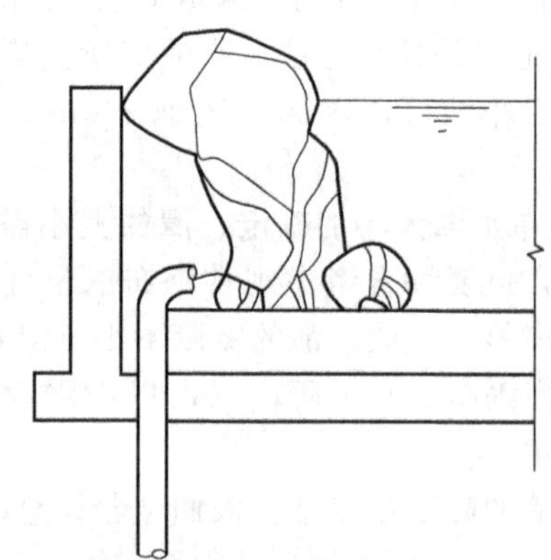
图 2-65　岸壁出水口处理

第五节　溪流设计与施工

一、溪流的形态

溪流是水景的重要表现形式，溪流弯弯曲曲，而每一弯处，或是高起的山角上有山石逼近可观；或是岸滩树木茂盛，芳草萋萋可赏，因此，能够增加景物层次、丰富景物内涵。溪流的形态应根据环境条件、水量、流速、水深、水面宽和所用材料进行合理的设计，其中，石材景观在溪流中所起到的效果比较独特。

溪流的一般模式如图 2-66 所示，从图中可以看出：

① 溪流狭长形带状，曲折流动，水面有宽窄变化；

② 溪中常分布沙心滩、沙漫滩，岸边和水中有岩石、矶石、汀步、小桥等；

③ 岸边有可近可远的自由的小径。

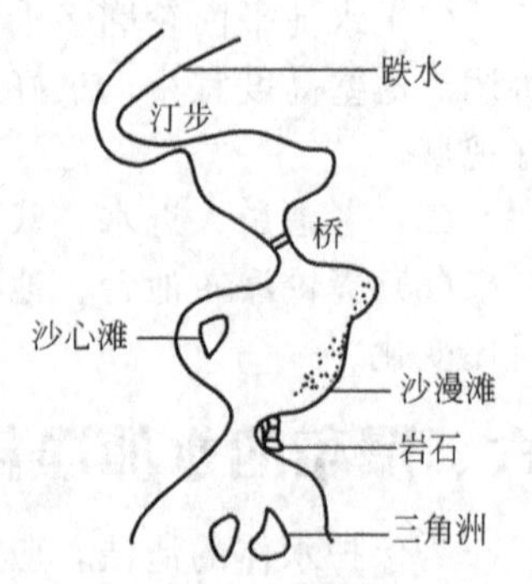

图 2-66　溪流平面设计示意

二、溪流的平面设计

在进行溪流平面设计时，应注意曲折、宽窄的变化，及其水流的变化和所产生的水力的变化引起的副作用，水面窄则水流急，水面宽则水流缓，从而造成水流的多种变化，如图 2-66 所示。

水流平流时对坡岸产生的冲刷力最小，随着弯曲半径 R 的加大，则水对迫水面坡岸的冲刷力 a 增大。为此，溪流设计中，对弯道的弯曲半径有一定的要求。当迎水面有铺砌时，$R>2.5a$；当迎水面无铺砌时，$R>5a$，如图 2-67 所示。

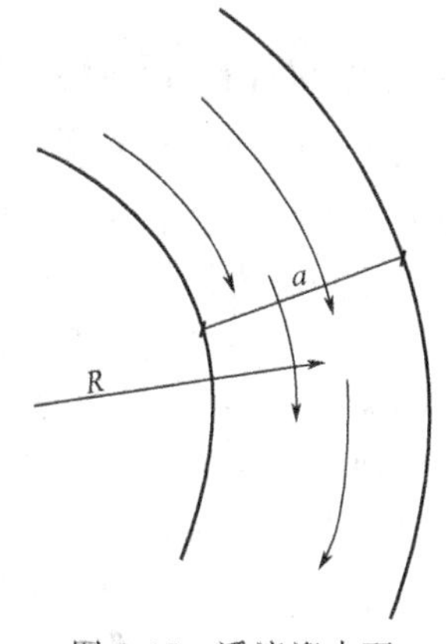

图 2-67　溪流迎水面

三、溪流的剖面设计

庭园工程建设中的溪流必须进行剖面设计。科学、合理的剖面设计，不但是施工的依据，而且是保证溪岸坚固安全，使溪流景观丰富变化的必要措施。必须坚持科学性，符合水力学及相关工程的要求，符合小溪造景的需要，保证游人的安全，对转弯、跌水及其他重点处要重点设计。

为减少水的损失，增强坡岸对水体冲刷的抵抗力，更为持久地营造风景，可以对溪流底部和坡岸进行工程处理。两种不同护坡的溪流，如图 2-68、图 2-69 所示。

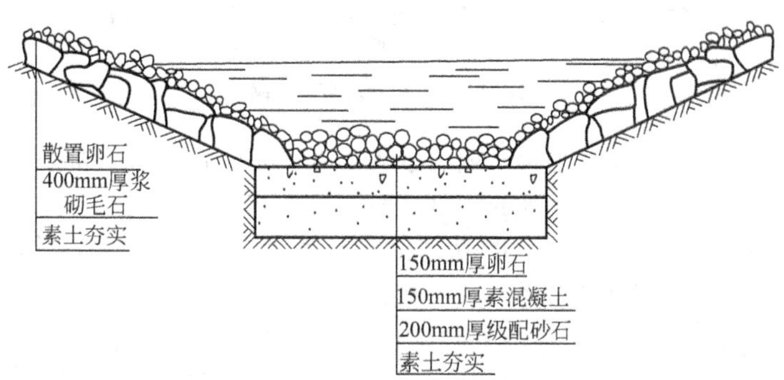

图 2-68　卵石护坡溪流剖面结构

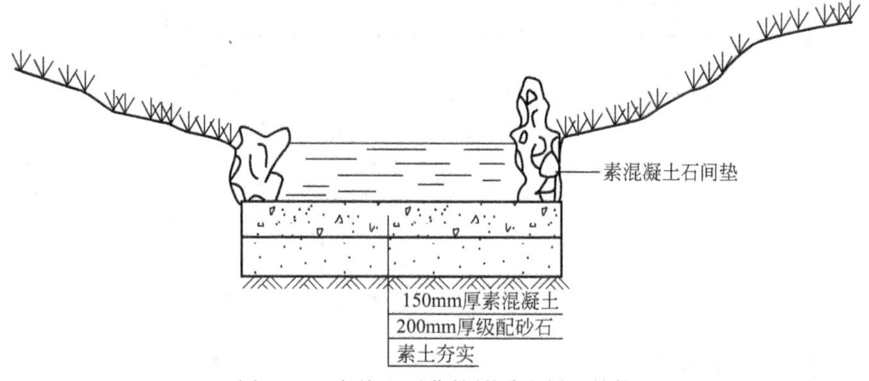

图 2-69　自然山石草护坡溪流剖面结构

溪边的坡岸砌石较高时，溪流就显出谷的高深。溪流设计时，只要比平常加宽基础即可，基础指级配砂石垫层和素混凝土层。

四、溪流的结构设计

溪水在因落差而形成的由上向下流动中会呈现多样的水流形态，产生不同的水声，因此能使人产生欢快、活跃的美感，而溪流的立面变化同样会构成各种不同的风景效果。

坡度是溪流结构设计中要考虑的重要因素，溪水流经不同坡度的地面时，会产生不同的效果。一般庭园工程建设中，地面排水的坡度为 0.5%～0.6%，能明显感觉到水流动的坡度最小为 3%。一般设计坡度为 1%～2%。在无护坡的情况下，坡度不宜超过 3%。有工程措施处理的溪流坡度，超过 10%时，在床底设置一定数量的石头等阻挡，可激起水花，产生激悦的声响，从而形成声景相容的特别效果。溪水以弯曲变化而产生生动、多变的和让人想象丰富、变幻莫测的艺术效果，设计中可结合工程地形地势就地随形处理弯曲，以达到好的效果，绝不可简单处置，更不可画蛇添足而事倍功半。图 2-70 是两种常见的水流转变情况及处理方法。

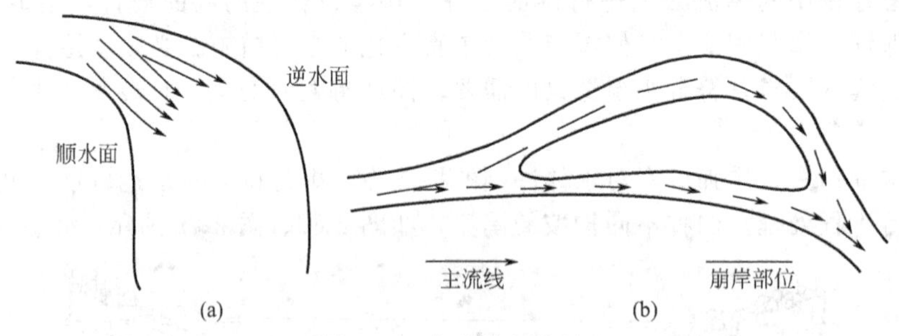

图 2-70　水流转变处理

跌水是指小溪中水流垂直下落所形成的景观形式。跌水产生较大的声响，水流落下，溅起水花使水面的动感增强，表现了水的坠落之美，能丰富小溪景观。跌水处一般要进行工程处理，是水景设计的内容之一。跌水的纵剖面设计，如图 2-71 所示，欲使水帘有所变化，可以调整临水垂直面石块的伸出长度。

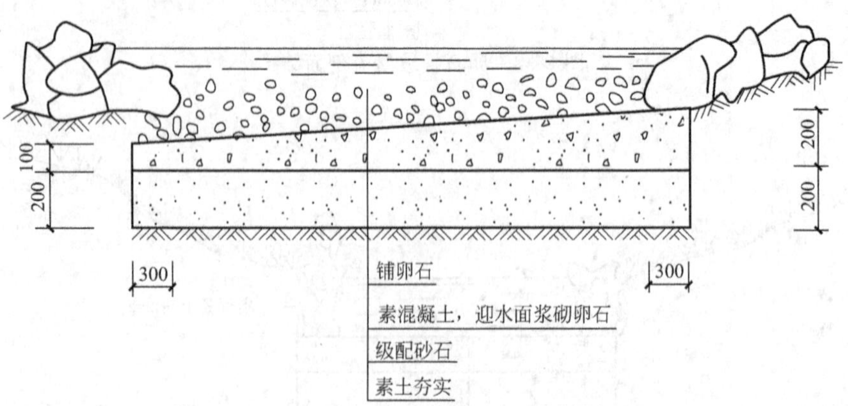

图 2-71　溪边迎水面局部构造（单位：mm）

五、溪流的水力设计

1. 水力计算的相关概念

(1) 湿周（X）　水流和岸壁相接触的周界称湿周。湿周为溪水与流床的接触周界。湿周的长短表示水流所受阻力的大小。湿周越长，表示水流受到的阻力越大；反之，水流所受的阻力就越小。

（2）过水断面（W）　过水断面是指水流垂直方向的断面面积。由于其断面面积随着水位的变化而变化，因而又可分为洪水断面、常水断面、枯水断面。通常把经常过水的断面称为过水断面。

（3）水力半径（R）　水流的过水断面积与该断面湿周之比称为水力半径，即：

$$R=\frac{W}{X}$$

（4）边坡斜度（m）　在与水流方向垂直的断面上，某一边的边坡斜度等于边坡的高 H 与靠该边的溪底到高所在直线的水平距离 L 的比，如图 2-72 所示。

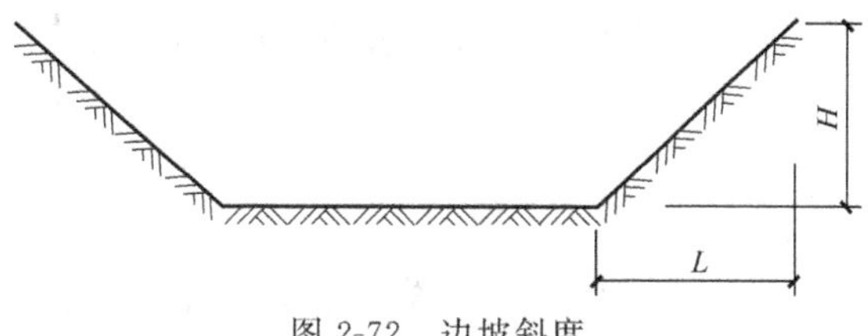

图 2-72　边坡斜度

边坡斜度计算公式为：

$$\tan\alpha=\frac{H}{L}$$

砖石或混凝土铺砌的小溪边坡一般斜度为 1∶0.75～1∶1.0。自然开挖的小溪，根据土质的不同，要求边坡的斜度不同。黏质砂土 1∶1.5～1∶2.0；砂质黏土和黏土 1∶1.25～1∶1.5；砾石土和卵石土 1∶1.25～1∶1.5；半岩性土 1∶0.5～1∶1.0；风化岩石 1∶0.25～1∶0.5。

2. 溪流水力计算

（1）流速　溪流中水的流速应在一定的范围之内。流速过大，由于水流对边岸的冲刷严重，容易产生溪岸的破坏，同时也会带来大量泥砂；流速过小，人们就感受不到流水的趣味，营造不出溪流的造景效果。

由于溪流河床的土质或砌护材料及溪水含泥砂的情况不同，溪流允许的最大水流速度也不同，见表 2-12。

表 2-12　溪流允许的最大水流速度

砌护或土壤类别	允许最大水流速/(m/s)
混凝土护面	5.00～8.00
混凝土硬质山石砌护	8.00～10.00
卵石护面	1.50～3.50
草皮护面	0.80～1.00
黏质土	1.20～1.80
黄土及黏壤土	1.00～1.20
泥炭土	0.70～1.00
薄沙质护面	0.70～0.80
淤泥	0.25～0.50

溪流中允许的最小流速，可根据达西公式求得：

$$V_k=CR$$

式中 V_k——临界淤积平均流速，m/s；

R——半径，m；

C——取决于泥砂颗粒粗细的系数，见表2-13。

表2-13 达西公式中C值

泥砂性质	C
粗砂质黏土	0.65～0.75
中砂质黏土	0.58～0.65
细砂质黏土	0.41～0.54
极细砂质黏土	0.37～0.41

（2）流量 单位时间内通过溪流某一横截面水的体积流量。以Q表示，单位为m^3/s。

$$Q=Wv$$

式中 W——过水断面积，m^2；

v——平均流速，m/s。

（3）溪流的流量损失 溪流中水流量的损失主要是渗漏。溪流的长度越长，水流量越大，土壤的渗漏性越强，流量的损失就越大，反之就小。

庭园工程建设中，可依溪流河床工程处理和天然土壤透水情况，估计流量的损失。一般情况下，经过铺砌的溪流河床，其流量损失为5%～10%；自然土壤上的溪流河床，透水性微弱的，流量损失约为30%；中等透水的河床，流量损失约40%；而透水性强的河床，流量损失约50%。

溪流要达到一定的设计流量，供给溪流的水量就必须为设计流量与损失流量的和，如果还要考虑溪流水面蒸发水量损失，可再增加损失流量的1%。

六、溪流施工

1. 溪流施工过程

溪流施工过程为：施工准备→溪道放线→溪槽开挖→溪底施工→溪壁施工→溪道装饰→试水。

2. 溪流施工要点

（1）施工准备 溪流施工准备工作内容主要包括进行现场踏勘，熟悉设计图纸，准备施工材料、施工机具、施工人员，对施工现场进行清理平整，接通水电，搭建必要的临时设施等。

（2）溪道放线 依据已确定的小溪设计图纸，用石灰、黄砂或绳子等在地面上勾画出小溪的轮廓，同时确定小溪循环用水的出水口和承水池间的管线走向。由于溪道宽窄变化多，放线的应加密打桩量，特别是在转弯点。各桩要标注清楚相应的设计高程，变坡点要标特殊标记。

（3）溪槽开挖 溪槽最好掘成U形坑。开挖时，要求有足够的宽度和深度，以便于放置岩石和种植植物。分段的溪流在落入下一段之前应该保有7～10cm的深度，这样才能确保流水在周围地平面以下，同时每一段最前面的深度都要深些。溪道挖好后，必须将溪底基土夯实，溪壁拍实。

（4）溪底施工 根据实际情况选择混凝土结构和柔性结构。混凝土结构溪底现浇混凝土10～15cm厚（北方地区可适当加厚），并用粗铁丝网或钢筋加固混凝土。现浇需在一天内完成，且必须一次浇筑完毕。如果溪流较小，水又浅，溪基土质良好，可采用柔性结构。直接在夯实的溪道上铺一层2.5～5cm厚的砂子，再将衬垫薄膜盖上。衬垫薄膜纵向的搭接长度不小于30cm，留于溪岸的宽度不得小于20cm，并用砖、石等重物压紧。最后用水泥砂浆把石块直接粘在衬垫薄膜上。

（5）溪壁施工 溪岸可用大卵石、砾石、瓷砖、石料等铺砌处理。和溪道底一样，溪岸也必须设置防水层，防止溪流渗漏。如果小溪环境开阔，溪面宽、水浅，可将溪岸做成草坪护坡，且坡度尽量平缓。临水处用卵石封边即可。

（6）溪道装饰 为使溪流自然有趣，可将较少的鹅卵石放在溪床上，使水面产生轻柔的涟漪。同时在小溪边或溪水中分散栽植沼生、耐阴的地被，为溪流增加野趣。

（7）试水 试水前应将溪道全面清洁并检查管路的安装情况。而后打开水源，注意观察水流及岸壁，如达到设计要求，说明溪道施工合格。

第三章

庭园假山设计与施工

第一节 假山概述

一、假山的概念

“假山”一词，彭一刚先生在《中国古典园林分析》中做了阐述：园林中的山石是对自然山石的艺术摹写，即为“假山”。假山不仅师法于自然，而且还凝聚着造园家的艺术创造。假山是中国古典园林中不可缺少的构成要素之一，也是中国古典园林中最具民族特色的一部分，作为园林的专项工程之一，已成为中国园林的象征。

二、假山的作用

（1）造景功能　假山景观是自然山地景观在园林中的再现。自然界奇峰异石、悬崖峭壁、层峦叠嶂、深峡幽谷、泉石洞穴、海岛石礁等景观形象，都可以通过假山石景在庭园中再现出来。

（2）骨架功能　利用假山形成庭园的骨架，现存的许多我国古代庭园莫不如此。整个庭园的地形骨架、起伏、曲折皆以假山为基础来变化。

（3）空间功能　利用假山，可以对园林空间进行分隔和划分，将空间分成大小不同、形状各异、富于变化的形态。通过假山的穿插、分隔、夹拥、围合、聚汇，在假山区可以创造出路的流动空间、山坳的闭合空间、峡谷的纵深空间、山洞的拱穹空间等各具特色的空间形式。

（4）使用功能　可以用假山作为室内外自然式的家具或器设。如石屏风、石榻、石桌、石几、石凳、石栏等，既不怕日晒夜露，又可结合造景。

（5）工程功能　用山石作驳岸、挡土墙、护坡和花台等。在坡度较陡的土山坡地常散置山石以护坡，这些山石可以阻挡和分散地面径流，降低地面径流的流速，从而减少水土流失。

三、假山的类型

假山大致有如下几种类型。

（1）石包土山　石包土山是以石材为主，外石内土的小型假山，常构成小型庭园的主景，并造成峭壁、洞穴、沟壑等险境。石包土山分两种，一种四周及山顶全部用石构成，山顶土较少；另一种山的四周用石构成，山顶及后山用土。

（2）土包石山　土包石山是以土壤为主，以石材为辅的堆山手法，常常将挖池的土掇山，并以石材作点缀，达到土、石、植物浑然一体，富有生机的庭园装饰效果。山石做到自然之势，崩落自然，深坦浅露，掩埋在泥土中。

（3）掇山小品　掇山小品根据位置、功能不同常分为以下三种。

① 壁山　以墙面为基础堆山，在墙壁内嵌以山石，并以藤蔓垂挂，形似峭壁山。

② 厅山　在住宅或庭园入口的大厅前以小巧玲珑的石块堆山，单面观赏为主，其背与粉墙相衬，并用花木掩映。

③ 池石　在水池中堆山，又称为池石，属于庭园中的最佳景观。

四、假山的材料

1. 山石的种类

我国幅员辽阔，地质变化多端，为各地掇山提供了优越的物质条件，也为各地庭园特色，打下了物质基础。常见假山的石材材料如表 3-1 和图 3-1 所示。

表 3-1　假山石材种类

山石种类		产　地	特　征	庭园用途
湖石	太湖石	江苏太湖中	质坚石脆，纹理纵横，脉络显隐，沟、缝、穴、洞遍布，色彩较多，为石中精品	掇山、特置
	房山石	北京房山	石灰暗，新石红黄，日久变灰黑色、质韧，也有太湖石的一些特征	掇山、特置
	黄石	广东英德县	质坚石脆，淡青灰色，扣之有声	岭南一带掇山及几案品石
	灵璧石	安徽灵璧县	灰色清润，石面坳坎变化，石形千变万化	山石小品，及盆品石之王
	宣石	宁国县	有积雪般的外貌	散置、群置
黄石		产地较多，常熟、常州、苏州等地皆产	体形顽劣，见棱见角，节理面近乎垂直，雄浑，沉实	掇山、置石
青石		北京西郊洪山	多呈片状，有交叉互织的斜纹理	掇山、筑岸
石笋	白果笋	产地较多	外形修长，形如竹笋	常作独立小景
	乌炭笋			
	慧剑			
	钟乳石			
其他类型		各地	随石类不同而不同	掇山、置石

2. 基础材料

假山的基础材料常见的有木桩基础材料、灰土基础材料、浆砌块石基础材料和混凝土基础材料。见表 3-2

表 3-2　基础材料

类别	说　明
木桩基础材料	这是一种古老的基础做法，但至今仍有实用价值，木桩多选用柏木桩或杉木桩，选取其中较平直而又耐水湿的作为桩基材料。木桩顶面的直径为 10～15cm，平面布置按梅花形排列，故称“梅花桩”
灰土基础材料	北方庭园中位于陆地上的假山多采用灰土基础。灰土基础有比较好的凝固条件。灰土既经凝固便不透水，可以减少土壤冻胀的破坏。这种基础的材料主要是用石灰和素土按 3∶7 的比例混合而成

续表

类别	说　明
浆砌块石基础材料	这是采用水泥砂浆或石灰砂浆砌筑块石作为的假山基础。可用 1∶2.5 或 1∶3 水泥砂浆砌一层块石，厚度为 300～500mm；水下砌筑所用水泥砂浆的比例则应为 1∶2
混凝土基础材料	现代的假山多采用浆砌块石或混凝土基础。陆地上选用不低于 C10 的混凝土，水中假山基采用 C15 水泥砂浆砌块石，或 C20 的素混凝土作基础为妥

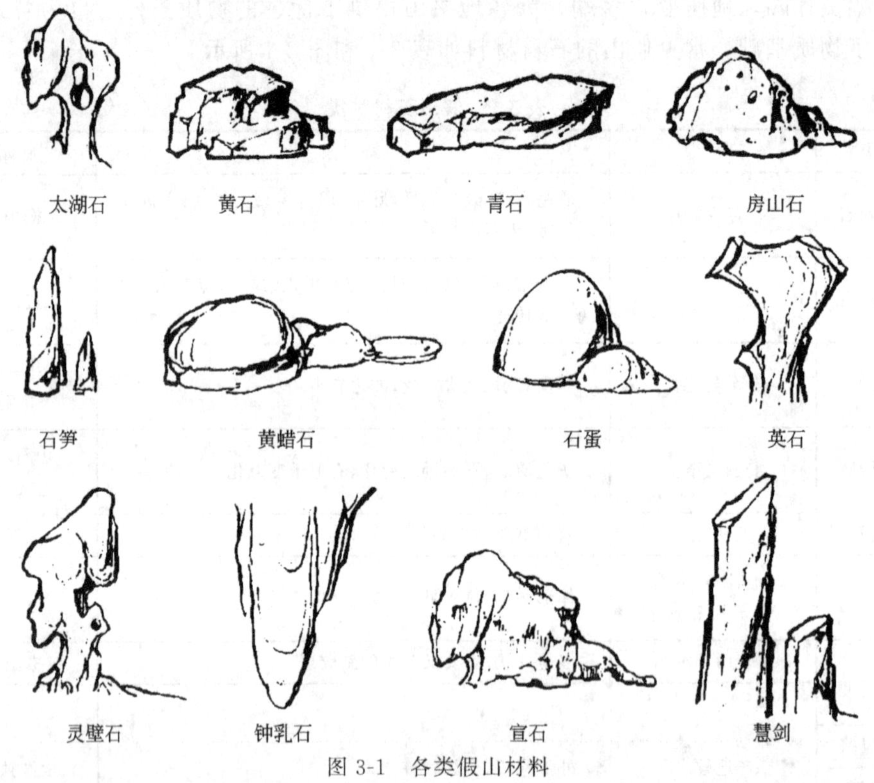

图 3-1　各类假山材料

3. 填充材料

填充式结构假山的山体内部填充材料主要有：泥土、无用的碎砖、石块、灰块、建筑渣土、废砖石、混凝土等。混凝土是采用水泥、砂、石按 1∶2∶4～1∶2∶6 的比例搅拌配制而成。

4. 胶结材料

胶结材料是指将山石黏结起来掇石成山的一些常用黏结性材料，如水泥、石灰、砂和颜料等，市场供应比较普遍。黏结时拌和成砂浆，受潮部分使用水泥砂浆，水泥与砂配合比为 1∶1.5～1∶2.5；不受潮部分使用混合砂浆，水泥∶石灰∶砂＝1∶3∶6。水泥砂浆干燥比较快，不怕水；混合砂浆干燥较慢，怕水，但强度较水泥砂浆高，价格也较低廉。

假山所用石材如果是灰色、青灰色山石，则在抹缝完成后直接用扫帚将缝口表面扫干净，同时也使水泥缝口的抹光表面不再光滑，从而更加接近石面的质地。对于假山采用灰白色湖石砌筑的要用灰白色石灰砂浆抹缝，以使色泽近似。采用灰黑色山石砌筑的假山，可在抹缝的水泥砂浆中加入炭黑，调制成灰黑色浆体后再抹缝。对于土黄色山石的抹缝，则应在水泥砂浆中加进柠檬铬黄，如果是用紫色、红色的山石砌筑假山，可以采用铁红把水泥砂浆调制成紫红色浆体再用来抹缝等。

五、山石的画法

在表现庭园山石景观时，主要采用传统绘画的方式。绘画的表现方法是非常丰富的，尤其在山石方面，技法就更加丰富了。山石的质感十分丰富，根据其肌理和发育方向，在描绘山石的平面、立面还是效果表现时，都是用不同的线条组织方法来表现。

1. 平面画法

平面图中的石块通常只用线条勾勒轮廓即可，很少采用光线、质感的表现方法，以免失之零乱。用线条勾勒时，轮廓线要粗，石块面、纹理可用较细较浅的线条稍加勾绘，以体现石块的体积感，如图 3-2 所示。

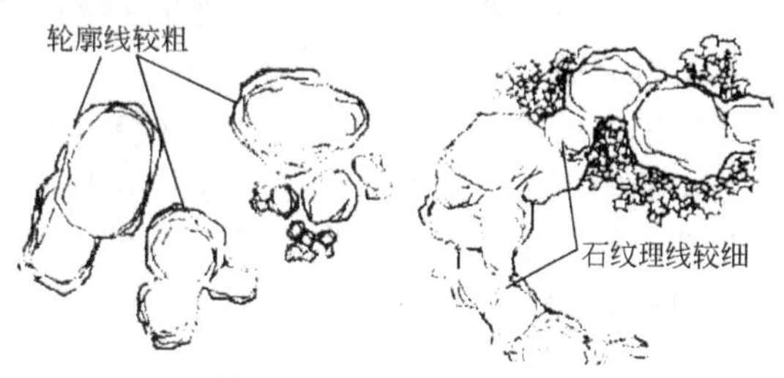

图 3-2 山石的平面画法

2. 立面画法

立面图的表现方法与平面图基本一致。轮廓线要粗，石块面、纹理可用较细较浅的线条稍加勾绘，以体现石块的体积感。不同的石块应采用不同的笔触和线条表现其纹理，如图 3-3 所示。

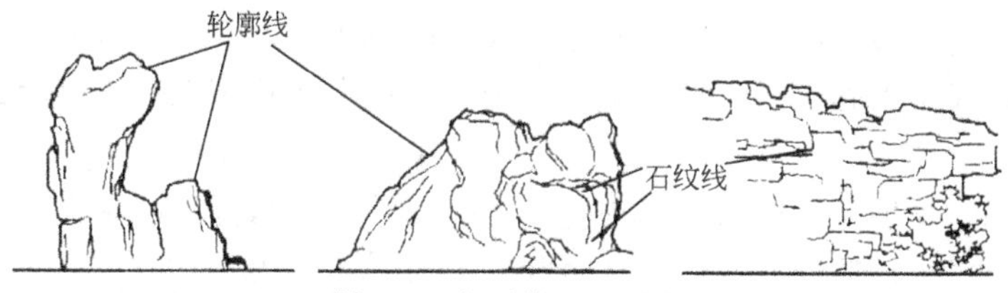

图 3-3 山石的立面画法

3. 山石小品和假山画法

山石小品和假山是以一定数量的大小不等、形体各异的山石作群体布置造型，并与周围的景物（建筑、水景、植物等）相协调，形成生动自然的石景。其平面画法同置石相似，立面画法示例，如图 3-4 所示。

作山石小品和假山的透视图时，应特别注意刻画山石表面的纹理和因凹凸不平而形成的阴影，如图 3-5 所示。

图 3-4 山石小品的立面画法

图 3-5 假山的透视画法

六、山石的采运方式

（1）单块山石是指以单体的形式存在于自然界的石头。它因存在的环境和状态不同又有许多类型。对于半埋在土中的山石，有经验的假山师傅只用手或铁器轻击山石，便可从声音中大致判断山石埋的深浅，以便决定取舍，并用适宜掘取的方法采集，这样既可以保持山石的完整又可以不太费工力。如果是现在在绿地置石中用得越来越多的卵石，则直接用人工搬运或用吊车装载。

（2）整体的连山石或黄石、青石这类山石一般质地较硬，采集起来不容易，在实际中最好采取凿掘的方法，把它从整体中分离出来；也可以采取爆破的方法，这种方法不仅可以收到事半功倍的效果，而且可以得到理想的石形。一般凿眼时，上孔直径 5cm，孔深 25cm。可以炸成每块 0.5～1t，有少量的更大一些；不可炸得太碎，否则观赏价值降低，不便施工。

（3）湖石、水秀石为质脆或质地松软的石料，在采掘过程中则把需要的部分开槽先分割出来，并尽可能缩小分离的剖面。在运输中应尽量减少大的撞击、震动，以免损伤需要的部分。对于较脆的石料，特别是形态特别的湖石，在运输的过程中，需要对重点部分或全部用柔软的材料填塞、衬垫，最后用木箱包装。

七、假山施工工具

传统的假山施工主要采用手工工具，在较大石材的安装中，则利用杠杆原理架设木杆吊架作为起重设备。由于假山施工过程不同于一般的建筑工程，在施工过程中还要进行构思与再创造，因此，现代假山施工还是以手工工具为主，而机械化施工只作为辅助的施工方式。

1. 手工工具

（1）绳索　绳索是绑扎石料后起吊搬运的工具之一。绳索的规格很多，假山用起吊搬运的绳索是用黄麻长纤维丝精制而成的，选直径 20mm 粗 8 股黄麻绳，25mm 粗 12 股黄麻绳，30mm 粗 16 股黄麻绳、40mm 粗 18 股黄麻绳，作为对各种石块绑扎起吊用绳索。由于黄麻绳质地较柔软，打结与解扣方便且使用次数也较多，可以作为一般搬运工作的主要结扎工具。用粗麻绳捆绑山石进行抬运或吊装，可防滑，易打结扣，也很结实。绳子结扣既要结紧，又要容易解开，还要不易滑动。吊起的山石越重，绳扣就越抽越紧。

（2）铁锤　在叠石造山施工中，铁锤主要用于敲打山石或取山石的刹石和石皮。刹石用于垫石，石皮用于补缝。最常用的锤是单手锤，即 1kg 左右的小锤，敲打山石或取刹石、石皮。石纹是石的表面纹理脉络，而石丝则是石质的丝路。石纹有时与石丝同向运动，但有时也不一样，因此，要认真观察一下所要敲打的山石，找准丝向，而后顺丝敲剥。另外，在山石拼叠使用刹石时，一般避免用锤直接敲打刹石而用锤柄顶端敲打紧刹石就可以了。

（3）琢镐（小山子）　琢镐是一种“丁”字形的小铁镐。镐铁一端是尖头，可用来凿击需整形的山石；另一端是扁的刃口，如斧口状，可砍、劈加工山石；中间有方孔，装有木制镐把。

（4）竹刷　在用水泥砂浆黏合山石之前，需要将山石表面的泥土刷洗干净。竹刷是洗石所需的工具，还可用于山石拼叠时水泥缝的扫刷。在水泥未完全凝固前扫刷缝口，可以使缝口干净些，形状更接近石面的纹理。

（5）小抹子　小抹子是做山石拼叠缝口的水泥接缝的专用工具。

（6）钢筋夹、支撑棍　钢筋夹和支撑棍可用于临时性支撑、固定山石，以方便拼接、叠砌假山石，并有利于做缝。待混凝土凝固或山石稳固后，再拆除支撑物。

(7) 脚手架与跳板　除了常用于山石的拼叠做缝外，做较大型的山洞或山石的拱券需要用脚手架与跳板再加以辅助操作，这是一种比较安全有效的方法。

2. 机械工具

(1) 吊杆起重机　吊杆起重机是由一根主杆和一根臂杆组合成的可作大幅度旋转的吊装设备。架设这种杆架时，先要在距离主山中心点适宜位置的地面挖一个深 30～50cm 的浅窝，然后将直径 150mm 以上的杉杆直立在其上作为主杆。主杆的基脚用较大石块围住压紧，不使其移动；而杆的上端则用大麻绳或用 8 号铅丝拉向周围地面上的固定铁桩并拴牢绞紧。用钢丝时应每 2～4 根为一股，用 6～8 股钢丝均匀地分布在主杆周围。固定铁桩粗度应在 30mm 以上，长 50cm 左右，其下端为尖头，朝着主杆的外方斜着打入地面，只留出顶端供固定钢丝。然后，在主杆上部适当位置吊拴直径在 120mm 以上的臂杆，利用械杆作用吊起大石并安放到合适的位置上。

(2) 汽车起重机　汽车起重机是一种自行式全回转、起重机构安装在通用或特制汽车底盘上的起重机。汽车起重机具有行驶速度快、机动性能好、工作效率高的特点，在大型假山施工中已普遍采用。尤其是全液压传动伸缩臂式起重机，能无级变速，操纵轻便灵活，安全可靠。

使用起重机时应严格执行各项技术和安全操作规程。开始工作前要观察周围环境，看是否有各类高架线等障碍物，认真检查起重机的稳定性，并对机械试运转一次，正常后方能进行山石吊装。起重机不得荷载行驶，也不得不放下支脚就起重。伸出支脚时要先伸后支脚，收回支脚时则先回前支脚。支脚下方必须垫木块。山石吊装完毕后，要注意避免吊钩摇晃碰到已吊装的山石，在行驶之前将稳定器松开使四个支脚返回原位。

(3) 起重绞磨机　在地上立一根杉杆，杆顶用四根大绳拴牢，每根大绳各由一人从四个方向拉紧并服从统一指挥，既扯住杉杆，又能随时作松紧调整，以便吊起山石后能作水平方向移动。在杉杆的上部还要拴一个滑轮，再用一根大绳或钢丝绳从滑轮穿过，绳的一端拴吊着山石，另一端穿过固定在地面的第二滑轮，与绞磨机相连。通过转动绞磨，就可以将山石吊起来。

(4) 手动铁链葫芦（铁辘轳）　手动铁链葫芦简单实用，是假山工程必备的一种起重设备。使用这种工具时，也要先搭设起重杆架。可用两根结实的杉杆，将其上端紧紧拴在一起，再将两杉杆的柱脚分开，使杆架构成一个三脚架。然后在杆架上端拴两条大绳，从前后两个方向拉住并固定杆架，绳端可临时拴在地面的石头上。将手动的铁链葫芦挂在杆顶，就可用来起重山石。起吊山石的时候，可以通过拉紧或松动大绳和移动三脚架的柱脚，来移动和调整山石的平面位置，使山石准确地吊装到位。

第二节　假山设计

一、置石设计

置石是以石材或仿石材料布置成自然露岩景观的造景手法，是中国传统庭园必不可少的造景要素。置石一般以观赏为主，可以结合挡土、护坡来作种植床或器设，以点缀庭园空间，体现较深的意境，达到“立互生煊”的艺术效果。置石用的山石材料较少，结构比较简单，对施工技术也没有很专门的要求，其特点是以少胜多、以简胜繁，量虽少而对质的要求更高。

1. 散置

散置即所谓的“攒三聚五、散漫理之，有常理而无定势”的做法。常用奇数三、五、七、九、十一、十三来散置，最基本的单元是由三块山石构成的，每一组都有一个“三”在内。散置对石材的要求相对比特置低一些，但要组合得好。散置的运用范围甚广，常用于园门两侧、廊间、粉墙前、竹林中、山坡上、小岛上、草坪和花坛边缘或其中、路侧、阶边、建筑角隅、水边、树下、池中、高速公路护坡、驳岸或与其他景物结合造景。它的布置特点在于有聚有散、有断有续、主次分明、高低起伏、顾盼呼应、一脉既毕、余脉又起、层次丰富、比例合宜、以少胜多、以简胜繁、小中见大。此外，散置布置时要注意石组的平面形式与立面变化。在处理两块或三块石头的平面组合时，应注意石组连线总不能平行或垂直于视线方向，三块以上的石组排列不能呈等腰、等边三角形和直线排列。立面组合要力求石块组合多样化，不要把石块放置在同一高度，组合成同一形态或并排堆放，要赋予石块自然特性的自由。如图 3-6 所示。

2. 特置

（1）特置的概念　特置也叫孤置、孤赏，有的也称峰石，大多由单块山石布置成为独立性的石景。特置要求石材体量大，有较突出的特点，或有许多折皱，或有许多或大或少的窝洞，或石质半透明，扣之有声，或奇形怪状，形象某物，如图 3-7 所示。

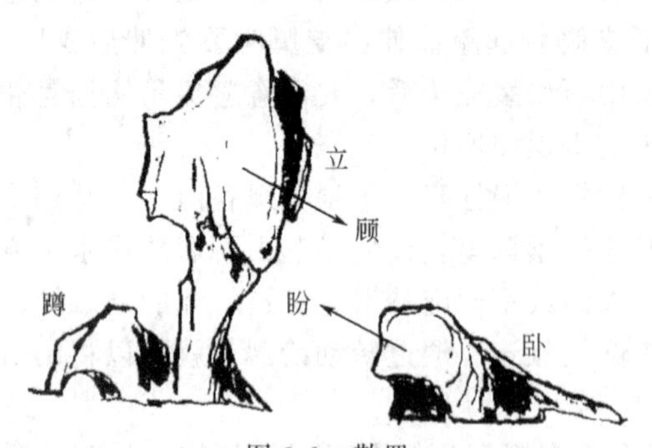

图 3-6　散置

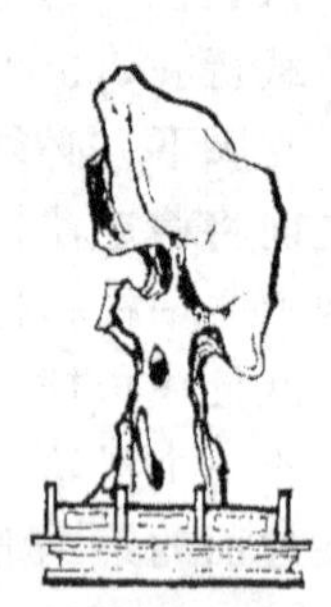
(a) 有基座的特置

(b) 坐落在自然山石上的特置

图 3-7　特置

特置山石常在庭园中用作入门的障景和对景，或置视线集中的廊间、天井中间、漏窗后面、水边、路口或园路转折的地方。特置山石也可以和壁山、花台、岛屿、驳岸等结合使用。新型庭园多结合花台、水池、草坪或花架来布置。在古典庭园中的特置山石常镌刻题咏。

（2）特置山石的要求　特置山石应选用体量大、轮廓线分明、姿态多变、色彩突出，具有较高观赏价值的山石，一般置于相对封闭的小空间，成为局部构图的中心。石高与观赏距离一般为 1∶2～1∶3。为了使视线集中，造景突出，可以使用框景等造景手法，或立石于空间中心使石位于各视线的交点上，或石后有背景衬托。特置山石可以采用整形的基座，也可以坐落于自然的山石面上。带有完整基座的山石称为台景石，台景石一般是石纹奇异、有很高欣赏价值的天然石，有的台景石基座、植物、山石相组合，仿佛大盆景，展示整体之美。

（3）特置的设计

① 平面布置　特置山石应作为局部的构图中心，一般观赏性较强，可观赏的面较多，因此，设计时可以将它放在多个视线的交点上。例如，大门入口处，多条道路交汇处，或有道路环绕的一个小空间等。特置山石，一般以其石质、纹理轮廓等适宜于中近距离观赏的特

征吸引人，应有恰当的视距。在主要观赏面前必须给游人留出停留的空间视距，一般应在25～30m；如果以石质取胜者可近些；而轮廓线突出，优美者，或象形者，视距应适当远些。设计时视距要限制在要求范围以内，视距 L 与石高 H，符合 $H/L=2/8\sim3/7$ 数量关系时，观赏效果好。为了将视距限制在要求范围以内，在主要观赏面之前，可作局部扩大的路面，或植可供活动的草皮、建平台、设水面等，也可在适当的位置设少量的座凳等。特置山石也可安置在大型建筑物前的绿地中。

② 立面布置　特置山石一般应放在平视的高度上，可以建台来抬高山石。选出主要的观赏立面，要求变化丰富，特征突出。如果山石有某处缺陷，可用植物或其他办法来弥补。为了强调其观赏效果，可用粉墙等背景来衬托置石，也可构框作框景。在空间处理上，利用园路环绕，或天井中间，廊之转折处，或近周为低矮草皮或有地面铺设，而较远处用高密植物围合等方法，形成一种凝聚的趋势，并选沉重、厚实的基层来突出特置石。

③ 工程结构　特置山石在工程结构方面要求稳定和耐久。关键是在于结构合理，掌握山石的重心线，使山石本身保持重心的平衡。我国传统的做法是用石榫头固定，榫头一般不用很长，为100～300mm，根据石之体量而定，但榫头要求有较大的直径，且周围石边留有30mm左右。石榫头必须正好在重心线上。其磐上的榫眼比石榫的直径略大一些，但应该比石榫头的长度要深一点，这样可以避免因石榫头顶住榫眼底部，石榫头周边不能和基磐接触。吊装山石之前，只需要在石榫眼中浇灌少量胶合材料，待石榫头插入时，胶合材料便自然地充满有空隙的地方。

（4）布置要点

① 常在庭园中用作入门的障景和对景。

② 置视线集中的廊间、天井中间、漏窗后面、水边、路口或园路转折的地方。

③ 特置山石也可以和壁山、花台、岛屿、驳岸等结合使用。

3. 对置和群置

（1）对置　对置把山石沿某一轴线或在门庭、路口、桥头、道路和建筑物人口两侧作对应的布置称为对置。对置由于布局比较规整，给人严肃的感觉，常在规则式园林或人口处多用。对置并非对称布置，作为对置的山石在数量、体量以及形态上无需对等，可挺可卧，可坐可偃，可仰可俯，只求在构图上的均匀和在形态上的呼应，这样既给人以稳定感，亦有情的感染。如图3-8所示。

（2）群置　群置应用多数山石互相搭配布置称为群置或称聚点、大散点。群置常布置在山顶、山麓、池畔、路边、交叉路口以及大树下、水草旁，还可与特置山石结合造景。群置配石要有主有从，主次分明，组景时要求石之大小不等、高低不等、石的间距远近不等。群置有墩配、剑配和卧配三种方式，不论采用何种配置方式，均要注意主从分明、层次清晰、疏密有致、虚实相间。如图3-9所示。

图3-8　对置

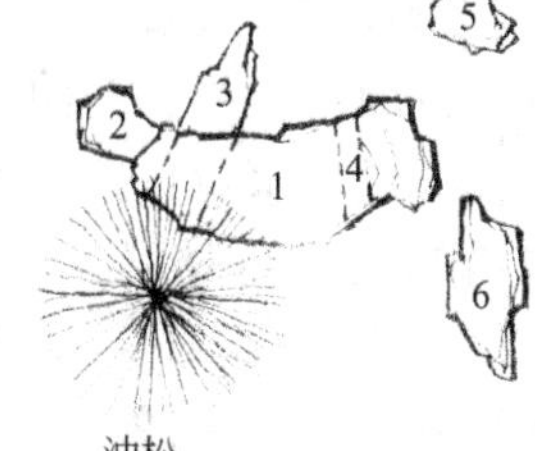

图3-9　群置

4. 山石花台

布置石台是为了相对地降低地下水位，安排合宜的观赏高度，布置庭园空间和使花木、山石显出相得益彰的诗情画意。园林中常以山石做成花台，种植牡丹、芍药、红枫、竹、南天竺等观赏植物。花台要有合理的布局，适当吸取篆刻艺术中“宽可走马，密不透风”的手法，采取沾边、把角、让心、交错等布局手法，使之有收放、明晦、远近和起伏等对比变化。对于花台个体，则要求平面上曲折有致，兼有大弯小弯，而且曲率和间隔都有变化。如果利用自然延伸的岩脉，立面上要求有高下、层次和虚实的变化。有高擎于台上的峰石，也有低隆于地面的露岩。

5. 山石器设

用山石作室内外的家具或器设也是我国园林中的传统做法。山石几案不仅有实用价值，而且又可与造景密切结合。特别是用于有起伏地形的自然式布置地段，很容易和周围环境取得协调，既节省木材又能耐久，无需搬出搬进，也不怕日晒雨淋。

① 山石器设既可独立布置，又可与其他景物结合设置。在室外可结合挡土墙、花台、水池、驳岸等统一安排；在室内可以用山石叠成柱子作为装饰。如图 3-10 所示。

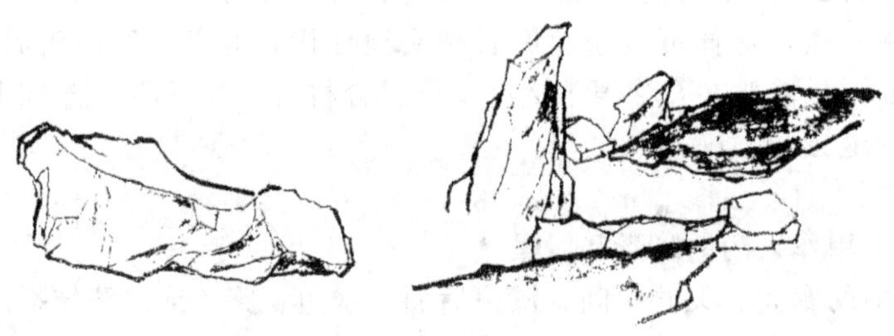

图 3-10 山石器设

② 山石几案不仅具有实用价值，而且又可与造景密切配合，特别适用于有起伏地形的自然地段，这样很容易与周围的环境取得协调，既节省木材又坚固耐久，且不怕日晒雨淋，无需搬进搬出。山石几案宜布置在林间空地或有树木遮阴的地方，以免游人受太阳暴晒。

山石几案虽有桌、几、凳之分，但切不可按一般家具那样对称安置。几个石凳大小、高低、体态各不相同，却又很均衡地统一在石桌周围，西南隅留空，植油松一株以挡西晒。

二、山石设计

1. 山石与水域相结合

“山因水而润，水因山而活”，可以说山水是自然景观的基础。在庭园工程建设中，将山水结合得好，就可造出优美的景观。例如，用条石作水池的驳岸，坚固、耐用，能够经受住大的风吹浪打；同时在周围平面线条规整的环境中应用，不但比较统一，而且可使这个庭园空间显得更规整、有条理、严谨、肃穆而有气势。

由于山石轮廓线条比较丰富，有曲折变化、凹凸变化，石体不规则，有透、漏、皱、窝等特征，这些石体用在溪流、水池等最低水位线以上部分堆叠、点缀，可使水域总体上有很自然、丰富的景观效果，非常富有情趣和诗情画意。江南园林的驳岸及北京的颐和园知春亭、后湖、谐趣园等部分应用了这种假山石驳岸，景观效果非常突出。山石也常用来点缀湖面，作小岛或礁石，使水域的水平变化更为丰富。

2. 山石与建筑相结合

（1）山石与建筑相结合的种类　用少量的山石在合宜的部位装点庭园，就仿佛把庭园建在自然的山岩上一样，将所置山石模拟自然裸露的山岩，使住宅建筑依岩而建。用山石表现的实际是大山之一隅，可以适当运用局部夸张的手法。

常用山石与建筑结合的设计种类，见表3-3。

表3-3　山石与建筑结合的设计种类

名称	图例	一般的设计前提
斜坡式		台基不太高时
错落式		台基较高，入口有一个
平面式		入口较宽
分阶式		人流量较大
偏径式		一边视线不能穿透或有意遮挡一边等
镶壁式		道路与建筑方向一致等

(2) 山石与庭园建筑相结合的形式

① 抱角与镶隅　建筑物的外墙转折多成直角，其内、外墙角都比较单调、平滞，常用山石来进行装点。对于外墙角，山石成环抱之势紧包基角墙面，称为抱角，如图3-11所示。对于内墙角则以山石镶嵌其中，称为镶隅，如图3-12所示。

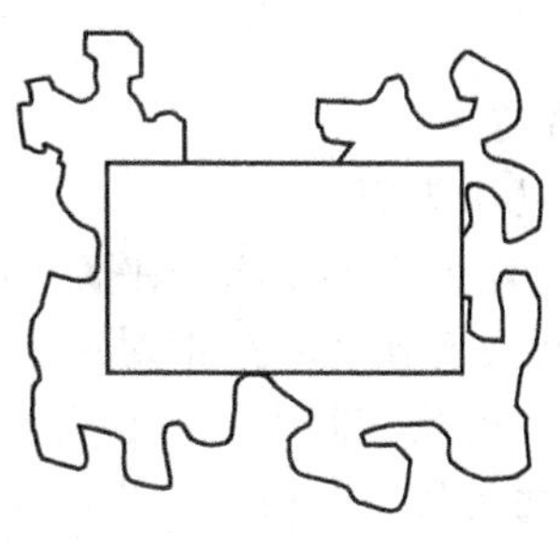

图3-11　抱角

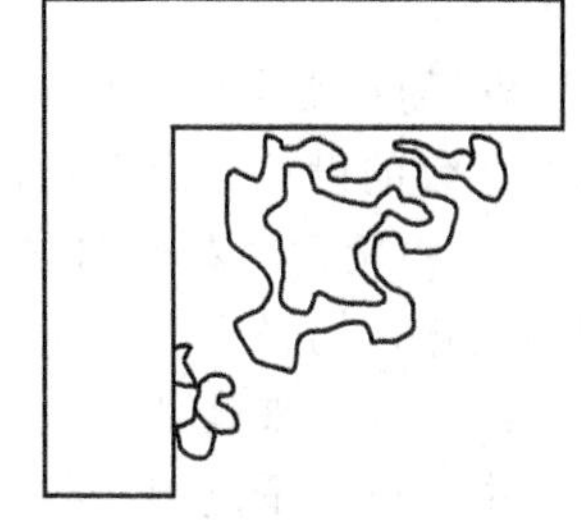

图3-12　镶隅

② 山石踏跺与蹲配　山石踏跺是用扁平的山石台阶的形式连接地面，强调建筑出入口的山石堆叠体。我国传统庭园建筑从室内到室外常有一定高程差，通过规整或自然山石台阶取得上下衔接，一般将自然山石台阶称为"如意踏跺"，这有助于处理从人工建筑到自然环境之间的过渡。踏跺用石选择扁平状，并以不等边三角形、多边形间砌，则会更自然。每级控制在100～300mm，一组台阶每级高度可不完全一样。山石每一级向下坡方向都有2%的倾斜坡度，以便排水。石级断面要上挑下收，以免人们上台阶时脚尖碰到石级上沿，术语称

为不能有“兜脚”。用小块山石拼合的石级，拼缝要上下交错，以上石压下缝。

蹲配常和踏跺配合使用，来装饰建筑的入口，与垂带、石狮、石鼓等装饰品作用相当，但外形不像前者呆板，反而富于变化。它一方面作为石块两端支撑的梯形基座，也可用来遮挡踏跺层叠后的最后茬口。蹲配，以体量大、高、轮廓有特征者为“蹲”，体量小、低、轮廓简单者为“配”。蹲配在构图时需对比鲜明，相互呼应，联系紧密，但是务必在建筑轴线两旁保持均衡。

山石抱角和镶隅的体量均需与墙体所在的空间取得协调。一般庭园建筑体量不大时，无需做过于臃肿的抱角。当然，也可以采用以小衬大的手法，即用小巧的山石衬托宏伟、精致的园林建筑，如颐和园万寿山上的圆郎斋等建筑均采用此法且效果甚佳。山石抱角的选材应考虑如何使山石与墙接触的部位，特别是可见的部位能融合起来。

③ 山石楼梯　山石楼梯是指以山石掇成的庭院中的楼梯。它既可节约室内建筑面积，又可构成自然山石景。如果只能在功能上作为楼梯使用而不能成景，则不是上品。在造山石楼梯时，不应使山石楼梯暴露无遗，而需要和周围的景物联系和呼应，做得好的云梯往往是组合丰富、变化自如。如苏州留园明瑟楼的“一梯云”，就很巧妙地实现了山石楼梯使用功能和造景相结合。

④ 粉壁置石　粉壁置石是传统的园林手法，即以墙作为背景，在面对建筑的墙面、建筑山墙或相当于建筑墙面前基础种植的部位作石景或山景布置，也称“壁山”。在江南园林的庭园中，这种布置随处可见。有的结合花台、特置和各种植物布置，式样多变。苏州网师园南端“琴室”所在的院落中，在粉壁前置石，石的姿态有立、蹲、卧的变化，加以植物和园中台景的层次变化，使整个墙面变成一个丰富多彩的风景画面。

3. 山石与植物相结合

山石与植物主要以花台的形式结合，即用山石堆叠花台的边台，内填土，栽植植物；或在规则的花台中，用植物和山石组景。

(1) 山石花台的作用

① 通过山石花台的布置，组织游览路线，增加层次，丰富园景。

② 降低地下水位，为植物的生长创造了适宜的生态条件，如牡丹、芍药要求排水良好的条件。

③ 取得合适的观赏高度，免去躬身弯腰之苦，便于观赏。

(2) 山石花台的设计　山石花台的设计主要包括以下几个方面。

① 花台的立面轮廓　花台的立面轮廓要有起伏变化。花台上的山石与平面变化相结合还应有高低的变化，切忌把花台做成“一码平”。高低变化要有比较强烈的对比才有显著的效果，一般是结合立峰来处理，但又要避免用体量过大的山峰堵塞院内的中心位置。花台除了边缘，花台中也可少量点缀一些山石，花台边缘外面亦可埋置一些山石，使之有更自然的变化。

② 花台的平面轮廓　就花台的平面轮廓而言，应有曲折、进出、断续等的变化，而且曲折弯曲的大小、频度不能简单一致。即有时大弯，有时小弯，山石进出多少不一，大小弯不同频度地相间，有时可以自然断开，这样花台平面才能比较丰富。

③ 花台的断面和细部　自然式的山石花台其断面应该丰富多变，其中最主要的是虚实、明暗的变化，层次变化和藏露的变化。画断面图，往往一个是不够的，必须有多个断面图，才能表达出多处不同的做法。更多的细部变化，则是根据具体情况自行掌握的，如图 3-13 所示。

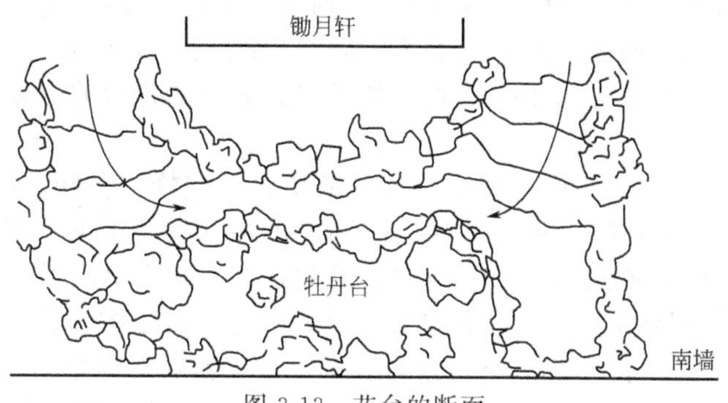

图 3-13 花台的断面

三、假山结构设计

假山的结构从下到上可分为三层，即基础、中层和收顶。

1. 基础

（1）基础设计　假山的基础如同房屋的根基，是承重的结构。因此，无论是承载能力，还是平面轮廓的设计都非常重要。基础的承载能力是由地基的深浅、用材、施工等方面决定的。地基的土壤种类不同，承载能力也不同。岩石类，50～400t/m^2；碎石土，20～30t/m^2；砂土类，10～40t/m^2；黏性土，8～30t/m^2。杂质土承载力不均匀，必须回填好土。根据假山的高度，确定基础的深浅，由设计的山势、山体分布位置等确定基础的大小轮廓。假山的重心不能超出基础之处，重心偏离铅重线，稍超越基础，山体倾斜时间长了，就会倒塌。

现在的假山基础多用浆砌水泥或混凝土结构。这类基础承载能力大，能耐强大的压力，施工速度较快。在基土坚实的情况下可采用素土槽浇灌混凝土，开槽时，在实际基础外50～60cm开挖，槽深50～60cm。混凝土的厚度在陆地上为10～20cm，在水中为50～60cm。假山超过2m时，可以酌情增厚。混凝土强度等级，陆地上不低于C10，水泥、砂子和卵石混合的质量比为（1∶2∶4）～(1∶2∶6)。水中假山基础采用M15水泥砂浆砌块石或C20素混凝土作基础。

桩基是一种古老的基础。现在仍有一定的实用价值，特别是在水中建假山或作山石驳岸，常常用到。用1～1.5m长，直径10～15cm的柏木或杉木，下端剥尖，打入水下的坚实层中。从平面上看，桩木分布成梅花形，每个梅花形的6个点相套，桩边和桩边的距离一般为20cm。如作驳岸，用3～5排；作假山，按基础的大小定。桩木在湖底以上露出十几厘米至几十厘米，其间以石块嵌紧，再用花岗岩等整形的石条压顶。石条上叠垒自然山石，石条在常水位线以下。如此，不仅美观，且桩木不易腐烂。

另外，有些在陆地上堆叠的假山，采用灰土基础，其适用于地下水位低的陆地。打灰土的范围比山底面向外扩大50～60cm，基础深50cm。假山低于2m时，用一步素土，一步灰土；高于2m用一步素土，两步灰土。

（2）底层山石的铺砌设计应注意以下两个方面。

① 统筹向背　根据游览路线是否经过和风景透视线的聚散，来确定假山的正面、侧面和背面。根据这些不同的面来组织景观单位，正面拉底的山石在平面上要求富于曲折的变化，形成不同的宽窄，不同的间距，不同的转折半径，不同的大小、方向的支脉，不同的缓急过渡等，为山体的自然皴纹、预留水弯等做好准备，也丰富了假山的虚实、明暗变化。根

据要建的假山单元来确定底石的位置和体势。平时多观察各种有特色的山体，注意看山体是怎样立足的，怎样与水体相接，怎样与地面相接，以及思考、分析它们形成的机理。丰富的感官印象，有助于设计出精美的主要视线上的景观。侧面和背面的处理要比正面要求稍低一些。

② 断、接有序　主山、次山、配山等形成的山脉及主峰、次峰、配峰等形成的山峰，其走势和皴纹都有一定的规律。从底层山石的平面来看，应该是时断时续。断不是绝对的阻断、隔绝，而是一个假山单元与另一个自然山石的过渡，是有机联系的，即所谓“一脉既毕，余脉又起”。作为过渡的山石，往往堆砌不高，因此，就山脚而言，这些石材一部分成为观赏点（如立石、卧石等），其大小应相间安排，形态就依山就势。还有一部分山石，上面需叠两、三层，需要出挑的，小头向下、大头朝上；需要卡接时，相间的两石头小头向上；需相安时，预留好底石的位置及与安石相应的茬口等。总之，无论堆叠高低，石的大小和方向要严格按照山体皴纹的延展来决定。

2. 中层

假山的中层指底石之上、顶层以下的部分，这部分体量大，占据了假山相当一部分高度，是人们最容易看到的地方。因此，就需要着力设计。

假山中层设计的技术要求如下。

(1) 结构变化应多种多样　假山中部的山石在保持重心不变的情况下，立面上应有收有合，收放自如。结构规整的，有时在山的不同高度收缩成峭壁，然后放宽成悬崖；或使假山的石体不同厚度的层状错落相叠；或在不同高度的山坡作突起成为小山尖。山石之间的连续方式讲求多种多样，不同的联结方式，形成的山石外观不同，只有手法多变，才能形成丰富的画面。

(2) 突出假山单元组合的多样性　假山的单元组合是由这样一些石材构成，它们通过一定的联结方式，组成一个观赏点，如洞穴、出挑的平台、悬垂的危石、可登的山路，或山的次山头等，把这些山石构成的观赏点叫假山的单元组合。只要与假山的总体风格一致，这些组合单元越丰富，假山就越具观赏性。

3. 收顶

假山的收顶是假山最上层轮廓和峰石的布局。由于山顶是显示山势和神韵的主要部分，也是决定整座假山重心和造型的主要部分，所以至关重要，它被认为是整座假山的魂。整座假山的特点大多能从山顶体现出来，如高耸挺拔、浑厚沉稳、诸峰顾盼、上大下小、有惊无险等，所以假山的顶部轮廓要求丰富，且能够完美表现假山的特征。

收顶一般分为峰、峦和平顶三种类型。

(1) 峰　分剑立式，上小下大，有竖直而挺拔高耸之感；斧立式上大下小，如斧头倒立，稳重中存在险意；斜壁式，上小下大，斜插如削，势如山岩倾斜，有明显动势。

(2) 峦　山头比较圆缓的一种形式，柔美的特征比较突出。

(3) 平顶　山顶平坦如盖，或如卷云、流云。这种假山整体上大下小，横向挑出，如青云横空，高低参差。

第三节　假山工程施工

假山施工具有再创造的特点。在大中型的假山工程中，既要根据假山设计图进行定点放线，以便控制假山各部分的立面形象及尺寸关系，又要根据所选用石材的形状、大小、颜色、波纹特点以及相邻、相对，遥对、互映位置、石材的局部和整体感官效果，在细部的造型和技术处理上有所创造，有所发挥。小型的假山工程和石景工程有时可不进行设计，而是在施工中临场发挥。

一、假山施工前期准备

在假山施工开始之前，需要做好一系列的准备工作，才能使得施工顺利进行。施工前期准备工作如下。

1. 工具与施工机械准备

首先，应根据工程量的大小，确定施工中所用的起重机械。准备好杉杆与手动葫芦，或者杉杆与滑轮、绞磨机等；做好起吊特大山石的使用起重机的计划。其次，要准备足够数量的手工工具。

2. 施工材料的准备

（1）山石备料　要根据假山设计意图确定所选用的山石种类，最好到产地直接对山石进行初选，初选的标准可适当放宽。石形变异大的、孔洞多的和长形的山石可多选些，石形规则、石面非天然生成而是爆裂面的、无孔洞的矮墩状山石可少选或不选。在运回山石过程中，对易损坏的奇石应给予包扎防护。山石材料应在施工之前全部运进施工现场，并将形状最好的一个石面向着上方放置。山石在现场不要堆起来，而应平摊在施工场地周围待选用。如果假山设计的结构形式是以竖立式为主，则需要长条形山石比较多；在长形石数量不足时，可以在地面将形状相互吻合的短石用水泥砂浆对接在一起，成为一块长形山石留待选用。

山石备料的数量多少应根据设计图估算出来。为了适当扩大选石的余地，在估算的吨位数上应再增加1/4～1/2的吨位数，这就是假山工程的山石备料总量。

（2）辅助材料准备　水泥、石灰、砂石、铅丝等材料也要在施工前全部运进施工现场堆放好。根据假山施工经验，以重量计，水泥的用料量可按山石用料量的1/15～1/10准备，石灰的用量应根据具体的基础设计情况进行推算，砂的备料量可为山石的1/5～1/3，铅丝用量可按每吨山石1.3～5kg准备。另外，还要根据山石质地的软硬情况，准备适量的铁爬钉、银锭扣、铁吊架、铁扁担、大麻绳等施工消耗材料。

3. 假山工程量计算

假山工程量一般以设计的山石实用吨位数为基数来推算，并以工日数来表示。

① 假山采用的山石种类不同、假山造型不同、假山砌筑方式不同，都要影响工程量。由于假山工程的变化因素太多，每工日的施工定额也不容易统一，因此准确计算工程量有一定难度。

② 根据十几项假山工程施工资料统计的结果，包括放样、选石、配制水泥砂浆及混凝土、吊装山石、堆砌、刹垫、搭拆脚手架、抹缝、清理、养护等全部施工工作在内的山石施工平均工日定额，在精细施工条件下，应为0.1～0.2t/工日；在大批量粗放施工情况下，则应为0.3～0.4t/工日。

4. 场地准备

① 为确保施工场地有足够的作业面，施工地面不得堆放石料及其他物品。

② 选好石料摆放地，一般在作业面附近，石料依施工用石先后有序地排列放置，并将每块石头最具特色的一面朝上，以便于施工时认取。石块间应有必要的通道，以便于搬运，尽量避免小搬运。

③ 施工期间，山石搬运频繁，必须组织好最佳的运输路线，并确保路面平整。

④ 保证水、电供应。

5. 施工人员配备

我国传统的叠山艺人大多具有较高的艺术修养，不仅能诗善画，对自然界山水的风貌也有很深的认识；同时，有着丰富的施工经验，有的还是叠山世家、世代相传。假山工程是一门特殊造景技艺的工程，一般由他们这些人担任假山师傅，组成专门的假山工程队，另外还有石工、泥工、起重工、普工等，人数一般为 8～12 人为宜。他们多为一专多能，相互支持、密切配合，共同完成任务。假山工程需要的施工人员主要分三类，即施工主持人员、假山技工和普通工。

二、假山定位与放样

1. 审阅图纸

假山定位放样前，要将假山工程设计图的意图看懂摸透，掌握山体形式和基础的结构。为了便于放样，要在平面图上按一定的比例尺寸，依工程大小或平面布置复杂程度，采用 2m×2m、5m×5m 或 10m×10m 的尺寸画出方格网，以其方格与山脚轮廓线的交点作为地面放样的依据。

2. 实地放样

按照设计图方格网及其定位关系，将方格网放大到施工场地的地面。在假山占地面积不大的情况下，方格网可以直接用白灰画在地面；在占地面积较大的大型假山工程中，也可以用测量仪器将各方格交叉点测设至地面，并在点上钉下坐标桩。放线时，用几条细绳拉直连上各坐标桩，就可表示出地面的方格网。以方格网放大法，用白灰将设计图中的山脚线在地面方格网中放大绘出，把假山基底的平面形状（也就是山石的堆砌范围）绘在地面上。假山内有山洞的，也要按相同的方法在地面绘出山洞洞壁的边线。

为了便于基础和土方的施工，应在不影响堆土和施工的范围内，选择便于检查基础尺寸的有关部位，如假山平面的纵横中心线、纵横方向的边端线、主要部位的控制线等位置的两端，设置龙门桩或埋地木桩，以便在挖土或施工时的放样白线被挖掉后，作为测量尺寸或再次放样的基本依据。

三、假山基础施工

根据放样位置进行基础开挖，开挖应至设计深度。如遇流砂、疏松层、暗浜或异物等，应由设计单位作变更设计后，方可继续施工。基础表面应低于近旁土面或路面。

基础的施工应按设计要求进行，通常假山基础有浅基础、深基础、桩基础等。基础施工完成后，要进行第二次定位放线。在基础层的顶面重新绘出假山的山脚线。并标出高峰、山岩和其他陪衬山的中心点和山洞洞桩位置。

（1）浅基础施工　浅基础是在原地形上略加整理、符合设计地貌后经夯实后的基础。此类基础可节约山石材料，但为符合设计要求，有的部位需垫高，有的部位需挖深以造成起伏。这样使夯实平整地面工作变得较为琐碎。对于软土、泥泞地段，应进行加固或渍淤处理，以免日后基础沉陷。此后，即可对夯实地面铺筑垫层，并砌筑基础。

（2）深基础施工　深基础是将基础埋入地面以下的基础，应按基础尺寸进行挖土，严格掌握挖土深度和宽度，一般假山基础的挖土深度为 50～80cm，基础宽度多为山脚线向外 50cm。土方挖完后夯实整平，然后按设计铺筑垫层和砌筑基础。

（3）桩基础施工　桩基础多为短木桩或混凝土桩，打桩位置、打桩深度应按设计要求进行，桩木按梅花形排列，称“梅花桩”。桩木顶端可露出地面或湖底 10～30cm，其间用小块石嵌紧嵌平，再用平正的花岗石或其他石材铺一层在顶上，作为桩基的压顶石或用灰土填平夯实。混凝土桩基的做法和木桩桩基一样，也有在桩基顶上设压顶石与设灰土层的两种做法。

四、假山山脚施工

假山山脚直接落在基础之上，是山体的起始部分。山脚是假山造型的根本，山脚的造型对山体部分有很大的影响。山脚施工的主要内容是拉底、起脚和做脚三部分。

1. 拉底

拉底是指用山石做出假山底层山脚线的石砌层。即在基础上铺置最底层的自然山石。拉底应用大块平整山石，坚实、耐压，不允许用风化过度的山石。拉底山石高度以一层大块石为准，有形态的好面应朝外，注意错缝（垂直与水平两个方向均应照顾到）。每安装一块山石，即应将垫刹垫稳，然后填陷，如灌浆应先填石块，又如灌混凝土混凝土则应随灌随填石块。山脚垫刹的外围，应用砂浆或混凝土包严。北方多采用满拉底石的做法。

(1) 拉底的方式　拉底的方式有满拉底和线拉底两种。

① 线拉底是按山脚线的周边铺砌山石，而内空部分用乱石、碎砖、泥土等填补筑实。这种方式适用于底面积较大的大型假山。

② 满拉底是将山脚线范围之内用山石满铺一层。这种方式适用于规模较小、山底面积不大的假山，或者有冻胀破坏的北方地区及有震动破坏的地区。

(2) 拉底的技术要求　假山拉底施工应符合下列要求。

① 拉底的石与石之间要紧连互咬、紧密地扣合在一起。

② 山石之间要不规则地断续相间，有断有连。

③ 要注意选择合适的山石来做山底，不得用风化过度的松散山石。

④ 拉底的山石底部一定要垫平、垫稳，保证不能摇动，以便于向上砌筑山体。

⑤ 拉底的边缘部分要错落变化，使山脚线弯曲时有不同的半径，凹进时有不同的凹深和凹陷宽度，尽量避免山脚的平直和浑圆形状。

2. 起脚

在垫底的山石层上开始砌筑假山，就叫“起脚”。起脚石直接作用在山体底部的垫脚石上，它和垫脚石一样，都要选择质地坚硬、形状安稳实在、少有空穴的山石材料，以确保能够承受山体的重压。假山起脚施工时应注意以下事项。

(1) 定点，摆线要准确　先选出山脚突出点所需的山石，并将其沿着山脚线先砌筑上，待多数主要的凸出点山石都砌筑好了，再选择和砌筑平直线、凹进线外所用的山石。这样，既保证了山脚线按照设计而成弯曲转折状，避免山脚平直的毛病，又使山脚突出部位具有最佳的形状和最好的皴纹，增加了山脚部分的景观效果。

(2) 宜小不宜大，宜收不宜放　除了土山和带石土山之外，假山的起脚安排是宜小不宜大，宜收不宜放。起脚一定要控制在地面山脚线的范围内，宁可向内收一点，也不要向山脚线外突出。即使由于起脚太小而导致砌筑山体时的结构不稳，还有可能通过补脚来加以弥补。如果起脚太大，以后砌筑山体时导致山形臃肿、呆笨，没有一点险峻的态势，就不好挽回了。

3. 做脚

做脚就是用山石砌筑成山脚。它是在假山的上面部分山形山势大体施工完成以后，于紧贴起脚石外缘部分拼叠山脚，以弥补起脚造型不足的一种操作技法。所做的山脚石起脚边线的做法常用的有：点脚法、连脚法和块面法。

(1) 点脚法　即在山脚边线上，用山石每隔不同的距离作墩点，用片块状山石盖于其上，做成透空小洞穴，如图 3-14(a) 所示。这种做法多用于空透型假山的山脚。

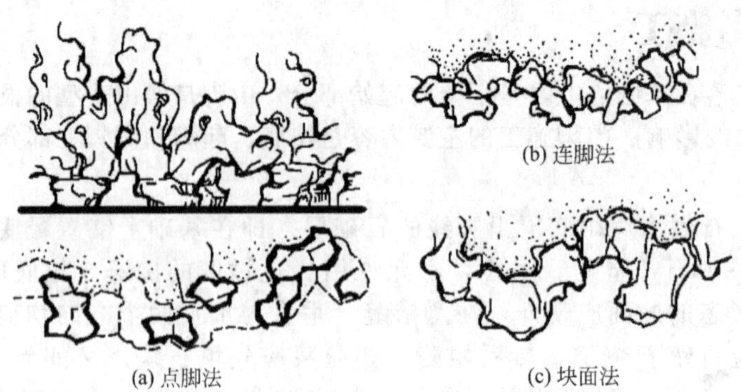

图 3-14　做脚的三种方法

(2) 连脚法　即按山脚边线连续摆砌弯弯曲曲、高低起伏的山脚石，形成整体的连线山脚线，如图 3-14(b) 所示。这种做法各种山形都可采用。

(3) 块面法　即用大块面的山石，连线摆砌成大凸大凹的山脚线，使凸出凹进部分的整体感都很强，如图 3-14(c) 所示。这种做法多用于造型雄伟的大型山体。

五、假山中层施工

中层是指底层以上、顶层以下的大部分山体，是假山工程的主体，假山的造型手法与工程措施的巧妙结合主要表现在这一部分。假山的堆叠也是一个艺术创作的过程，对于中层施工来说也就是艺术创作的主要发挥部分。

1. 中层施工基本要求

① 石色要统一，色泽的深浅力求一致，差别不能过大，更不允许同一山体用多种石料。

② 堆砌时，应注意调节纹理，竖纹、横纹、斜纹、细纹等一般宜尽量同方向组合。整块山石要避免倾斜，靠外边不得有陡板式、滚圆式的山石，横向挑出的山石后部配重一般不得少于悬挑重量的两倍。

③ 一般假山多运用“对比”手法，显现出曲与直、高与低、大与小、远与近、明与暗、隐与显各种关系，运用水平与垂直错落的手法，使假山或池岸、掇石错落有致，富有生气，表现出山石沟壑的自然变化。

④ 叠石“四不”、“六忌”：

石不可杂、纹不可乱、块不可均、缝不可多；忌“三峰并列，香炉蜡烛”，忌“峰不对称，形同笔架”，忌“排列成行，形成锯齿”，忌“缝多平口，满山灰浆，寸草不生，石墙铁壁”，忌“如似城墙堡垒，顽石一堆”，忌“整齐划一，无曲折，无层次”。

2. 假山山石堆叠的方法

基本方法包括：安、连、接、斗、挎、拼、悬、剑、卡、挑、垂、撑等，如图 3-15 所示。

(1) 安　“安”是安置山石的总称。放置一块山石叫“安”一块山石。特别强调山石放下去要安稳。安可分为单安、双安和三安。双安指在两块不相连的山石上面安一块山石，下断上连，构成洞、岫等变化。三安则是在三块山石上安一石，使之成为一体。安石要“巧”，

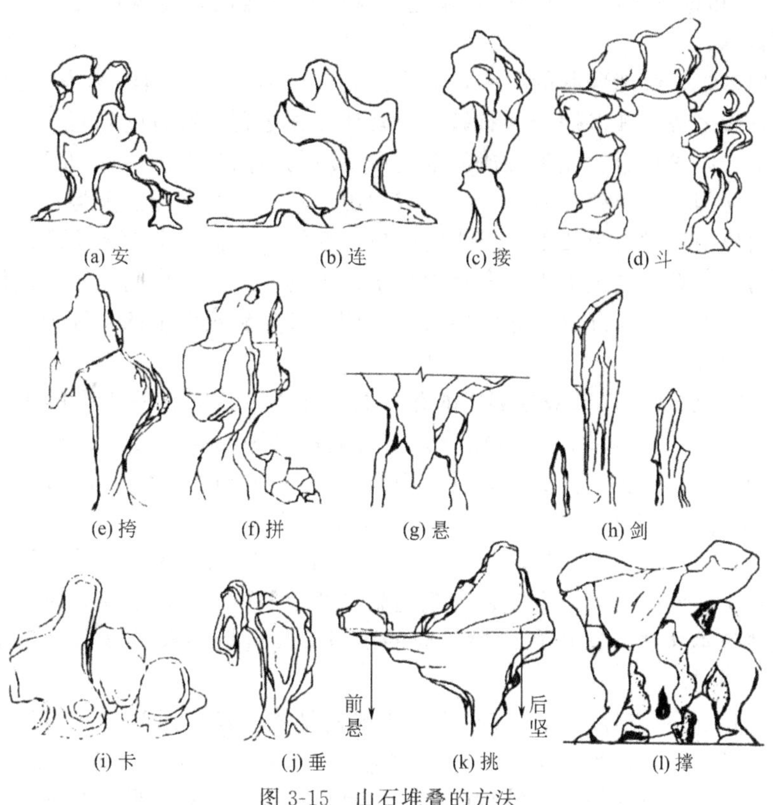

图 3-15 山石堆叠的方法

形状普通的山石，经过巧妙的组合，可以明显提高观赏性。

（2）连 山石之间水平方向的连接，称为“连”。按照假山的要求，高低参差，错落相连。连石时，一定要按照假山的皴纹分布规律，沿其方向依次进行，注意山石的呼应、顺次、对比等关系。

（3）接 山石之间竖向衔接，称为“接”。天然山石的茬口，在相接时，既要使之有较大面积的吻合，又要保证相接后山石组合有丰富的形态。茬口不够吻合，可以用小山石填补上，一方面使之更加完美，另一方面使上下石都受小石的牵制。相接山石要根据山体部位的主次依照皴纹结合。一般情况下，竖纹和竖纹相接，横纹和横纹相接。但也有例外，可以用横纹与竖纹相接，突出对比的效果。

（4）斗 将带拱形的山石，拱向上，弯向下，与下面的一块或两块山石相连接的方法称为“斗”，可使山石形成像自然山洞一样的景观，或如同山体的下部分塌陷，而上部与之分离形成的自然洞岫景象。

（5）挎 为使山石的某一侧面呈现出比较丰富曲折的线条，可以在其旁挎一山石。挎山石可利用茬口咬住或上层镇压来稳定。必要时，可用钢丝捆绑固定。当然，钢丝要隐藏于石头的凹缝中或用其他方法来掩饰。

（6）拼 将许多块小山石拼合在一起，形成一块完整的大山石，这种方法叫“拼”。在缺少大块山石，但要用石的空间又很大的情况下，用许多小石块来造景显得很零碎，就需要用拼来完成一个整体大山石，与环境协调。事实上，拼出一大块形美的山石，还要用到其他的方法，但总称为“拼”。

（7）悬 下层山石向相对的方向倾斜或环拱，中间形成竖长如钟乳石的山石，这种方法叫“悬”。用黄石和青石做悬，模拟的对象是竖纹分布的岩层，经风化后，部分沿节理面脱落所剩下的倒悬石。

(8) 剑　把以纵长纹理取胜的石头，尖头向上，竖直而立的做法称为“剑”。山石峭拔挺立，有刺破青天之势。其多用于立石笋以及其他竖长之石。特置的剑石，其下部分必须有足够长度来固定，以求稳定。立剑做成的景观单元应与周围其他的内容明显区别开来，以成为独立的画面。立剑要避免整排队列，忌立成“山、川、小”字形的阵势。

(9) 卡　两块山石对峙形成上大下小的楔口，在楔口中插入上大下小的山石，山石被窄口卡住，受到两边山石斜向上的力而与重力平衡。卡的着力点在中间山石的两侧，而不是在其下部，这就与悬相区别。况且，悬的山石其两侧大多受到正向上的支撑力。卡接的山石能营造出岌岌可危的气氛。

(10) 垂　从一块山石顶部偏侧部位的茬口处，用另一山石倒垂下来的做法，称“垂”。垂与挎的受力基本一致，都要以茬口相咬，下石通过水平面向上支撑“挎”或“垂”的山石。所不同之处在于，“垂”与咬合面以下山石有一定的长度，而“挎”则完全在其之上。“垂”与“悬”也比较容易相混，但它们在结构上的受力关系不同。

(11) 挑　即“出挑”，是上层的山石在下层山石的支撑下，伸出支撑面以外一段长度，用一定量的山石压在出挑的反方向，使力矩达到平衡。假山中之环、洞、岫、飞梁，特别是悬崖都基于这种基本做法，镇压在出挑后面的山石，其重量要求足够大，保证出挑山石的安稳。

(12) 撑　即用山石支撑洞顶或支撑相当于梁的结构，其作用与柱子相似。往往把单个山石相接或相叠形成一个柱形的构件，并与洞壁或另外的柱形构件一起形成孔、洞等景观。撑的巧妙运用不仅能解决支撑这一结构问题，而且可以组成景观或助洞内采光。撑，必须正确选择着力点。撑后的结构要与原先的景观融为一体。

3. 山石的固定

(1) 山石的加固设施　必须在山石本身重点稳定的前提下用以加固。常用熟铁或钢筋制成。铁活要求用而不露，因此不易发现。古典庭园中常用的山石加固设施有如下几种：

① 铁爬钉　铁爬钉又称“铁锔子”。用熟铁制成，用以加固山石水平向及竖向的衔接。南京明代瞻园北山之山洞中尚可发现用小型铁爬钉作水平向加固的结构；北京圆明园西北角之“紫碧山房”假山坍倒后，山石上可见约 10cm 长、6cm 宽、5cm 厚的石槽，槽中都有铁锈痕迹，也是同一类做法；北京乾隆花园内所见铁爬钉尺寸较大，长约 80cm、宽 10cm 左右、厚 7cm，两端各打入石内 9cm。也有向假山外侧下弯头而铁爬钉内侧平压于石下的做法。避暑山庄则在烟雨楼峭壁上用竖向连接的做法，如图 3-16 所示。

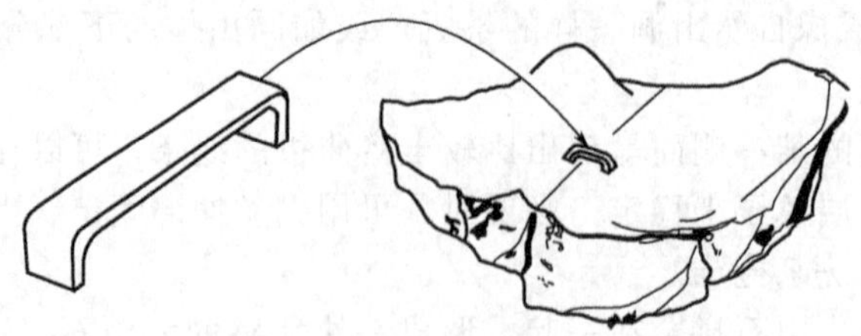

图 3-16　铁爬钉

② 铁扁担　多用于加固山洞，作为石梁下面的垫梁。铁扁担之两端成直角上翘，翘头略高于所支撑石梁两端。北京北海公园的静心斋沁泉廊东北，有巨石象征“蛇”出挑悬岩，选用了长约 2m，宽 16cm，厚 6cm 的铁扁担镶嵌于山石底部。如果不是下到池底仰望，铁

扁担是看不出来的，如图 3-17 所示。

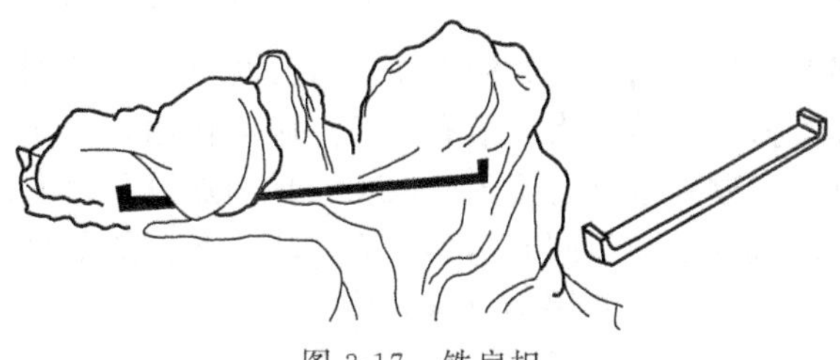

图 3-17 铁扁担

③ 银锭扣 银锭扣为生铁铸成，有大、中、小三种规格。主要用以加固山石间的水平联系。先将石头水平向接缝作为中心线，再按银锭扣大小画线凿槽打下去。古典石作中有“见缝打卡”的说法，其上再接山石就不外露了。北京北海公园的静心斋翻修山石驳岸时曾见有这种做法，如图 3-18 所示。

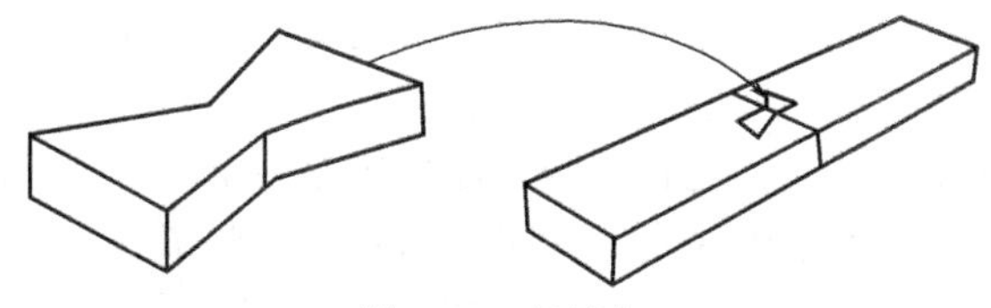

图 3-18 银锭扣

④ 马蹄形吊架和叉形吊架 常见于江南一带。扬州清代宅园“寄啸山庄”的假山洞底，由于用花岗石作石梁只能解决结构问题，外观极不自然。用这种吊架从条石上挂下来，架上再安放山石便可裹在条石外面，便接近自然山石的外貌，如图 3-19 所示。

（2）山石的支撑 山石吊装到山体一定位点上，经过调整后，可使用木棒支撑将山石固定在一定的状态，使山石临时固定下来。以木棒的上端顶着山石的凹处，木棒的下端则斜着落在地面，并用一块石头将棒脚压住，如图 3-20 所示。一般每块山石都要用 2～4 根木棒支撑。此外，铁棍或长形山石，也可作为支撑材料。

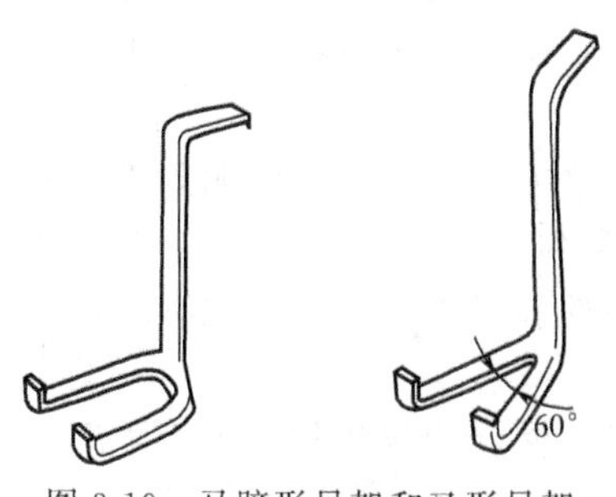

图 3-19 马蹄形吊架和叉形吊架

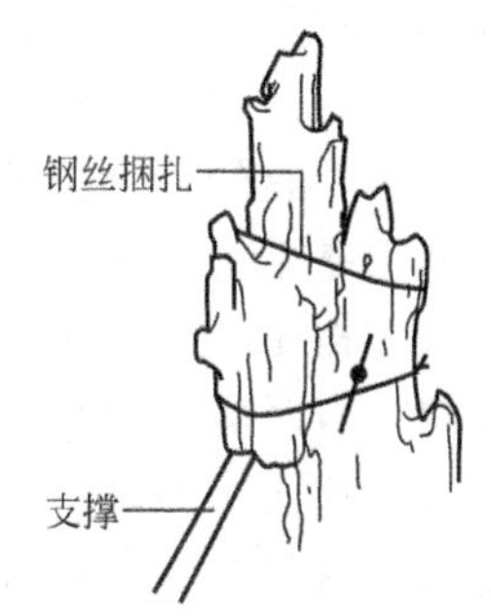

图 3-20 山石捆扎与支撑

（3）山石的捆扎 山石的固定，还可采用捆扎的方法，如图 3-20 所示。山石捆扎固定一般采用 8 号或 10 号钢丝。用单根或双根钢丝做成圈，套上山石，并在山石的接触面垫上或抹上水泥砂浆后再进行捆扎。捆扎时钢丝圈先不必收紧，应适当松一点。然后再用小钢钎（錾子）将其绞紧，使山石固定。此方法适用于小块山石，对大块山石应以支撑为主。

六、假山收顶施工

收顶即处理假山最顶层的山石。从结构上讲，收顶的山石要求体量大，以便合凑收压。从外观上看，顶层的体量虽不如中层大，但有画龙点睛的作用，因此，要选用轮廓和体态都富有特征的山石。收顶往往是在逐渐合凑的中层山石顶面加以重力的镇压，使重力均匀地分层传递下去。往往用一块收顶的山石同时镇压下面几块山石，如果收顶面积大而石材不够完整时，就要采取“拼凑”的手法，并用小石镶缝使成一体。

假山收顶施工要点如下。

① 收顶施工应自后向前、由主及次、自下而上分层作业。每层高度为0.3～0.8m，各工作面叠石务必在胶结料未凝之前或凝结之后继续施工。不得在凝固期间强行施工，一旦松动则胶结料失效，影响全局。

② 一般管线水路孔洞应预埋、预留，切忌事后穿凿，松动石体。

③ 对于结构承重受力用石必须小心挑选，保证有足够强度。

④ 山石就位前应按叠石要求原地立好，然后拴绳打扣。无论人抬机吊都应有专人指挥，统一指令术语。就位应争取一次成功，避免反复。

⑤ 有水景的地方应开阀试水，统查水路、池塘等是否漏水。

⑥ 有种植条件的地方应填土施底肥，种树、植草一气呵成。

⑦ 掇山始终应注意安全，用石必查虚实。拴绳打扣要牢固，工人应穿戴防护鞋帽，掇山要有躲避余地。雨季或冰期要排水防滑。人工抬石应搭配力量，统一口令和步调，确保行进安全。

⑧ 掇山完毕应重新复检设计（模型），检查各道工序，进行必要的调整补漏，冲洗石面，清理场地。

七、山石胶结与勾缝

古代假山结合材料主要是以石灰为主，用石灰作胶结材料时，为了提高石灰的胶合性并加入一些辅助材料，配制成纸筋石灰、明矾石灰、桐油石灰和糯米浆拌石灰等。纸筋石灰凝固后硬度和韧性都有所提高，且造价相对较低。桐油石灰凝固较慢，造价高，但黏结性能良好，凝固后很结实，适宜小型石山的砌筑。明矾石灰和糯米浆石灰的造价较高，凝固后的硬度很大，黏结牢固，是较为理想的胶合材料。

现代假山施工基本上全用水泥砂浆或混合砂浆来胶合山石。水泥砂浆的配制，是用普通灰色水泥和粗砂，按1∶1.5～1∶2.5比例加水调制而成，主要用来黏合石材、填充山石缝隙和为假山抹缝。有时为了增加水泥砂浆的和易性和对山石缝隙的充满度，可以在其中加进适量的石灰浆，配成混合砂浆。

湖石勾缝再加青煤、黄石勾缝后刷铁屑盐卤，使缝的颜色与石色相协调。胶结操作要点如下。

① 胶结用水泥砂浆要现配现用。

② 待胶合山石石面应事先刷洗干净。

③ 待胶合山石石面应都涂上水泥砂浆（混合砂浆），并及时互贴合、支撑捆扎固定。

④ 胶合缝应用水泥砂浆（混合砂浆）补平填平填满。

⑤ 胶合缝与山石颜色相差明显时，应用水泥砂浆（混合砂浆硬化前）对胶合缝撒布同色山粉或砂子进行变色处理。

八、质量要求

① 假山艺术形态要求山体美观、自然，符合自然山水景观形成的一般规律，达到虽由人做宛如天成的效果。

② 操作质量要求外观整体感好，结构稳定，填馅灌浆或灌混凝土饱满密实，勾缝自然、无遗漏。

九、假山施工安全

① 施工人员应按规定着装，佩戴劳动保护用品，穿胶底防滑铁包头保护皮鞋。

② 操作前对施工人员应进行安全技术交底，增强自我保护意识，严格执行安全操作规程。

③ 山石吊装应由有经验的人员操作，并在起吊前进行试吊，五级风以上及雨中禁止吊装。

④ 山石吊装前应认真检查机具吊索、绑扎位置、绳扣、卡子，发现隐患立即更换。

⑤ 垫刹时，应由起重机械带钩操作，脱钩前必须对山石的稳定性进行检查，松动的垫刹石块必须背紧背牢。

⑥ 山石打刹垫稳后，严禁撬移或撞击搬动刹石，已安装好但尚未灌浆填实或未达到70%强度前的半成品，严禁任何非操作人员攀登。

⑦ 脚手架和垂直运输设备的搭设，应符合有关规范要求。

⑧ 高度 6m 以上的假山，应分层施工，避免由于荷载过大造成事故。

第四章

庭园绿化设计与施工

第一节　庭园绿化概述

一、庭园绿化的作用

1. 改善硬质景观

庭园的美在于整体的和谐统一。植物应该和硬质景观相协调。植物可以作为视觉焦点，例如，在视线末端种植一株观赏树，或者用修剪灌木将视线引导到凉亭上。可以通过密实的植丛限定空间或者特殊植物标识出方向的转变。另外，植物还能引导交通流线。

2. 结构和维护

在进行庭园布局规划时，可使用绿化植物来规划庭园的空间结构。适合发挥结构性作用的植物，通常是可以常年维持高度和体量的乔木和灌木。有些多年生的大型草本植物也会显著地影响庭园的空间结构。因此，庭园中应该有足够的结构性植物以围合和塑造每个空间，形成一系列各具特色的四季庭园空间。

3. 增加庭园与环境的联系

可以利用植物来统一庭园内外的景观。在乡村庭园中，种植乡土植物或者将其修剪成装饰形式，可以与周围环境相融合；在城市庭园中，植物的选择和布置可以模仿周边建筑的外形，也可以在外形上与建筑形成对比。

二、庭园绿化的要求

1. 内容与形式的关系

庭园内容的演变与形式的创造，与人们生活密切相连。随着时代、社会的前进，人们的生活方式、审美观念也在发生着变化。过去的庭园内容和形式不能适应时代要求的，需要配合变化、有所创新。而新的内容需要先进的造园科技及材料，以及新发现、新培育的植物品种，这些给庭园新的内容和形式提供了条件，应当积极加以应用。

2. 功能与审美的处理

在庭园空间和环境中满足人们的使用功能和审美功能是庭园功能两个主要组成部分。

① 功能不仅体现在实际的使用上，而且能通过对思想、情感产生的作用，为人们创造美好的环境。由于需要的不同，目的的差异，功能的种类繁多，依据不同的功能可以将庭园划分出不同的种类，例如，一般居民生活所需的居家庭园和具有公共交往、交通等功能的公共建筑的庭园。

② 优质的庭园绿化应追求美的思想。美的景观让人难忘，有意境的设计使人产生相应的情感和联想。庭园绿化应注意方式与形象，要考虑使用人群的欣赏需求和水平，体现民族的地方特色，设计时还应适当照顾历史与传统，更要反映时代前进的新貌。

3. 继承、吸收与创新

我国古典庭园历史悠久，经历了漫长岁月，渐渐演变成现代庭园。认真分析现代庭园的特点，找出历史演变中沉淀的精华，并使它在现代发扬光大，这将是做好庭园绿化的"捷径"。但继承传统是手段而非目的，继承是为了更好地创新。西方同样有其别具一格的庭园空间模式，并且其先进的科学技术使其在造园技术上有不少的创新和发展。因此，随着当今国际交流的日增，应该从国外可以得到不少庭园和绿化的信息，包括设计思想、造园技术，对现代庭园设计有利的都可以吸收并加以利用。

三、庭园绿化设计原则

1. 适用性原则

不同地理分区的植物生活习性有着极大的差别，有些植物适于热带生长，有些则适于寒带，有些植物喜潮湿，有些喜干旱，由于气候带的不同，植物形态也有很大的差异，用于庭园绿化的物种也应根据具体情况而变化。

2. 审美学原则

庭园应具有美好的形象，满足人们对美的追求。美对人们来说不是可有可无，而是精神上不能欠缺的营养。人们都希望在洋溢着美的环境中更好地休息娱乐，使自己的生活趣味得以提高，情操得到陶冶，更希望能有助于身心的健康成长。随着生活水平不断提高，人们的科学文化修养和审美能力也不断提高。因此，庭园绿化中如果没有美的创造，是不符合时代的要求的。

3. 生态性原则

庭园绿化不是简单的自然或绿化种植，而是将生态与设计结合，因此设计师在设计过程中应结合或应用一些生态知识或具有生态意义的工程技术措施，在整个绿化过程中贯彻生态性庭园的设计思想，促进维持庭园的自然性，创造和谐的空间环境。

四、庭园绿化种植设计过程

1. 研究初步方案

明确植物材料在空间组织、造景、改善基地条件等方面应起的作用，作出种植方案构思图。

2. 选择植物

植物的选择应以基地所在地区的乡土植物种类为主，同时也应考虑已被证明能适应本地生长条件、长势良好的外来或引进的植物种类。另外，还要考虑植物材料的来源是否方便、规格和价格是否合适、养护管理是否容易等因素。

3. 详细种植设计

在此阶段应该用植物材料使种植方案中的构思具体化，这包括详细的种植配置平面、植物的种类和数量、种植间距等。详细设计中确定植物应从植物的形状、色彩、质感、季相变化、生长速度、生长习性、配置在一起的效果等方面去考虑，以满足种植方案中的各种要求。

4. 种植平面及有关说明

在种植设计完成后，就要着手准备绘制种植施工图和标注的说明。种植平面是种植施工的依据，其中应包括植物的平面位置或范围、详尽的尺寸、植物的种类和数量、苗木的规格、详细的种植方法、种植坛或种植台的详图、管理和栽后保质期限等图纸与文字内容。

五、庭园绿化植物的画法

绿化植物是庭园中主要的造景元素，也是庭园设计中最重要的元素之一，绿化植物在设计中可用来创造空间，界定空间边缘，增加环境色彩，提供绿荫，塑造空间性。另外，在平面图中，树木图形通常也能起到强化整个画面的内容的作用。

1. 乔木的画法

（1）平面的表现　乔木的平面表现可先以树干位置为圆心，树冠平均半径为半径作出圆，再加以表现，其表现手法非常多，表现风格变化很大。根据不同的表现手法可将树木的平面图形式（见图 4-1）表示划分为下列四种类型。

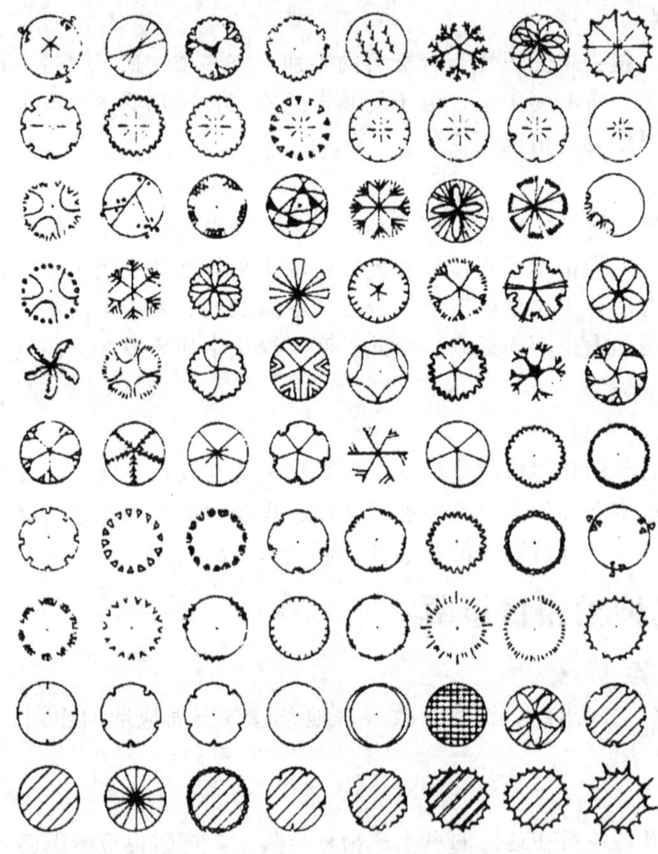

图 4-1　乔木的常见平面图形式

① 轮廓型　轮廓型在表现时，树木平面只用线条勾勒出轮廓即可，且线条可粗可细，轮廓可光滑，也可带有缺口或尖突，如图 4-2 所示。

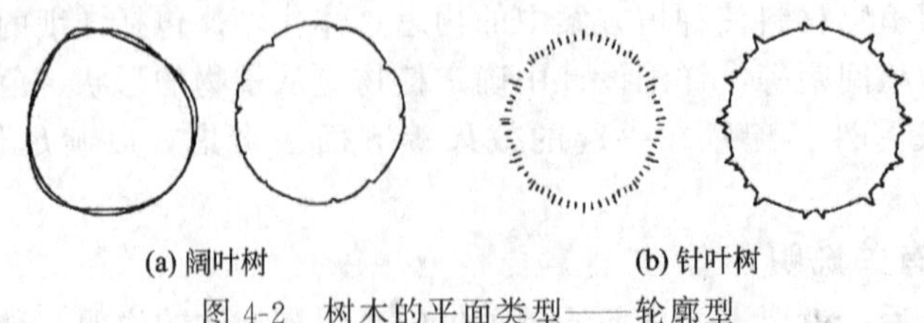

图 4-2　树木的平面类型——轮廓型

② 分枝型　分枝型在表现时，树木平面中只用线条的组合表示树枝或枝干的分叉，如

图 4-3 所示。

③ 枝叶型 枝叶型在表现时，树木平面中既表示分枝又表示冠叶，树冠可用轮廓表示，也可用质感表示。这种类型可以看作是其他几种类型的组合。这种表现形式常用于孤赏树、重点保护树等的表现，如图 4-4 所示。

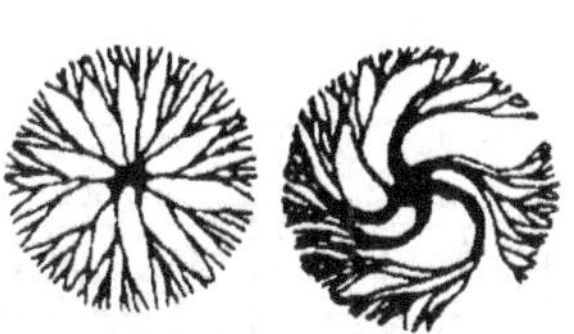

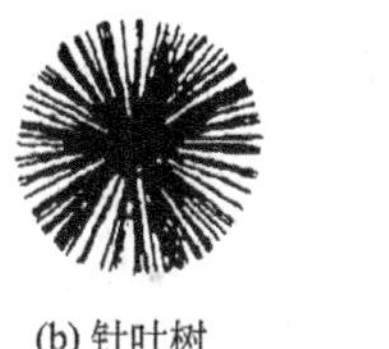

(a) 阔叶树 (b) 针叶树

图 4-3 树木的平面类型——分枝型

图 4-4 树木的平面类型——枝叶型

④ 质感型 质感型在表现时，树木平面中只用线条的组合或排列表示树冠的质感，如图 4-5 所示。

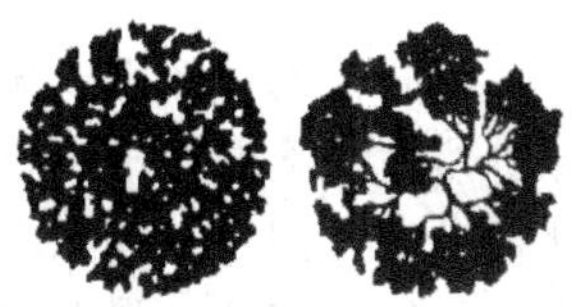

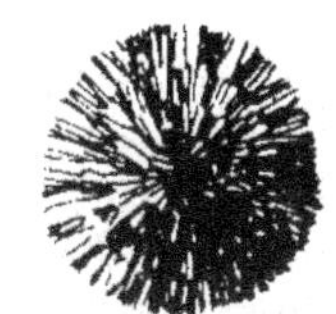

(a) 阔叶树 (b) 针叶树

图 4-5 树木的平面类型——质感型

平面表现注意事项如下。

① 平面图中树冠的避让［图 4-6(a)］ 在设计图中，当树冠下有花台、花坛、花境或水面、石块和竹丛［图 4-6(b)］等较低矮的设计内容时，树木平面也不应过于复杂，要注意避让，不要挡住下面的内容。但是，若只是为了表示整个树木群体的平面布置，则可以不考虑树冠的避让，应以强调树冠平面为主［图 4-6(c)］。

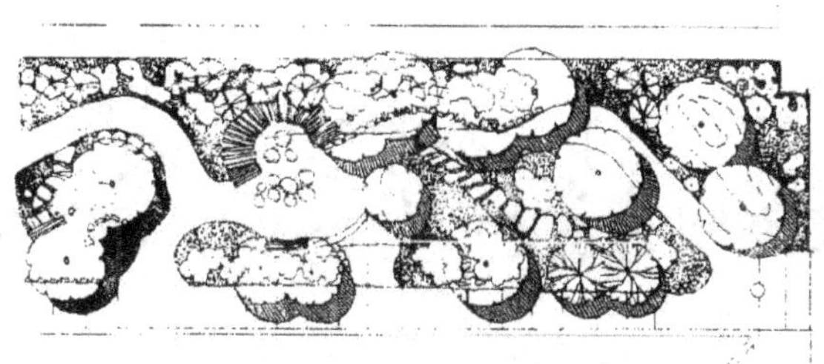

(a) 树冠避让实例

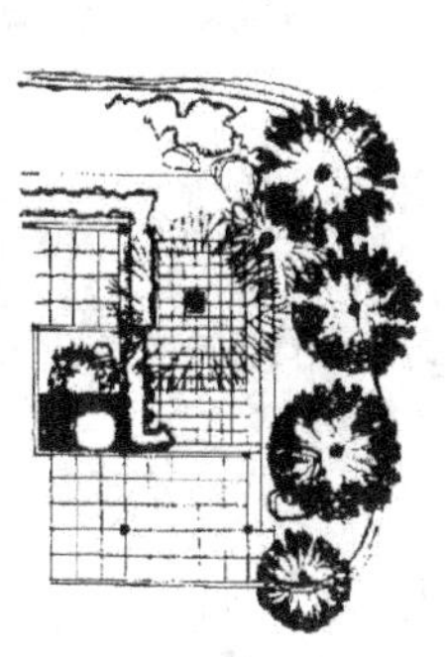

(b) 乔木下的内容表现

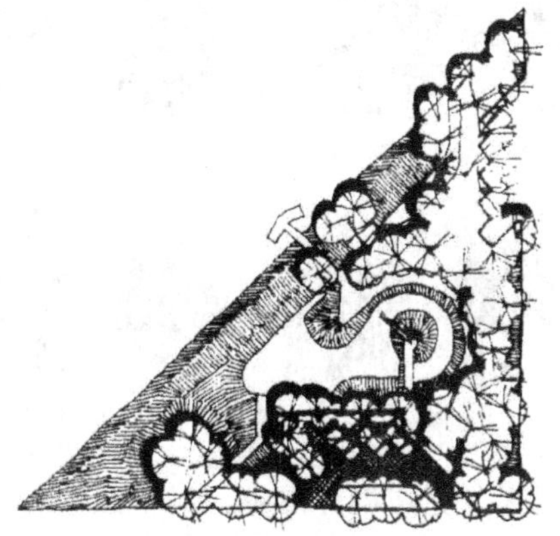

(c) 树冠的避让

图 4-6 树冠的避让

② 平面图中落影的表现　树木的落影是平面树木重要的表现方法，它可以增加图面的对比效果，使图面明快、有生气。树木落影的具体做法是先选定平面光线的方向，定出落影量，以等圆作树冠圆和落影圆，如图 4-7 所示。然后对比出树冠下的落影，将其余的落影涂黑，并加以表现，如图 4-8 所示。

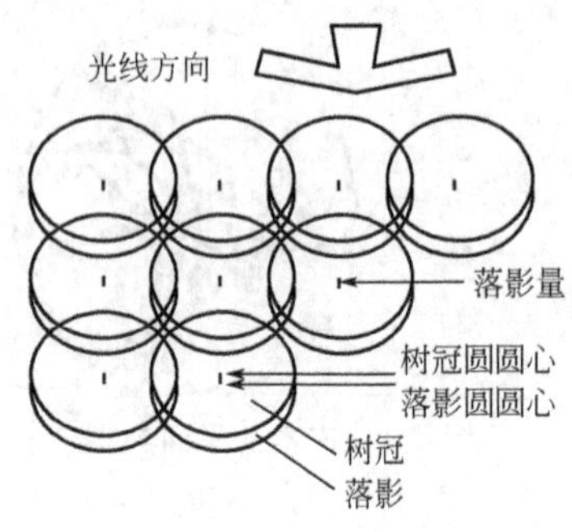

图 4-7　等圆的覆叠

图 4-8　对比落影

(2) 立面的表现　庭园在设计图中，树木的立面画法要比平面画法复杂。从直观上看，一张摄影照片的树和自然树的不同在于树木在照片上的轮廓形是清晰可见的，而树木的细节已经含混不清。这就是说，人们视觉在感受树木立面时，最重要的是它的轮廓。因此，立面图的画法是要高度概括、省略细节、强调轮廓。

树木的立面表示方法也可分成轮廓、分枝和质感等几大类型，但有时并不十分严格。树木的立面表现形式有写实的，也有图案化的或稍加变形的，其风格应与树木平面和整个图画相一致。图案化的立面表现是比较理想的设计表现形式。树木立面图中的枝干、冠叶等的具体画法参考效果表现部分中树木的画法。图 4-9 为庭园植物立面画法，供作图时参考。

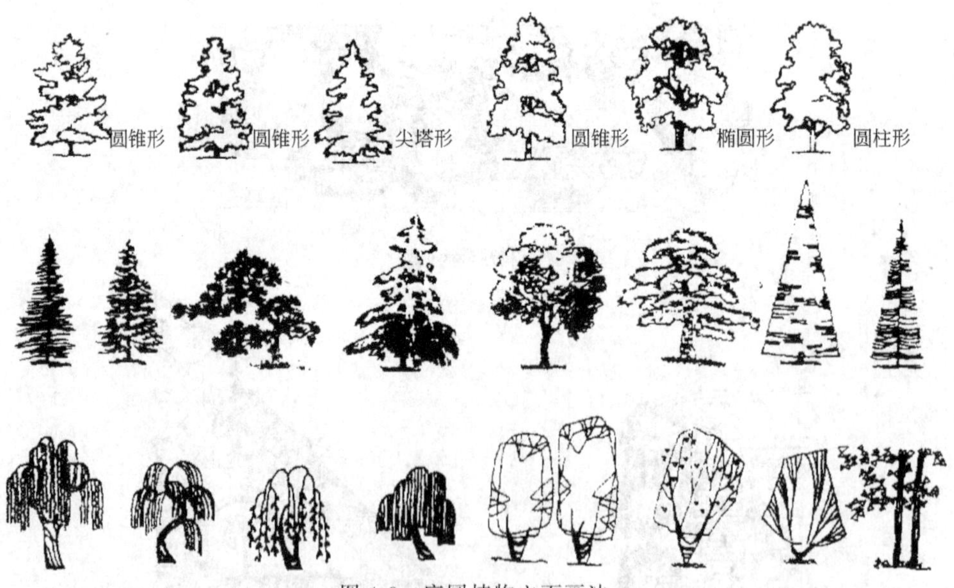

图 4-9　庭园植物立面画法

(3) 效果的表现　庭园设计图中，对于乔木的效果表现要求如下。

① 能够表达树木外形特征、质感以及美感。风格协调，表现手法丰富，效果强烈。

② 自然界中的树木千姿百态，有的修长秀丽，有的伟岸挺拔。各种树木的枝、干、冠

构成以及分枝习性决定于各自的形态和特征。

树木的表现有写实的、图案式的和抽象变形的三种形式。

① 写实的表现形式较尊重树木的自然形态和枝干结构，冠、叶的质感刻画得也较细致，显得较逼真，如图 4-10(a) 所示。

② 图案式的装饰表现形式对树木的某些特征，如树形、分枝等加以概括以突出图案的效果，如图 4-10(b) 所示。

③ 抽象变形的表现形式虽然较程序化，但它加进了大量抽象、扭曲和变形的手法，使画面别具一格。

(a) 写实风格的表现　　(b) 图案式的装饰风格的表现

图 4-10　树木的效果表现形式

2. 灌木的表现方法

灌木没有明显的主干，平面形状有曲有直。自然式栽植灌木丛的平面形状多不规则，修剪的灌木和绿篱的平面形状多为规则的或不规则的，但其转角处却是平滑的。灌木的平面表示方法与乔木类似，通常修剪的规则灌木可用轮廓、分枝型或枝叶型表示，不规则形状的灌木平面宜用轮廓型和质感型表示，表示时以栽植范围为准，由于灌木通常丛生，没有明显的主干，因此，灌木的立面很少会与乔木的立面相混淆。

3. 绿篱的表现方法

对于绿篱的表现在平面图中应以其范围线的表达为主。在勾画绿篱的范围线时可以以装饰性的几何形式，也可以勾勒自然质感的变化线条轮廓。立面、效果表现一般与灌木相同，要注意绿篱的造型感和尺度的表达，如图 4-11 所示。

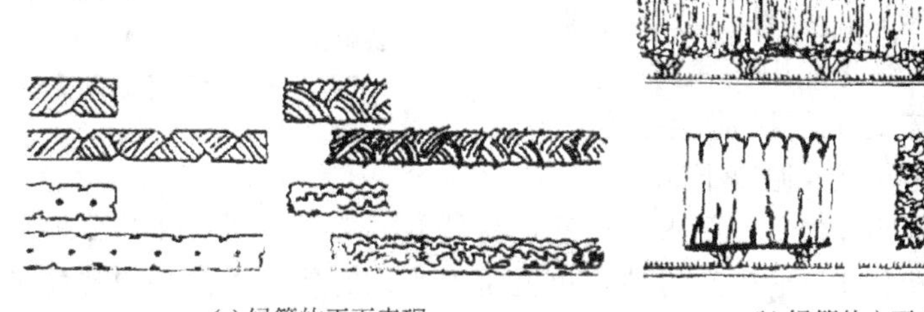

(a) 绿篱的平面表现　　(b) 绿篱的立面表现

图 4-11　绿篱的表现方法

4. 攀缘植物的表现方法

攀缘植物经常依附于小品、建筑、地形或其他植物，在庭园制图表现中主要以象征、指示方式来表示。在平面图中，攀缘植物以轮廓表示为主，要注意描绘其攀缘线。如果是在建筑小品周围攀缘的植物应在不影响建筑结构平面表现的条件下作示意。立面、效果表现攀缘植物时也应注意避让主体结构，作适当的表达，如图 4-12 所示。

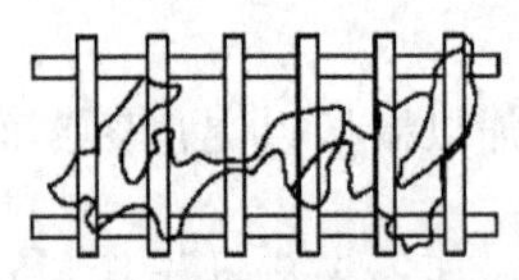
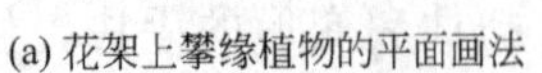
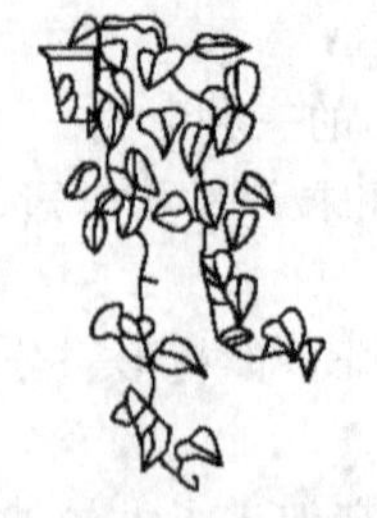

(a) 花架上攀缘植物的平面画法　(b) 攀缘植物的透视画法

图 4-12　攀缘植物的表现方法

5. 花卉的表现方法

花卉在平面图的表达方式与灌木相似，在图形符号上作相应的区别以表示与其他植物类型的差异。在使用图形符号时可以用装饰性的花卉图案来标注，效果更为美观贴切。更可以附着色彩，使具有花卉元素的设计平面图具备强烈的感染力。在立面、效果的表现中，花卉在纯墨线或钢笔材料条件下与灌木的表现方式区别不大。附彩的表现图以色彩的色相和纯度变化进行区别，可以获得较明显的效果，如图 4-13 所示。

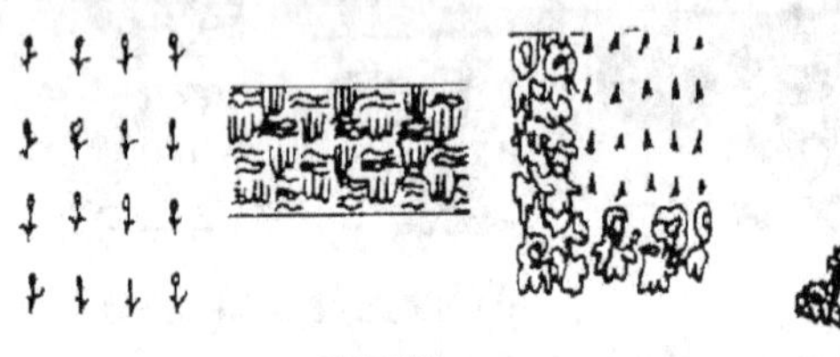
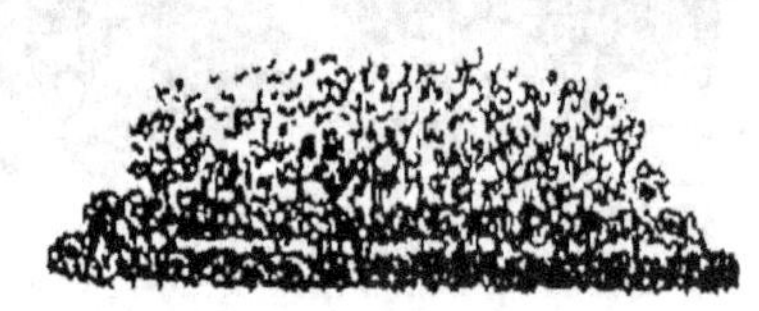

(a) 平面画法　(b) 立面画法

图 4-13　花卉的表现方法

6. 竹子的表现方法

竹子向来是广受欢迎的庭园绿化植物，其种类虽然众多，但其有明显区别于其他木本、被子植物的形态特征，小枝上的叶子排列酷似“个”字，因而在设计图中可充分利用这一特点来表示竹子，如图 4-14 所示。

(b) 平面画法　(b) 透视画法

图 4-14　竹子的表现方法

7. 棕榈科植物的表现方法

棕榈科植物体态潇洒优美，可根据其独特的形态特征以较为形象、直观的方法画出，如图 4-15 所示。

8. 庭园绿化植物的选择

绿化植物是庭园绿化的主体，选择合适的植物种类，是关系到绿化成败的关键之一。绿化植物的选择，在宏观上要顺应生态庭园建设的基本要求，微观上要遵循以下原则。

(1) 适地适树，满足植物生态要求　适地适树就是要选择能适合在绿化地点的环境条件下生长的树种，尊重植物自身的生态习性，也就是说当地的环境条件必须能满足所选择的树种生长发育的要求。

植物除了有其固有的生态习性，还有其明显的自然地理条件特征。每个区域的地带性植物都有各自的生长气候和地理条件背景，经过长期生长与周围的生态系统也达成了良好的互利互补的互生关系。而改变植物的生长环境必然要付出沉重的代价。“大树进城”虽然其初衷是好的，在短期内可以改善城市的绿化面貌，但事实上，很多“大树”是从乡村周围的山上挖来的野生大树和古树名木，这种移植成本太高，恢复生长慢，成活率低，反而“欲速则不达”，不可避免地会引发原生地生态环境恶化的危机。

(2) 满足绿化的主要功能要求　城市不同地域对绿化功能的要求各有侧重。有的地域以

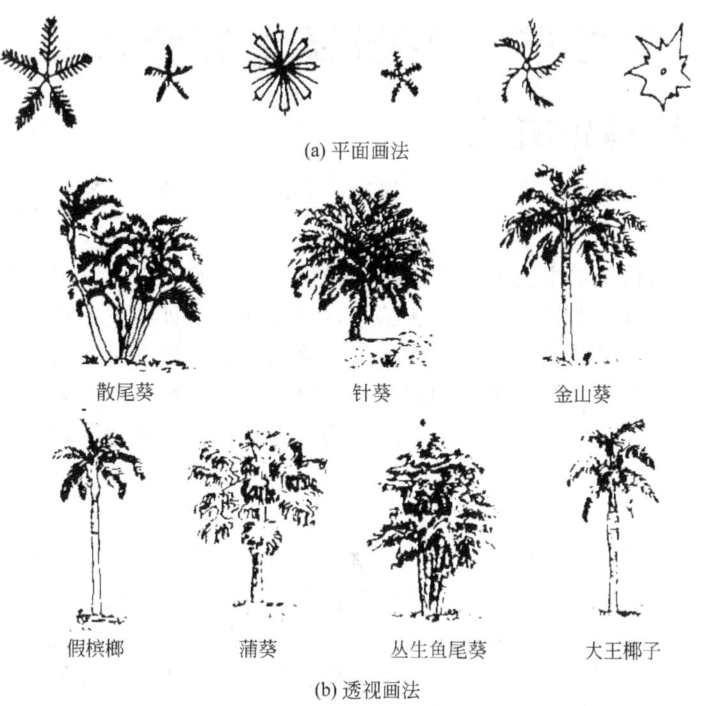

图 4-15 棕榈科植物的表现方法

美化装饰为主，有的以冠大庇荫为主，有的以防护隔离为主。

(3) 适应性强，具有抗污染的性能 要求植物能起良好的防护作用，成为绿色屏障，首先要使植物生长正常。由于城市工业的迅猛发展，在生产过程中均不同程度地产生有害物质，污染空气、水、土壤，进而污染危害植物，影响植物的正常生长。

(4) 病虫害较少，易于管理 城市环境，尤其是工矿区因环境遭受不同程度的污染，影响到植物正常的生长发育。植物生长受到抑制后，抗病虫害的能力减弱，又易感染各种病虫害。因此，应选择生长良好、发病率低的植物。一般来说，乡土树种生命力强、适应性强，能有效地防止病虫害大暴发，常绿与落叶树分隔能有效地阻止病虫害的蔓延，林下植草比单一林地或草地更能有效利用光能、保持水土并易于管理。

(5) 经济实惠 在城市绿化中，要尽可能选用本地区培育的苗木。因当地苗木栽植成活率高、生长好且运输费少，苗木价格低。在庭园绿化中，可适当选择一些不需精心修剪和养护管理，具有一定经济价值的树种，如柿树、核桃等。庭园绿化时，宜将快速生长和慢生长树结合起来，快速生长树能在短期内产生好的效果。多用乡土树种，因乡土树种对当地环境条件较适应，能保证成活，生长良好且成本低。

(6) 植物的选择搭配要注重自身与整体的生态效益 城市绿地要严格选择植物材料，在选择中，除考虑树种的适地适树，注意树种的色彩美和形态美，注意与周围的环境相协调外，在城市生态环境日益恶化的今天，庭园建设中植物材料的选择与搭配上更要考虑其自身以及植物群落的生态效益。

(7) 植物选择还应体现植物造景的作用，展现愉悦的生活空间 植物材料除了美化城市环境、调节生态环境等作用外，长久以来，对某些植物赋予了深厚的文化内涵，与人们的思想感情发生着千丝万缕的联系。

庭院中常用的绿化植物有乔木、灌木与藤本植物、花卉、竹类植物、草坪植物、水生植物等。

第二节　庭园绿化配置设计

一、庭园绿化布局的格式

庭园绿化布局的格式主要有自然式、规则式和混合式三种。

1. 自然式

自然式是庭园绿化布置中能显出自然山水风景特色的布局格式。但这并不是对自然风景的简单模仿，而是汲取自然风景的特点和精华，创造性地设计布置而成。自然式的布局，许多地方和规则式不同：景物的线条，曲线占了显著的位置；地形有起伏，因为自然风景很少有规则式那样平坦的地面；绿化景物的配置不采取对称的关系，而是处于一种潜藏的均衡状态；视线主要观赏的终点常没有明显突出的景物，它们往往是忽隐忽现，或者采取逐渐显露加强的方式来吸引观赏者的注意。

2. 规则式

规则式是所有庭园绿化的形象和配置都整齐明确的布局格式。绿化整齐的配置表现几何学的关系，使这种格式庭园的平面图呈现出几何图案。绿化的配置中多出现明显的对称，线条常以直线为主，所用曲线，也近于几何学上圆弧那样的正整曲线。很多人喜欢规则式庭园，其简练的风格让人感觉安稳、舒适。在严格的几何形态中，繁茂的开花植物可以营造浪漫的效果。规则式庭园的简洁风格使其不仅可以在传统庭园中应用，而且在现代极简主义建筑也能很好地融为一体。

3. 混合式

当庭园的面积较大，特别是地形具有起伏变化时，应该考虑采取混合式布局。在地形有起伏、平整的情况下，正好利用地形的特点，在不同的地形上采用各自适宜的布局格式。在混合式的运用上，常是在大庭园中灵活地分区使用规则式和自然式两种格式。在面积许可的情况下，两种格式的场地之间可以布置过渡性的绿化来衔接，使庭园景观从规则式逐渐演化为自然式，避免骤然的改变，使游赏者不至于感到过分的突兀。

二、庭园绿化布局的原则

对庭园绿化进行植物配置时，要根据一定的布局法则，才能让布局呈现良好的状态。布局的主要原则有统一与变化、调和与对比、韵律与节奏、比例与尺度、主体与从属、均衡与稳定。在运用这些法则来配置绿化的过程中，主要是处理植物材料的美学形状、色彩和质感等。处理时既要注意它们各自的特点，也要注意综合考虑。

1. 统一与变化

植物景观设计时，树形、色彩、线条、质地及比例都要有一定的差异和变化，显示多样性，但又要使它们之间保持一定的相似性，有统一感，这样既生动活泼，又和谐统一。变化太多，整体就会显得杂乱无章，甚至一些局部感到支离破碎，失去美感。过于繁杂的色彩会使人心烦意乱，无所适从，但平铺直叙，没有变化，又会单调呆板。因此，要掌握在统一中求变化，在变化中求统一的原则。

2. 调和与对比

调和与对比是庭园艺术构图的重要手段之一。植物景观设计时要注意相互联系与配合，体现调和的原则，使人具有柔和、平静、舒适和愉悦的美感。找出近似性和一致性，配置在一起才能产生协调感。相反的，用差异和变化可产生对比的效果，具有强烈的刺激感，形成兴奋、热烈和奔放的感受。因此，在植物景观设计中常用对比的手法来突出主题或引人注目。

色彩构图中红、黄、蓝三原色中任一原色同其他两原色混合成的间色组成互补色，从而产生一明一暗、一冷一热的对比色。它们并列时相互排斥，对比强烈，呈现跳跃新鲜的效果。用得好，可以突出主题，烘托气氛。如红色与绿色为互补色，黄色与紫色为互补色，蓝色和橙色为互补色。

3. 韵律与节奏

植物配置中单体有规律地重复，有间隙地变化，在序列重复中产生节奏，在节奏变化中产生韵律。如路旁的行道树用一种或两种以上植物的重复出现形成韵律。一种树等距离排列称为“简单韵律”；两种树木尤其是一种乔木与一种花灌木相间排列，或带状花坛中不同花色分段交替重复等，产生活泼的“交替韵律”。另外，还有植物色彩搭配，随季节发生变化的“季相韵律”；植物栽植由低到高，由疏到密，色彩由淡到浓的“渐变韵律”等。

4. 比例与尺度

比例是指庭园中的景物在体形上具有适当的关系，其中既有景物本身各部分之间长、宽、高的比例关系，又有景物之间个体与整体之间的比例关系。

尺度既有比例关系，又有匀称、协调、平衡的审美要求，其中最重要的是联系到人的体形标准之间的关系，以及人所熟悉的大小关系。

5. 主体与从属

在植物配置中，往往由于环境、经济、苗木等各种因素的影响，人们常把景区分为主体和从属的关系，如绿地以乔木为主体，以灌木、草本为从属，或以大片草坪为主体，以零星乔木、花灌木为从属等。庭园绿化设计中，一般把主景安置在主轴线或两轴线的交点上，从属景物放在轴线两侧或副轴线上。自然式庭园绿地中，主景应放在该地段的重心位置上。主体与从属也表现在植物配置的层次和背景上，为克服景观的单调，宜以乔木、灌木、花卉、地被植物进行多层的配置。

6. 均衡与稳定

这是植物配置时的一种布局方法。各种绿化植物都表现出不同的质量感，在平面上表示轻重关系适当的就是均衡；在立面上表示轻重关系适宜的则为稳定。

在一般情况下庭园景物不可能是绝对对称均衡的，但仍然要获得总体景观上的均衡。这包括各种植物或其他庭园构成要素在体形、数目、质地、线条等各方面的权衡比较，以求得景观效果的均衡。

三、庭园植物配置的季相变化

要想平衡不同季节的景观效果，需要综合考虑庭园植物的整年效果。各地的季节变化程度不同，有些地方四季分明，而有些地方变化比较温和。在季节变化明显的温带地区，除常绿植物外，其他植物都会呈现出不同的四季景观。

（1）春季效果　春天，乔木和灌木会长满新叶，且枝条的结构仍然清晰可见，同时高矮各异的草本植物开始覆满大地。此时，不管是乔灌木还是草本植物，叶片均成为造景主角，其柔嫩的形态尤其惹人怜爱。

（2）夏季效果　夏季中植物繁茂，草本植物逐渐长高，呈现出丰富的纹理变化。在很多庭园中，晚春到盛夏是繁花期。

（3）秋季效果　从盛夏到夏末，许多单株植物茂盛逐渐变得缺乏趣味，因为很多植物花期已过，只能作为绿色的背景元素。在仲秋，逐渐开花的晚花植物与颜色丰富的秋叶背景交相辉映，亮点又逐渐呈现。

(4) 冬季效果　虽然庭园植物在冬季基本处于休眠状态，但仍能展现美丽的外观。大部分草本植物和地被植物的地表部分凋零后，一些乔灌木会露出清晰的轮廓，而一些小枝繁茂的灌木仍会显得非常密实。在其他季节不太显眼的常绿植物会继续保持体态和轮廓，逐渐变成主导景观要素。

四、庭园植物配置的类型

1. 孤植

(1) 孤植的定义　庭园中的优型树，单独栽植时，称为孤植。孤植的树木，称之为孤植树，有时在特定的条件下，也可以是 2～3 株，紧密栽植，组成一个单元。但必须是同一树种，这看起来和单株栽植效果相似。

(2) 孤植的功能　孤植树的主要功能是构图艺术上的需要，作为局部空旷地段的主题，或作为庭园中蔽荫与构图艺术相结合的需要。孤植树作为主景是用以反映大自然中个体植株充分生长发育的景观，外观上要挺拔繁茂，雄伟壮观。

(3) 选择条件　孤植树的选择应具备以下几个基本条件：树的体型巨大、树冠轮廓要富有变化、树姿优美、开花繁茂、并具芳香、季相变化明显、树木不含毒素、不污染环境、花果不易撒落等。如广玉兰、榕树、白皮松、银杏、枫香、槭树、雪松等，均为孤植树中的代表树种。

(4) 适用场所　孤植树作为庭园空间的主景，常用于大片草坪上、花坛中心、小庭园的一角与山石相互成景之处。

2. 对植

(1) 对植的定义　对植是指两株树按照一定的轴线关系做相互对应，成均衡状态的种植方式。

(2) 对植的分类　对植依种植形式的不同分对称种植与不对称种植两种，对称种植多用于规则式种植构图，不对称种植多用于自然式庭园。在自然式庭园中，对植是不对称的，但左右必须是均衡的。对称种植时，必须采用体型大小相同、种类统一的树种，它们与构图中轴线的距离亦需相等。至于不对称种植，树种也必须统一，但体型大小和姿态，则不宜相同，其中与中轴线的垂直距离近者，宜种大些的树，远者宜种小一些的树，并彼此之间要有呼应。对植也可以在一侧种大树一株，而在另一侧种植同种（或不同种）的小树两株。同理类推，两个树丛或树群，只要它们的组合成分相似，也可以进行对植。

(3) 适用场所　主要用于强调公园、建筑、道路、广场的入口，同时结合蔽荫、休息，在空间构图上是作为配景用的。

3. 丛植

(1) 丛植的定义　将树木成丛地种植在一起，称为丛植。丛植通常是由 2～9 株乔木构成的，树丛中加入灌木时，数量可以更多。树丛是庭园绿化中重点布置的一种植物配置类型，它可用两种以上的乔木搭配或乔木、灌木混合配置，有时亦可与山石、花卉相组合。

(2) 丛植的作用　丛植以反映树木群体美的综合形象为主，但这种群体美的形象又是通过个体之间的组合来体现的，彼此之间有统一的联系又有各自的变化，互相对比、互相衬托。同时，组成树丛的每一株植物，也都要能在统一的构图之中表现其个体美。

(3) 丛植的分类　树丛配置的形式分两株配合、三株配合、四株配合、五株配合、六株以上配合等许多种类，如图 4-16 所示。

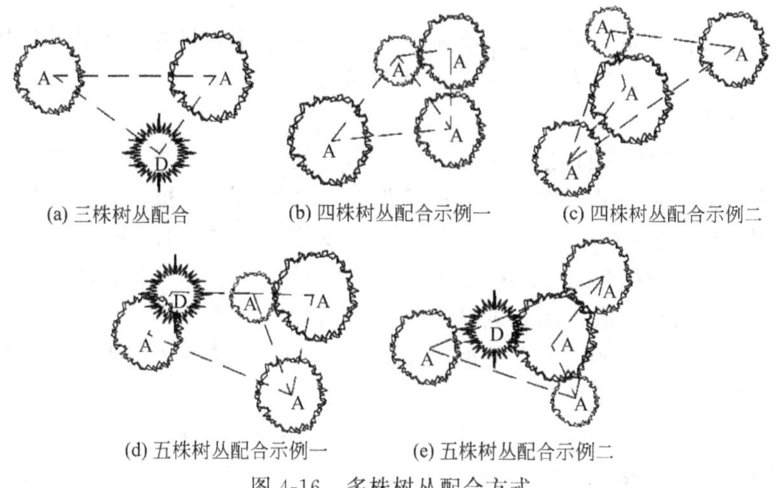

(a) 三株树丛配合　(b) 四株树丛配合示例一　(c) 四株树丛配合示例二

(d) 五株树丛配合示例一　(e) 五株树丛配合示例二

图 4-16　多株树丛配合方式

(4) 选择条件　作为组成树丛的单株树木的条件与孤植树相似，应挑选在蔽阴、树姿、色彩、芳香、季相等方面有特殊价值的树木。

(5) 适用场所　丛植是庭园中普遍应用的方式，可用作主景或配景用，也可作背景或隔离措施。

4. 群植

(1) 群植的定义　群植是以一株或两株乔木为主体，与数种乔木和灌木搭配，组成较大面积的树木群体。树木的数量较多，以表现群体为主，具有“成林”的效果。

(2) 群植的适用场所　群植常设于草坪上，道路交叉处。此外，在池畔、岛上或丘陵坡地，均可设置。组成树群的单株数量一般在 20～30 株以上。

(3) 注意事项　树群所表现的主要为群体美。群植与孤植树和树丛一样，是构图上的主景之一。树群规模不宜太大，构图上要四面空旷。树群的主要形式是混交树群。混交树群大多由乔木层、亚乔木层、大灌木层、小灌木层及多年生草本植被 5 个层次构成。其中每一层都要显露出来，显露部分应该是该植物观赏特征突出的部分。乔木层树冠的姿态要特别丰富，使整个树群的天际线富于变化。亚乔木层选用的树种最好枝繁叶茂，灌木应以花木为主。树群内植物的栽植距离要有疏密变化，树木的组合必须很好地结合生态条件。乔木层应该是阳性树，亚乔木层可以是半阴性的，种植在乔木庇荫下及北面的灌木可以是半阳性和半阴性的，喜暖的植物应该配置在树群的南方和东南方。

5. 林植

(1) 林植的定义　林植是成片、成块大量栽植乔木、灌木，构成林地或森林景观的植物配置类型。

(2) 选择树种条件　林植具有一定的密度和群落外貌。郁闭度达 70%～100%的称为密林，郁闭度为 40%～70%的称为疏林。密林可选用异龄树种，配置大、小耐阴灌木或草本花卉。疏林树种应树冠展开，树荫疏朗，花叶色彩丰富。疏林多与草地结合，成为“疏林草地”，深受人们的喜爱。疏林选择的树种应有较高的观赏价值，生长健壮，树冠疏朗开展，以落叶树为主，做到四季有景可观，疏林中还应注意林木疏密相间，有断有续，自由错落。

(3) 适用场所　林植多用于大面积公共绿地安静区、风景游览区或休息区、疗养区及卫生防护林带。

6. 篱植

(1) 篱植的定义　凡是由灌木或小乔木以近距离的株行距密植，栽成单行或双行，紧密结构的种植形式称为篱植。对应的植物景观就是绿篱。

(2) 篱植的分类。

① 按植物种类及其观赏特性可分为树篱、彩叶篱、花篱、果篱、枝篱、竹篱、刺篱、编篱等，根据园景主题和环境条件精心选择筹划，会取得不俗的植物配置效果。

② 按其高度可分为矮绿篱（0.5m 以下）、中绿篱（0.5～1.5m）、高绿篱（1.5m 以上）、绿墙（2m 以上）。矮篱的主要用途是围定园地和作为装饰；高篱的用途是划分不同的空间，屏障景物。用高篱形成封闭式的透视线，远比用墙垣等有生气。高篱作为雕像、喷泉和艺术设施景物的背景，尤能造成美好的气氛。绿墙主要为供防风之用的常绿外篱。修剪需使用脚手架，故在其两旁需预留狭长的空地。

③ 按养护管理方式可分为自然式和整形式，前者一般只施加少量的调节生长势的修剪，后者则需要定期进行整形修剪，以保持体形外貌。在同一景区，自然式篱植和整形式篱植可以形成完全不同的景观。

(3) 选择的树种条件　作为篱植用的植物长势强健，萌发力强；生长速度较慢；叶子细小，枝叶稠密；底部枝条与内侧枝条不易凋落；抗性强，尤以能抗御城市污染的为佳。

7. 列植、环植、基础种植

(1) 列植　列植是指沿直线或曲线以等距离或在一定变化规律下栽植树木的方式。列植的树种一般比较单一，但考虑到季节的变化，也可用两种以上间栽。常常选用的是落叶树和常绿树的搭配。列植可细分如下：

① 行植　在规则式道路、广场上或围墙边缘，呈单行或多行的，株距与行距相等的种植方法。

② 正方形栽植　按方格网在交叉点种植树木，株行距相等。

③ 三角形栽植　株行距按等边或等腰三角形排列。

④ 长方形栽植　正方形栽植的一种变型，其特点为行距大于株距。

(2) 环植　环植是指同一视野内明显可见、树木环绕一周的列植形式。它一般处于陪衬地位，常应用于树（或花）坛及整形水池的四周。环植多选用灌木和小乔木，形体上要求为规整并耐修剪的树种。树木种类可以单一，亦可两种以上间栽。

(3) 基础种植　基础种植是指用灌木或花卉在建筑物或构筑物的基础周围进行绿化、美化栽植。基础种植的植物高度一般低于窗台，色彩宜鲜艳、浓重。

8. 花坛

(1) 花坛的定义与分类　在一定范围的畦地上按照整形式或半整形式的图案栽植观赏植物以表现花卉群体美的园林设施。花坛的分类方法如下：

① 按其形态可分为立体花坛和平面花坛两类。平面花坛又可按构图形式分为规则式、自然式和混合式 3 种。

② 按观赏季节可分为春花坛、夏花坛、秋花坛和冬花坛。

③ 按栽植材料可分为一年生、二年生草花坛，球根花坛，水生花坛，专类花坛（如菊花坛、翠菊花坛）等。

④ 按表现形式可分为：花丛花坛是用中央高、边缘低的花丛组成色块图案，以表现花卉的色彩美；绣花式花坛或模纹花坛，以花纹图案取胜，通常是以矮小的具有色彩的观叶植物为主要材料，不受花期的限制，并适当搭配些花朵小而密集的矮生草花，观赏期特别长。

⑤ 按花坛的运用方式可分为单体花坛、连续花坛和组群花坛。如今又出现移动花坛，

由许多盆花组成，适用于铺装地面和装饰室内。

（2）设计方法　首先必须从周围的整体环境来考虑所要表现的园景主题、位置、形式、色彩组合等因素。具体设计时可用方格纸，按 1：20～1：100 的比例，将图案、配置的花卉种类或品种、株数、高度、栽植距离等详细绘出，并附实施的说明书。设计者必须对园林艺术理论以及植物材料的生长开花习性、生态习性、观赏特性等有充分的了解。好的设计必须考虑到由春到秋开花不断，做出在不同季节中花卉种类的换植计划以及图案的变化。

（3）选择植物的条件　花坛用草花宜选择株形整齐、具有多花性、开花齐整而花期长、花色鲜明、能耐干燥、抗病虫害和矮生性的品种。常用的有金鱼草、雏菊、金盏菊、翠菊、鸡冠花、石竹、矮牵牛、一串红、万寿菊、三色堇、百日草等。

（4）适用场所　花坛主要用在规则式园林的建筑物前、入口、广场、道路旁或自然式园林的草坪上。我国传统的观赏花卉形式是花台，多从地面抬高数十厘米，以砖或石砌边框，中间填土种植花草。有时在花坛边上围以矮栏，如牡丹台、芍药栏等。

9. 花境

（1）花境的定义　一种花坛，用比较自然的方式种植灌木及观花草本植物，呈长带状，主要是供从一侧观赏之用，称为花境。

（2）分类　花境按所种植物分为一年生植物花境、多年生植物花境和混合栽植的花境，在庭园中，以后者为多。

（3）设计与种植要点　在设计上，花缘宜以宿根花卉为主体，适当配置一些一年生、二年生草花和球根花卉或者经过整形修剪的低矮灌木。一般将较高的种类种在后面，矮的种在前面，但要避免呆板的高矮前后列队，偶尔可将少量高株略向前突出，形成错落有致的自然趣味。为了加强色彩效果，各种花卉应成团成丛种植；并注意各丛团间花色、花期的配合，要求在整体上有自然的调和美。常以篱植、墙垣或灌木丛作背景。花缘的宽度一般为 1～2m，如果地面较宽，最好在花缘与作背景的篱植之间留 1.2～1.3m 空地种上草皮或铺上卵石作为隔离带，以免树根影响花缘植物的生长，又便于对花缘后方植物和绿篱的养护管理。由于宿根花卉会逐年扩大生长面积，所以在最初栽植时，各团丛之间应留有适当空间，并种植一年生、二年生草花或球根花卉填空。对宿根花卉可每三四年换植一次，也可每年更换一部分植株，以利植物的更新和复壮。平日应注意浇水和清除杂草及枯花败叶，保持花缘优美秀丽和生机盎然的状态。初冬应对半耐寒的种类，用落叶、蒿草加土覆盖以便安全越冬。

10. 攀缘绿化

（1）攀缘绿化的定义与作用　攀缘绿化是利用攀缘植物装饰建筑物的一种绿化形式，可以创造生机盎然的氛围。攀缘绿化除美化环境外，还有增加叶面积和绿视率、阻挡日晒、降低气温、吸附尘埃等改善环境质量的作用。攀缘根据其攀缘方式可分为缠绕类、吸附类、卷须类、叶攀类、钩刺类等类型。

（2）攀缘绿化的特点

① 用途多样　攀缘绿化是攀缘植物攀附在建筑物上的一种装饰艺术，绿化的形式能随建筑物的形体而变化。用攀缘植物可以绿化墙面、阳台和屋顶，装饰灯柱、栅栏、亭、廊、花架和出入口等，还能遮蔽景观不佳的建筑物。

② 占地很少　攀缘植物因依附建筑物生长，占地很少，在人口多、建筑密度大、绿化用地不足的城市，尤能显示出攀缘绿化的优越性。

③ 繁殖容易　攀缘植物繁殖方便、生长快、费用低、管理简便。草本攀缘植物当年播种，当年发挥效益。木本攀缘植物，通常用扦插、压条等方法繁殖，易于生根，有的一年可繁殖数次。

（3）植物的选择　攀缘植物的选择，根据绿化场地的性质选择有相应吸附或攀附能力的攀缘植物，例如，墙面绿化覆盖，宜选吸附力强，有吸盘或气生根的植物；花架、阳台、栅栏等的绿化装饰，可选择攀附能力较强、有缠绕茎、卷须或钩刺的植物；此外，要根据攀缘植物的生态习性，因地制宜地选择植物种类。耐寒性较强的爬山虎、忍冬、紫藤、山葡萄等适宜于我国北方栽培；而在我国南方，除上述植物外，还可用常春藤、络石、凌霄、薜荔、常春油麻藤、木香等。喜阳的凌霄、紫藤、葡萄等宜植于建筑物的向阳面；耐阴的常春藤、爬山虎等宜植于建筑物的背阴处。

（4）适用场所　垂直绿化就是绿化与地面垂直的线与面，它包括建筑物的墙面、围墙、栅栏、立柱和花架等方面的绿化，它与地面绿化相对应，在立体空间进行绿化，不仅可以增加建筑物的艺术效果，使环境更加整洁美观、生动活泼，而且具有占地少、见效快、绿化效率高等优点。根据绿化的场所不同，城市绿化可以分为墙面绿化、屋顶绿化、棚架绿化、陡坡绿化等。

五、各种庭园植物的配置

1. 草坪植物

（1）草坪的定义及分类　草坪是庭园中应用最广泛的观赏植物之一。用多年生矮小草本植株密植，并经人工修剪成平整的人工草地称为草坪，不经修剪的长草地域称为草地。草坪的分类方法如图4-17所示。

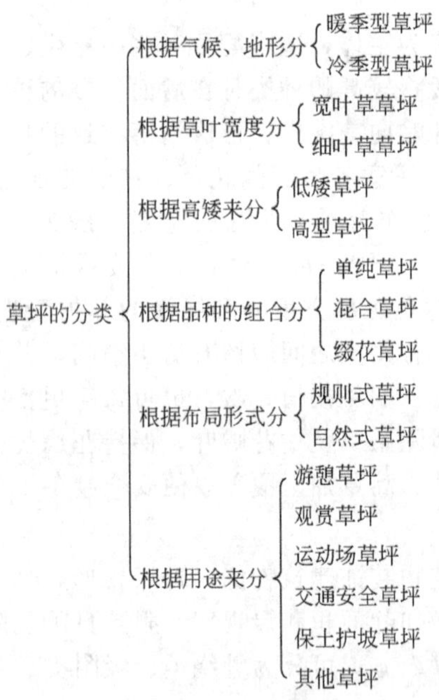

草坪的分类
- 根据气候、地形分
  - 暖季型草坪
  - 冷季型草坪
- 根据草叶宽度分
  - 宽叶草草坪
  - 细叶草草坪
- 根据高矮来分
  - 低矮草坪
  - 高型草坪
- 根据品种的组合分
  - 单纯草坪
  - 混合草坪
  - 缀花草坪
- 根据布局形式分
  - 规则式草坪
  - 自然式草坪
- 根据用途来分
  - 游憩草坪
  - 观赏草坪
  - 运动场草坪
  - 交通安全草坪
  - 保土护坡草坪
  - 其他草坪

图4-17　草坪的分类

（2）草坪草种的选择　要想获得优美、健康的草坪，选择适宜的草坪品种是草坪成功建植的关键。选择草坪草种和品种的第一个基本原则是气候环境适应性原则，一个地区的气候环境草坪草种选择的决定性因素。第二个基本原则就是优势互补及景观一致性原则，即各地应根据建植草坪的目的、周围的庭园景观，以及不同草坪草种和品种的色泽、叶片粗细程度和抗性等，选择出最适宜的草坪草种、品种及其组合。草坪作为庭园绿化的底色，景观一致性原则是达到优美、健康草坪的必要条件。

（3）草坪的植物配置

① 草坪主景的植物配置　庭园中的主要草坪，尤其是自然式草坪一般都有主景。具有特色的孤植树或树丛常作为草坪的主景配置在自然式庭园中。

② 草坪配景植物的配置　为了丰富植物景观，增加绿量，同时创造更加优美、舒适的庭园环境，在较大面积的草坪上，除主景树外，还有许多空间是以树丛（树林）的形式作为草坪配景配置的。配景树丛（树林）的大小、位置、树种及其配置方式，要根据草坪的面积、地形、立意和功能而定。

③ 草坪边缘的植物配置　草坪边缘的处理，不仅是草坪的界限标志，同时又是一种装饰。自然式草坪由于其边缘也是自然曲折的，其边缘的乔木、灌木或草花也应是自然式配置的，既要曲折有致，又要疏密相间，高低错落。草坪与园路最好自然相接，避免使用水泥镶边或用金属栅栏等把草坪与园路截然分开。草坪边缘较通直时，可在离边缘不等距处点缀山石或利用植物组成曲折的林冠线，使边缘富于变化，避免平直与呆板。

（4）草坪花卉的配置　在绿树成荫的庭园中，布置艳丽多姿的露地花卉，可使庭园更加绚丽多彩。露地花卉，群体栽植在草坪上，形成缀花草坪，除其浓郁的香气和婀娜多姿的形态可供人们观赏之外，它还可以组成各种图案和多种艺术造型，在庭园绿地中往往起到画龙点睛的作用。常用的花卉品种有水仙、鸢尾、石蒜、葱兰、三色堇、二月兰、假花生、野豌豆等。

（5）草坪与园路的配置　主路两旁配置草坪，显得主路更加宽广，使空间更加开阔。在次路旁配置草坪，需借助于低矮的灌木，以抬高园路的立面景观，将园路与地形结合设计成曲线，便可营造“曲径通幽”的意境。若借助于观花类植物的配置，则可营造丰富多彩、喜庆浪漫的气氛，还有夹道欢迎之意。小路主要是供游人散步休息的，它引导游人深入园林的各个角落，因此，草坪结合花、灌、乔木往往能创造多层次结构的景观。

另外，在路面绿化中，石缝中嵌草或草皮上嵌石，浅色的石块与草坪形成的对比，可增强视觉效果。此时还可根据石块拼接不同形状，组成多种图案，如方形、人字形、梅花形等图案，设计出各种地面景观，以增加景观的韵律感。

（6）草坪与水体的配置　庭园中的水体可以分为静水和流水。平静的水池，水面如镜，可以映照出天空或地面景物，如在阳光普照的白天，池面水光晶莹耀眼，与草坪的暗淡形成强烈的对比，蓝天、碧水、绿地，令人心旷神怡。草坪与流水的组合，清波碧草，一动一静的对比更能烘托庭园意境。

（7）草坪与建筑的配置　庭园建筑是庭园中利用率高、景观明显、位置和体型固定的主要要素。草坪低矮，贴近地表，又有一定的空旷性，可用来反衬人工建筑的高大雄伟；利用草坪的可塑性可以软化建筑的生硬线条，丰富建筑的艺术构图。要创造一个既是对身体健康有益的生产生活环境，又是一个幽静、美丽的景观环境，这就要求建筑与周围环境十分协调，而草坪由于成坪快、效果明显，常被用作调节建筑与环境的重要素材之一。

（8）草坪与山石的配置　山石一直作为重要的造园要素之一，在坪上布置山石时，必须反复研究、认真思考置石的形状、体量、色泽及其与周围环境（包括地形、建筑、植物、铺垫等）的关系，艺术地处理置石的平面及立体效果，突出山石的瘦、透、皱之美，创造一个统一的空间，再现自然山水之美，实际中常把置石半埋于草坪中，再利用少数花草灌木来装饰，一方面可掩饰置石的缺陷，另一方面又可丰富置石的层次。或者，在草坪上随意地摆设几块山石，也能增加庭园的野趣。

2. 地被植物

（1）地被植物的定义　庭园地被植物，是指那些有一定观赏价值、植株低矮、扩展性强、铺设于大面积裸露平地、坡地或适于阴湿林下和林间隙地等各种环境覆盖地面的多年生草本和低矮丛生、枝叶密集、偃伏性或半蔓性的灌木以及藤本。地被植物比草坪更为灵活，在不良土壤、树荫浓密、树根暴露的地方，可以代替草坪生长（草通常在这些地方不能生长或生长不良）。

（2）地被植物的特点

① 多年生植物，常绿或绿色期较长，且种类繁多、品种丰富。

② 地被植物的枝、叶、花、果富有变化，色彩万紫千红，季相纷繁多样。

③ 具有匍匐性或良好的可塑性，易于造型。

④ 植株相对较为低矮。在庭园配置中，植株的高矮取决于环境的需要，可以通过修剪人为地控制株高，也可以进行人工造型或修饰成模纹图案。

⑤ 繁殖简单，一次种植，多年受益。

⑥ 具有发达的根系，有利于保持水土以及提高根系对土壤中水分和养分的吸收能力，

或者具有多种变态地下器官，如球茎、地下根茎等，以利于贮藏养分，保存营养繁殖体，从而具有更强的自然更新能力。

⑦ 具有较为广泛的适应性和较强的抗逆性，生长速度快，可以在阴、阳、干、湿多种不同的环境条件下生长，能够适应较为恶劣的自然环境，弥补了乔木生长缓慢、下层空隙大的不足，在短时间内可以收到较好的观赏效果。在后期养护管理上，地被植物较单一的大面积草坪，病虫害少，不易滋生杂草，养护管理粗放，不需要经常修剪和精心护理，减少了人工养护的花费的精力。

⑧ 具有较强或特殊净化空气的功能，如有些植物吸收二氧化硫和净化空气能力较强，有些则具有良好的隔声和降低噪声的效果。

⑨ 具有一定的经济价值，如可药用、食用或作为香料原料，可提取芳香油等，以利于在必要或可能的情况下，将建植地被植物的生态效益与经济效益结合起来。

(3) 地被植物选择的标准

① 多年生，植株低矮、高度不超过 100cm。

② 全部生育期在露地栽培。

③ 繁殖容易，生长迅速，覆盖力强，耐修剪。

④ 花色丰富，持续时间长或枝叶观赏性好。

⑤ 具有一定的稳定性。

⑥ 抗性强、无毒、无异味。

⑦ 易于管理，即不会泛滥成灾。

(4) 地被植物的配置　城市庭园绿地植物配置中，植物群落类型多，差异大，地被植物的配置应根据“因地制宜，功能为先，高度适宜，四季有景”的原则统筹配置。另外，在城市生态景观建设中，根据景观的需要，对地被植物要有取舍，在城市生态景观建设中，适于栽植地被植物的地方有：

① 人流量较小但要达到水土保持效果的斜坡地。

② 栽植条件差的地方，如土壤贫瘠、沙石多、阳光被郁闭或不够充足、风力强劲、建筑物残余基础地等的场所。

③ 某些不许践踏的地方，用地被植物可阻止入内。

④ 养护管理很不方便的地方，如水源不足、剪草机难以进入、大树分枝很低的树下、高速公路两旁等地。

⑤ 不经常有人活动的地方。

⑥ 因造景或衬托其他景物需要的地方。

⑦ 杂草太猖獗的地方。

地被植物品种的选择和应用适当，空间和环境资源将会得到更大限度地利用。从美观与适用的角度出发，选择时应注意地被植物的高矮与附近的建筑物比例关系要相称，矮型建筑物适于用匍匐而低矮的地被植物，而高大建筑物附近，则可选择稍高的地被植物；视线开阔的地方，成片地被植物高矮均可，宜选用一些具有一定高度的喜阳性植物作地被成片栽植，反之，如视线受约束或在小面积区域，如空间有限的庭园中，则宜选用一些低矮、小巧玲珑而耐半阴的植物作地被。

3. 水景植物

(1) 基本要求　各类水体的植物配置，不管是静态水景或是动态水景，都离不开植物造景。庭园中的各种水体如湖泊、河川、池泉、溪涧、港汊的植物配置，要符合水体生态环境要求。

(2) 水边的植物配置 水边植物配置应讲究艺术构图。我国庭园中自古水边主张植以垂柳，造成柔条拂水，同时在水边种植落羽松、池松、水杉及具有下垂气根的小叶榕等，均能起到线条构图的作用。但水边植物配置切忌等距种植及整形式修剪，以免失去画意。在构图上，注意应用探向水面的枝、干，尤其是似倒未倒的水边大乔木，以起到增加水面层次和富有野趣的作用。

(3) 驳岸的植物配置 土岸边的植物配置，应结合地形、道路、岸线布局，有近有远，有疏有密，有断有续，曲曲弯弯，自然有趣。石岸线条生硬、枯燥，植物配置原则是露美、遮丑，使之柔软多变，一般配置岸边垂柳和迎春，让细长柔和的枝条下垂至水面，遮挡石岸，同时配以花灌木和藤本植物，如变色鸢尾、黄菖蒲、燕子花、地锦等来进行局部遮挡，增加活泼气氛。

(4) 水面的植物配置 水面景观低于人的视线，与水边景观呼应，加上水中倒影，最宜观赏。水中植物配置用荷花，以体现“接天莲叶无穷碧，映日荷花别样红”的意境。但若岸边有亭、台、楼、阁、榭、塔等庭园建筑时，或者设计中有优美树姿、色彩艳丽的观花、观叶树种时，则水中植物配置切忌拥塞，留出足够空旷的水面来展示倒影。水体中水生植物配置的面积以不超过水面的 1/3 为宜。在较大的水体旁种高大乔木时，要注意林冠线的起伏和透景线的开辟。在有景可映的水面，不宜多栽植水生植物，以扩大空间感，将远山、近树、建筑物等组成一幅“水中画”。

六、庭园种植平面图的绘制

庭园植物种植平面图是表示设计植物的种类、数量、规格、种植位置及类型和要求的平面图样。它是组织种植施工进行养护管理和编制预算的重要依据。

1. 种植平面图的内容

庭园植物种植设计图是用相应的平面图例在图纸上表示设计植物的种类、数量、规格以及庭园植物的种植位置。通常，还在图面上适当的位置，用列表的方式绘制苗木统计表，具体统计并详细说明设计植物的编号、图例、种类、规格（包括树干直径、高度或冠幅）和数量等。在种植平面图附带的植物清单上，所有的植物都应根据乔木、灌木、攀缘植物等进行分类，并按照字母顺序排列，后面附上精确的栽植数量。编纂植物清单的目的就是统计并订购相关植物，因此，采用与植物销售目录页相同的格式，会便于供货商或者园艺师使用。常见园艺销售目录的植物编排顺序：

乔木；灌木；攀缘植物；玫瑰；多年生草本植物；蕨类植物；竹子和草；球根植物；年生和半耐寒植物。

2. 种植平面图的绘制要求

① 在庭园植物种植的平面图中，宜将各种植物按平面图中的图例，绘制在所设计的种植位置上，并应以圆点示出树干位置。树冠大小按成龄后效果最好时的冠幅绘制。为了便于区别树种，计算株数，应将不同树种统一编号，标注在树冠图例内。

② 在规则式的种植平面图中，对单株或丛植的植物宜以圆点表示种植位置，对蔓生和成片种植的植物，用细实线绘出种植范围，草坪用小圆点表示，小圆点应绘得有疏有密，凡在道路、建筑物、山石、水体等边缘处应密，然后逐渐稀疏，作出退晕的效果。

③ 对同一树种在可能的情况下尽量以粗实线连接起来，并用索引符号逐树种编号，索引符号用细实线绘制，圆圈的上半部注写植物编号，下半部注写数量，尽量排列整齐使图面清晰。

3. 种植平面图的绘制过程

① 选择绘图比例，确定图幅。庭园植物种植平面图的比例不宜过小，一般不小于1∶500，否则无法表现植物种类及其特点。

② 确定定位轴线，或绘制直角坐标网。

③ 绘制出其他造园要素的平面位置。将庭园设计平面图中的建筑、道路、广场、山石、水体及其他庭园设施和市政管线等的平面位置按绘图比例绘在图上。

④ 先标明需保留的现有树木，再绘出种植设计内容。

⑤ 编制苗木统计表。在图中适当位置，列表说明所设计的植物编号、植物名称（必要时注明拉丁文名称）、单位、数量、规格及备注等内容。如果图上没有空间，可在设计说明书中附表说明，见表4-1。

表4-1 苗木统计

编号	树种	单位	数量	规格		出圃年龄	备注
				干径/cm	高度/m		
1	垂柳	株	4	5.0		3	
2	白皮松	株	8	8.0		8	
3	油松	株	14	8.0		8	
4	五角枫	株	9	4.0		4	
5	黄栌	株	9	4.0		4	
6	悬铃木	株	4	4.0		4	
7	红皮云杉	株	4	8.0		8	
8	冷杉	株	4	10.0		10	
9	紫杉	株	8	6.0		6	
10	爬地柏	株	100		1.0	2	每丛10株
11	卫矛	株	5		1.0	4	
12	银杏	株	11	5.0		5	
13	紫丁香	株	100		1.0	3	每丛10株
14	暴马丁香	株	60		1.0	3	每丛10株
15	黄刺玫	株	56		1.0	3	每丛8株
16	连翘	株	35		1.0	3	每丛7株
17	黄杨	株	11	3.0		3	
18	水腊	株	7		1.0	3	
19	珍珠花	株	84		1.0	3	每丛12条
20	五叶地锦	株	122		3.0	3	
21	花卉	株	60			1	
22	结缕草	m^2	200				

⑥ 编写设计施工说明，绘制植物种植详图。必要时按苗木统计表中的编号，绘制植物种植详图，说明种植某一植物时挖坑、施肥、覆土、支撑等种植施工要求，如图4-18所示。

⑦ 画指北针式风玫瑰图，注写比例和标题栏。

⑧ 检查并完成全图。

4. 种植平面图的识读

① 看标题栏、比例、指北针（或风玫瑰图）及设计说明。了解工程名称、性质、所处方位（及主导风向），明确工程的目的、设计范围、设计意图，了解绿化施工后应达到的效果。

② 看植物图例、编号、苗木统计表及文字说明。根据图纸中各植物的编号，对照苗木统计表及技术说明，了解植物的种类、名称、规格、数量等，验核或编制种植工程预算。

③ 看图纸中植物种植位置及配置方式。根据植物种植位置及配置方式，分析种植设计方案是否合理，植物栽植位置与建筑及构筑物和市政管线之间的距离是否符合有关设计规范的规定等技术要求。

④ 看植物的种植规格和定位尺寸，明确定点放线的基准。

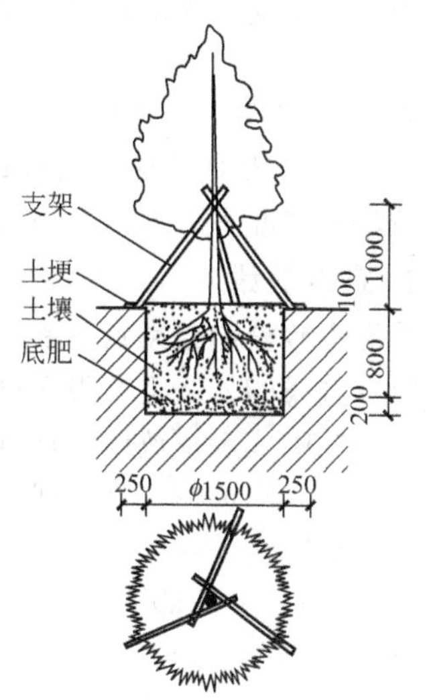

图 4-18　植物种植详图（单位：mm）

⑤ 看植物种植详图，明确具体种植要求，从而合理地组织种植施工。

第三节　庭园绿化栽植与管理

一、乔灌木栽植与管理

乔灌木是庭园景观中十分重要的部分，其施工质量直接影响到景观及绿化效果。只有在充分了解植物个体的生态习性和栽培习性的前提下，根据规划设计意图，按照施工的程序和具体实施要求进行操作，才能保证较高的成活率。树木栽植施工程序一般分为现场准备、定点放线、挖穴、起苗、包装与运输、苗木假植、栽植和养护管理等。

1. 现场准备

（1）清理障碍物　在施工场地上，凡对施工有碍的一切障碍物如堆放的杂物、违章建筑、坟堆、砖石块等要清除干净。一般情况下已有树木凡能保留的尽可能保留。

（2）整理现场　根据设计图纸的要求，将绿化地段与其他用地界限区划开来，整理出预定的地形，使其与周围排水趋向一致。整理工作一般应在栽植前三个月以上的时期内进行。

① 对8°以下的平缓耕地或半荒地，应根据植物栽植必需的最低土层厚度要求，见表4-2。通常翻耕30～50cm深度，以利蓄水保墒。并视土壤情况，合理施肥以改变土壤肥性。平地整地要有一定倾斜度，以利排除过多的雨水。

表 4-2　绿地植物栽植必需的最低土层厚度　　单位：mm

植被类型	草木花卉	草坪地被	小灌木	大灌木	浅根乔木	深根乔木
土层厚度	30	30	45	60	90	150

② 对工程场地宜先清除杂物、垃圾，随后换土。栽植地的土壤含有建筑废土及其他有害成分，如强酸性土、强碱土、盐碱土、重黏土、砂土等，均应根据设计规定，采用客土或改良土壤的技术措施。

③ 对低湿地区，应先挖排水沟降低地下水位防止返碱。通常在栽植前一年，每隔20m左右就挖出一条深1.5～2.0m的排水沟，并将掘起来的表土翻至一侧培成垅台，经过一个

生长季，土壤受雨水的冲洗，盐碱减少，杂草腐烂了，土质疏松，不干不湿，即可在垅台上种树。

④ 对新堆土山的整地，应经过一个雨季使其自然沉降，才能进行整地植树。

⑤ 对荒山整地，应先清理地面，刨出枯树根，搬除可以移动的障碍物，在坡度较平缓，土层较厚的情况下，可以采用水平带状整地。

2. 定点放线

乔灌木栽植前必须认真领会设计意图，并按设计图纸放线。由于树木栽植方式各不相同，定点放线的方法也有很多种，常用的有以下两种。

(1) 规则式栽植放线　规则式栽植是指成行成列式栽植树木。其特点是行列轴线明显、株距相等，如行道树。规则式栽植放线比较简单，可以选地面上某一固定设施为基点，直接用皮尺定出行位或列位，再按株距定出株位。为了保证规则式栽植横平竖直、整齐美观的特点，可于每隔10株株距中间钉一木桩，作为行位控制标记及确定单株位置的依据，然后用白灰点标出单株位置。

(2) 自然式栽植放线　自然式栽植，定点放线应按设计意图保持自然，自然式树丛用白灰线标明范围，其位置和形状应符合设计要求。树丛内的树木分布应有疏有密，不得成规则状，三点不得成行，不得成等腰三角形。树丛中应钉一木牌，标明所种的树种、数量、树穴规格。

① 坐标定点　根据植物配置的疏密度先按一定的比例在设计图及现场分别打好方格，在图上用尺量出树木在某方格的纵横坐标尺寸，再按此位置用皮尺在现场相应的方格内量出树木的位置。

② 仪器测放　用经纬仪或小平板仪依据地上原有基点或建筑物、道路将树群或孤植树依照设计图上的位置依次定出每株的位置。

③ 目测法　对于设计图上无固定点的绿化种植，如灌木丛、树群等可用上述两种方法画出树群树丛的栽植范围，其中每株树木的位置和排列可根据设计要求在所定范围内用目测法进行定点，定点时应注意植株的生态要求并注意自然美观。定好点后，多采用白灰打点或打桩，标明树种、栽植数量（灌木丛树群）、坑径。

3. 挖穴

挖掘栽植穴、槽前，应向有关单位了解地下管线和隐蔽物埋设情况。栽植穴、槽的大小，应根据苗木根系、土球直径和土壤情况而定。必须垂直下挖，使上口和下底相等。在土层干燥地区，应于栽植前浸穴。挖穴、槽后，应施入腐熟的有机肥作为基肥。

① 挖栽植穴、槽的位置应准确，严格以定点放线的标记为依据。

② 穴、槽的规格，应视土质情况和树木根系大小而定。一般要求：树穴直径和深度，应较根系和土球直径加大15～20cm，深度加10～15cm。树槽宽度应在土球外两侧各加10cm，深度加10～15cm，如遇土质不好，需进行客土或采取施肥措施的应适当加大穴槽规格。见表4-3～表4-7。

表4-3　常绿乔木类栽植穴规格　　单位：cm

树　高	土球直径	栽植穴深度	栽植穴直径
150	40～50	50～60	80～90
150～250	70～80	80～90	100～110
250～400	80～100	90～110	120～130
400以上	140以上	120以上	180以上

表 4-4　落叶乔木类栽植穴规格　　单位：cm

胸　径	栽植穴深度	栽植穴直径
2～3	30～40	40～60
3～4	40～50	60～70
4～5	50～60	70～80
5～6	60～70	80～90
6～8	70～80	90～100
8～10	80～90	100～110

表 4-5　花灌木类栽植穴规格　　单位：cm

冠　径	栽植穴深度	栽植穴直径
100	60～70	70～90
200	70～90	90～110

表 4-6　竹类栽植穴规格　　单位：cm

栽植穴深度	栽植穴直径
盘根或土球深	比盘根或土球大
20～40	40～50

表 4-7　绿篱类栽植槽规格（深×宽）　　单位：cm

苗　高	栽植方式	
	单行	双行
50～80	40×40	40×60
100～120	50×50	50×70
120～150	60×60	60×80

③ 挖栽植穴、槽应垂直下挖，穴、槽壁要平滑，上下口径大小要一致，挖出的表土和底土、好土、坏土分别置放。穴、槽壁要平滑，底部应留一土堆或一层活土。挖穴、槽应垂直下挖，上下口径大小应一致，以免树木根系不能舒展或填土不实。

④ 在新垫土方地区挖树穴、槽，应将穴、槽底部踏实。在斜坡挖穴、槽应采取鱼鳞坑和水平条的方法。

⑤ 挖植树穴、槽时遇障碍物，如市政设施、电信、电缆等应先停止操作，请示有关部门解决。

⑥ 栽植穴挖好之后，一般即可开始种树。但若种植土太瘦瘠，就先要在穴底垫一层基肥。基肥一定要用经过充分腐熟的有机肥，如堆肥、厩肥等。基肥层以上还应当铺一层壤土，厚 5cm 以上。土质不好的地段，穴内需换客土。如石砾较多，土壤过于坚实或被严重污染，或含盐量过高，不适宜植物生长时，应换入疏松肥沃的客土。

4. 苗木采购运输

（1）苗木质量要求　保证栽植材料根系发达，生长茁壮，无病虫害，规格及形态符合设计要求。

（2）掘苗与包装　确定具体树种的掘苗、包装方法。如哪些树种带土球，及土球规格、包装要求；哪些树种裸根掘苗，保留根系规格等。确定运苗方法，如用什么车辆和机械、行车路线、遮盖材料和方法及押运人。长途运苗还要提出具体要求。

（3）苗木运输　苗木在运输途中受风吹后易失水、受损伤，因此苗木上要加遮盖；车上要固定好苗木，使它不易移动；在装卸车时，应轻吊轻放，不得损伤苗木和造成散球；下地后最好能及时栽植，因其他原因不能在几天内栽植的，要假植。存放两天以上的，要在苗木上盖好稻草或塑料薄膜，保持树干枝叶湿润；不带土球的根系要使泥浆上保持水分；冬天还要注意防冻、保暖。

5. 苗木假植

苗木运到施工现场后，如未能及时栽植，则应视离栽植时间长短采取“假植”措施。

（1）裸根苗木假植　裸根苗木必须当天栽植。裸树苗木自起苗开始暴露时间不宜超过8h。当天不能栽植的苗木应进行假植。对裸根苗木，一般采取挖沟假植方式，先要在地面挖浅沟，沟深40～60cm。然后将裸根苗木一棵棵紧靠着呈30°角斜栽到沟中，使树梢朝向西边或朝向南边。如树梢向西，开沟的方向为东西向；若树梢向南，则沟的方向为南北向。苗木密集斜栽好以后，在根蔸上分层覆土，层层插实。以后，经常对枝叶喷水，保持湿润。

（2）带土球的苗木假植　带土球的苗木，要运到工地以后，如能很快栽完则可不假植；如1～2d内栽不完时，应集中放好，四周培土，树冠用绳拢好。如假植时间较长时，土球间隙也应填土。假植时，对常绿苗木应进行叶面喷水。

6. 苗木栽植前的修剪

栽植前应进行苗木根系修剪，宜将劈裂根、病虫根、过长根剪除，并对树冠进行修剪，保持地上地下平衡。

（1）乔木类修剪

乔木类修剪应符合下列规定：

① 具有明显主干的高大落叶乔木，应保持原有树形，适当疏枝；对保留的主侧枝应在健壮芽上短截，可剪去枝条1/5～1/3。

② 无明显主干、枝条茂密的落叶乔木，对干径10cm以上者，可疏枝保持原树形；而干径为5～10cm者，可选留主干上的几个侧枝，保持原有树形，进行短截。

③ 枝条茂密、具圆头型树冠的常绿乔木，可适量疏枝。树叶集生于树干顶部者，可不修剪。具轮生侧枝的常绿乔木用作行道树时，可剪除基部2～3层轮生侧枝。

④ 常绿针叶树不宜修剪，只剪除病虫枝、枯死枝、生长衰弱枝、过密的轮生枝和下垂枝。

⑤ 用作行道树的乔木，定干高度宜大于3m，第一分枝点以下的枝条应全部剪除，分枝点以上枝条酌情疏剪或短截，并保持树冠原型。

⑥ 珍贵树种树冠宜作少量疏剪。

（2）灌木及藤蔓类修剪

灌木及藤蔓类修剪应符合下列规定：

① 带土球或湿润地区带宿土裸根苗木及上年花芽分化的开花灌木不宜修剪，当有枯枝、病虫枝时应予剪除。

② 枝条茂密的大灌木，可适量疏枝。

③ 对嫁接灌木，应将接口以下砧木萌生枝条剪除。

④ 分枝明显、新枝着生花芽的小灌木，应顺其树势适当强剪，促生新枝，更新老枝。

⑤ 用作绿篱的乔灌木，可在种植后按设计要求整形修剪。苗圃培育成型的绿篱，种植后应加以整修。

⑥ 攀缘类和蔓性苗木可剪除过长部分。攀缘上架苗木可剪除交错枝、横向生长枝。

7. 栽植

庭园乔灌木栽植前应按大小分级，使相邻的苗大小基本一致。树木栽植的深度应以新土下沉后树木原来的土印与土面相平或稍低于土面为准。主干较高的大树，栽植方向应保持原生长方向，以免冬季树皮被冻裂或夏季受日灼危害。若无冻害或日灼，应把树形最好的一面朝向主要观赏面。

（1）裸根苗的栽植　在栽植苗木时，一般应施入一定量的有机肥料，将表土和一定量的农家肥混匀，施入沟底或坑底作为底肥。具体栽植时，一般一人扶正苗木，一人填入拍碎湿润表土。填土约达穴深的1/2时轻提苗，使根自然向下舒展，然后用木棍捣实或用脚踩实。继续填土至满穴，再捣实或踩实一次，最后盖上一层土与地相平或略高，使填的土与原根茎痕相平或略高3～5cm。埋完土后平整地面或筑土堰，便于浇水。

（2）带土球苗的栽植　在土球四周下部垫入少量的土，使树直立稳定，然后剪开包装材料，将不易腐烂的材料一律取出。为防止栽后灌水土塌树斜，填土一半时，用木棍将土球四周的松土捣实，填到满穴再捣实一次（注意不要将土球弄散），盖上一层土与地面相平或略高，最后把捆拢树冠的绳索等解开取下。

8. 栽植后的养护管理

庭园乔灌木按设计栽植完毕后，为了巩固绿化成果，提高植树成活率，还必须加强后期养护管理工作。木本植物栽后管理工作主要包括立支柱、开堰、作畦、灌水、封堰、中耕除草、施肥、病虫害防治等。

（1）立支柱　为防止大规格苗（如行道树苗）灌水后歪斜，或受大风影响成活，栽后应立支柱。立柱常用通直的木棍、竹竿作支柱，长度以能支撑树苗1/3～1/2处即可。一般用长1.5～2m、直径5～6cm的支柱。可在种植时埋入，也可在种植后再打入（入土地20～30cm）。栽后打入的，要避免打在根系上和损坏土球。

（2）开堰、作畦　单株树木定植后，在栽植穴的外缘用细土筑起15～20cm高的土埂，为开堰（树盘）。连片栽植的树木如绿篱、灌木丛、色块等可按片筑堰为作畦。作畦时保证畦内地势水平。浇水堰应拍平、踏实，以防漏水。

（3）灌水　水是保证植树成活的重要条件，定植后必须连续浇灌几次水，尤其是气候干旱、蒸发量大的地区更为重要。开堰苗木栽好后，应在穴缘处筑起高10～15cm的土堰，拍牢或踩实，以防漏水。浇水栽植后，应于当日内灌透水一遍。所谓透水，是指灌水分2～3次进行，每次都应灌满土堰，前次水完全渗透后再灌一次。隔2～3天后浇第二遍水，隔7天后浇第三遍水。以后14天浇一次，直到成活。对于珍贵和特大树木，应增加浇水次数并经常向树冠喷水，可降低植株温度，减少蒸腾。

（4）封堰

① 扶正在浇完第一遍水后的次日，应检查树苗是否歪斜，发现后应及时扶正，并用细土将堰内缝隙填严，将苗木固定好。

② 中耕是指在浇三遍水之间，待水分渗透后，用小锄或铁耙等工具将土堰内的表土锄松。中耕可以切断土壤的毛细管，减少水分蒸发，有利保墒。

③ 封堰在浇完第三遍水并待水分渗入后，可铲去土堰，用细土填于堰内，形成稍高于地面的土堆。北方干旱多风地区秋季植树，应在树干基部堆成30cm高的土堆，以保持土壤水分，并能保护树根，防止风吹摇动。

（5）中耕除草　苗木经过多次浇水或降雨以后，四周泥土容易紧实，要用锄头将表土耙松。中耕与锄草一般是同时进行。中耕锄草可在晴天进行，也可在雨后1～2d进行，每年至少进行1～2次，也可根据具体情况而定：乔木、大灌木可两年一次，小灌木、草本植物一年多次；主景区、中心区一年多次；边缘区域次数可适当减少。

（6）施肥

① 树木休眠期和栽植前，需施基肥。树木生长期施追肥，可以按照植株的生长势进行。

② 施肥量应根据树种、树龄、生长期和肥源以及土壤理化性状等条件而定。一般乔木胸径在15cm以下的，每3cm胸径应施堆肥1.0kg，胸径在15cm以上的，每3cm胸径施堆肥1.0～2.0kg。树木青壮年期，欲扩大树冠及观花、观果植物，应适当增加施肥量。

③ 乔木和灌木均应先挖好施肥环沟，其外径应与树木的冠幅相适应，深度和宽高均为25～30cm。

④ 施用的肥料种类应视树种、生长期及观赏等不同要求而定。早期欲扩大冠幅，宜施氮肥，观花观果树种应增施磷、钾肥。注意应用微量元素和根外施肥的技术，并逐步推广应用复合肥料。

⑤ 各类绿地常年积肥应广开肥源，以积有机肥为主。有机肥应腐熟后施用。施肥宜在晴天；除根外施肥，肥料不得触及树叶。

（7）病虫害防治　庭园树木病虫害防治方针为“预防为主、综合防治”。

① 叶部病害　白粉病、锈病、炭病、叶斑病、角斑病、黄花病。

② 食叶性害虫　刺蛾、蓑蛾、尺蛾、卷叶蛾、螟蛾、毒蛾、夜蛾、天蛾、舟蛾、大蚕蛾、粉蝶、叶甲、金龟甲、负蝗、叶蜂、蜗牛。

③ 茎干部病害　枝枯病、腐烂病、溃疡病、菟丝子。

④ 钻蛀性害虫　天牛、吉丁虫、木蠹蛾、透翅蛾、蛀螟。

⑤ 根部病害　根癌病、立枯病、白绢病、菌核病、绵腐病、软腐病、疫病、枯萎病、紫纹羽病、线虫病。

⑥ 根部（土壤或地下）害虫　蝼蛄、蛴螬、地老虎。

⑦ 刺吸害虫　蚜虫、蚧虫、粉虱、木虱、蓟马、盲蝽、叶蝉、螨类。

⑧ 刺吸害虫引发病害　煤污病，由刺吸性害虫传播的主要病毒病。

⑨ 杂草　豚草、香附子、水花生。

⑩ 杀虫剂。

a. 食叶性害虫常用农药：苏云菌杆菌、灭幼脲、烟参碱、米满、武大绿洲8号、乐斯本、辛硫磷、杀灭菊酯、敌杀死等。

b. 刺吸性害虫常用农药：吡虫啉类、速扑类、乙酰甲胺磷、克螨特、杀虫素、辛硫磷、杀螟松、花保、皂甘素、阿克泰、艾美乐、天王星等。

c. 地下害虫常用农药。呋喃丹、米乐尔、辛硫磷、美曲膦酯、倍虫隆等。

⑪ 杀菌剂　大生、粉锈宁、甲基托布津、扑海因、世高、百菌清、敌力脱、力克菌、多菌灵、阿米西达。

⑫ 除草剂　2～4滴丁酯、草甘膦、敌草胺、氟乐灵等。

9. 树木的修剪与整形

树木的修剪与整形是一项十分重要的养护管理措施。修剪是指将树体器官的某一部分疏删或短截，达到调节树木生长或更新复壮的目的；一般整形需要通过修剪来实现。整形是指将植物体按人为意愿整理或盘曲成各种特定的形状与姿态，满足观赏方面的要求。

二、花坛植物栽植与管理

1. 花坛栽植

在不同的庭园环境中，花坛种类往往不同。从设计形式来看，花坛主要有盛花花坛、模纹花坛、标题式花坛、立体模型式花坛四个基本类型。在同一个花坛群中，也可以有不同类型的若干个体花坛。把花坛及花坛群搬到地面上去，就必须经过整地、定点放线、起苗、花卉栽种、浇定根水等几道工序。

(1) 整地　花坛施工，整地是关键之一。翻整土地深度，一般为 35～45cm。整地时，要拣出石头、杂物、草根。若土壤过于贫瘠，则应换土地，施足基肥。花坛地面应疏松平整，中心地面应高于四周地面，以避免渍水。根据花坛的设计要求，要整出花坛所在位置的地表形状，如半球面形、平面形、锥体形、一面坡式、龟背式等。

(2) 定点放线　根据设计图和地面坐标系统的对应关系，用测量仪器把花坛群中主花坛中心点坐标测设到地面上，再把纵横中轴线上的其他中心点的坐标测设下来，将各中心点连线即在地面上放出了花坛群的纵横轴线。据此可量出各处个体花坛的中心点，最后将各处个体花坛的边线放到地面上就可以了。

(3) 起苗　裸根苗起苗前，应先给苗圃地浇一次水，让土壤有一定的温度，以免起苗时伤根。起苗时，应尽量保持根系完整，并根据花坛设计要求的植株高矮和花色品种进行掘取，随起随栽。带土球苗，起苗时要注意土球完整，根系丰满。若土壤过于干燥，可先浇水，再掘取。

(4) 栽植

① 从花圃挖起花苗之前，应先灌水浸湿圃地，起苗时根土才不易松散。同种花苗的大小、高矮应尽量保持一致，过于弱小或过于高大的都不要选用。

② 花卉栽植时间，在春、秋、冬三季基本没有限制，但夏季的栽种时间最好在上午 11 时之前和下午 4 时以后，要避开太阳暴晒。

③ 花苗运到后，应即时栽种，不要放了很久才栽。栽植花苗时，一般的花坛都从中央开始栽，栽完中部图案纹样后，再向边缘部分扩展栽下去。在单面观赏花坛中栽植时，则要从后边栽起，逐步栽到前边。宿根花卉与一二年生花卉混植时，应先种植宿根花卉，后种植一二年生花卉；大型花坛，宜分区、分块种植。在单面观赏花坛中栽植时，则要从后边栽起，逐步栽到前边。若是模纹花坛和标题式花坛，则应先栽模纹、图线、字形，后栽底面的植物。在栽植同一模纹的花卉时，若植株稍有高矮不齐，应以矮植株为准，对较高的植株则栽得深一些，以保持顶面整齐。立体花坛制作模型后，按上述方法种植。

④ 花苗的株行距应随植株大小高低而确定，以成苗后不露出地面为宜。植株小的，株行距可为 15cm×15cm；植株中等大小的，可为 20cm×20cm～40cm×40cm；对较大的植株，则可采用 50cm×50cm 的株行距，五色苋及草皮类植物是覆盖型的草类，可不考虑株行距，密集铺种即可。

⑤ 栽植的深度，对花苗的生长发育有很大的影响。栽植过深，花苗根系生长不良，甚至会腐烂死亡；栽植过浅，则不耐干旱，而且容易倒伏；一般栽植深度，以所埋之土刚好与根茎处相齐为最好。球根类花卉的栽植深度，应更加严格掌握，一般覆土厚度应为球根高度的 1～2 倍。

⑥ 栽植完成后，要立即浇一次透水，使花苗根系与土壤密切接合，并应保持植株清洁。

(5) 浇定根水　苗木栽植好后，要浇足定根水，使花苗根系与土壤紧密结合。平时还应除草，剪除残花枯叶。要及时杀灭病虫害，补栽缺株。对模纹式花坛，还应经常整形修剪，保持图案清晰、美观。

2. 花坛后期管理工作

(1) 浇水　花苗栽好后，要不断浇水，以补充土中水分之不足。浇水的时间、次数、灌水量则应根据气候条件及季节的变化灵活掌握。每天浇水时间，一般应安排在上午 10 时前或下午 2～4 时以后。如果一天只浇一次，则应安排傍晚前后为宜；忌在中午气温正高、阳光直射的时间浇水。浇水量要适度，避免花根腐烂或水量不足；浇水水温要适宜，夏季不能低于 15℃，春秋两季不能低于 10℃。

（2）施肥　草花所需要的肥料，主要依靠整地时所施入的基肥。在定植的生长过程中，也可根据需要，进行几次追肥。追肥时，千万注意不要污染花、叶。施肥后应及时浇水。对球根花卉，不可使用未经充分腐熟的有机肥料，否则会造成球根腐烂。

（3）中耕除草　花坛内发现杂草应及时清除，以免杂草与花苗争肥、争水、争光。另外，为了保持土壤疏松，有利花苗生长，还应经常中耕、松土。但中耕深度要适当，不要损伤花根，中耕后的杂草及残花、败叶要及时清除掉。

（4）修剪　为控制花苗的植株高度，促使茎部分蘖，保证花丛茂密、健壮以及保持花坛整洁、美观，应随时清除残花、败叶，经常修剪，以保持图案明显、整齐。

（5）补植　花坛内如果有缺苗现象，应及时补植，以保持花坛内的花苗完美无缺。补植花苗的品种、规格都应和花坛内的花苗一致。

（6）立支柱　生长高大以及花朵较大的植株，为防止倒伏、折断，应设立支柱，将花茎轻轻绑在支柱上。支柱的材料可用细竹竿或定型塑料杆。有些花朵多而大的植株，除立支柱外，还应用铅丝编成花盘将花朵托住。支柱和花盘都不可影响花坛的观瞻，最好涂以绿色。

（7）防治病虫害　花苗生长过程中，要注意及时防治地上和地下的病虫害，由于草花植株娇嫩，所施用的农药，要掌握适当的浓度，避免发生药害。

（8）更换花苗　由于各种花卉都有一定的花期，要使花坛（特别是设置在重点园林绿化地区的花坛）一年四季有花，就必须根据季节和花期，经常进行更换。每次更换都要按照绿化施工养护中的要求进行。

三、垂直绿化栽植与管理

垂直绿化就是使用藤蔓植物在墙面、阳台、窗台、棚架等处进行绿化。许多藤蔓植物对土壤、气候的要求并不苛刻，而且生长迅速，可以当年见效，因此，垂直绿化具有省工、见效快的特点。

1. 垂直绿化栽植形式

（1）绿色藤廊　用钢筋水泥或木材做成各种具有特色的长廊，其顶部用各种支撑物横向支撑，两边栽植各种攀缘藤本植物。如果藤廊较长，可以考虑观果、观花、观叶等多种藤本植物搭配，一种植物栽一段藤廊，形成四季藤廊。

（2）绿色篱笆　沿篱笆两边栽植各具特色的攀缘植物，可形成一道绿色的隔离带。栏杆绿化可选择悬挂类常绿和开花组合栽植的植物，体量小一些，既保持终年常绿，又增加建筑立面的活泼美观。花卉的色彩也要鲜艳醒目，与外环境融合，协调美观。

（3）绿色凉棚　在建筑物能支撑的部位栽植攀缘植物，如在两房之间、门前房后都可以支撑支架，再栽种藤本植物，形成绿色凉棚。在一些较为宽阔的庭园内，可在宅门、车棚、路面、活动空间搭上一个简单、轻巧的棚架，植以紫藤、凌霄、木香、金银花、葡萄、猕猴桃等木质藤木。同一棚架的下部也可混植一些草质开花藤本，如牵牛、茑萝、丝瓜、南瓜等。

（4）绿色墙面　在建筑物的墙脚栽植攀缘植物，植物可沿墙面向上生长，覆盖全部墙面，使建筑物成为“绿色墙面”或“绿色小屋”。一些藤蔓植物能随建筑物形状而变化，无论建筑是方形、尖形、圆形，它都能显出建筑物原有的形体。要产生这样的效果，选择爬山虎、常春藤是最常见的。

（5）绿色围墙 一般指与外界分隔、起保护作用的自家围墙，根据围墙的不同情况，可选择我们所喜爱的藤蔓植物进行栽植，使单调的墙面和立面变成绿色，是克服单调乏味的需要。

2. 垂直绿化的施工准备

① 垂直绿化的施工依据应为技术设计、施工图纸、工程预算及与市政配合的准确栽植位置。

② 大部分木本攀缘植物应在春季栽植，并宜于萌芽前栽完。为特殊需要，雨季可以少量栽植，应采取先装盆或者强修剪、起土球、阴雨天栽植等措施。

③ 施工前，应实地了解水源、土质、攀缘依附物等情况。若依附物表面光滑，应设牵引铅丝。

④ 木本攀缘植物宜栽植三年生以上的苗木，应选择生长健壮、根系丰满的植株。从外地引入的苗木应仔细检疫后再用。草本攀缘植物应备足优良种苗。

⑤ 栽植前应整地。翻地深度不得少于40cm，石块砖头、瓦片、灰渣过多的土壤，应过筛后再补足栽植土。如遇含灰渣量很大的土壤（如建筑垃圾等），筛后不能使用时，要清除40～50cm深、50cm宽的原土，换成好土。在墙、围栏、桥体及其他构筑物或绿地边栽植攀缘植物时，栽植池宽度不得少于40cm。当栽植池宽度在40～50cm时，其中不可再栽植其他植物。如地形起伏时，应分段整平，以利浇水。

⑥ 在人工叠砌的栽植池种植攀缘植物时，栽植池的高度不得低于45cm，内沿宽度应大于40cm，并应预留排水孔。

3. 垂直绿化植物的栽植

① 应按照种植设计所确定的坑（沟）位，定点、挖坑（沟），坑（沟）穴应四壁垂直，低平、坑径（或沟宽）应大于根径10～20cm。禁止采用一锹挖一个小窝，将苗木根系外露的栽植方法。

② 栽植前，在有条件时，可结合整地，向土壤中施基肥。肥料宜选择腐熟的有机肥，每穴应施0.5～1.0kg。将肥料与土拌匀，施入坑内。

③ 运苗前，应先验收苗木，对太小、干枯、根部腐烂等植株不得验收装运。苗木运至施工现场，如不能立即栽植，应用湿土假植，埋严根部。假植超过两天，应浇水管护。对苗木的修剪程度应视栽植时间的早晚来确定。栽植早宜留蔓长，栽植晚宜留蔓短。

④ 栽植时的埋土深度应比原土痕深2cm左右。埋土时应舒展植株根系，并分层踏实。

⑤ 栽植后应做树堰。树堰应坚固，用脚踏实土埂，以防跑水。在草坪地栽植攀缘植物时，应先起出草坪。

⑥ 栽植后24h内必须浇足第一遍水。第二遍水应在2～3d后浇灌，第三遍水隔5～7d后进行。浇水时如遇跑水、下沉等情况，应随时填土补浇。

4. 垂直绿化植物的养护管理

（1）浇水

① 水是攀缘植物生长的关键，在春季干旱天气时，直接影响到植株的成活。

② 新植和近期移植的各类攀缘植物，应连续浇水，直至植株不灌水也能正常生长为止。

③ 要掌握好3～7月份植物生长关键时期的浇水量。做好冬初冻水的浇灌，以有利于防寒越冬。

④ 由于攀缘植物根系浅、占地面积少，因此，在土壤保水力差或天气干旱季节应适当增加浇水次数和浇水量。

（2）牵引

① 牵引的目的是使攀缘植物的枝条沿依附物不断伸长生长。特别要注意栽植初期的牵引。新植苗木发芽后应做好植株生长的引导工作，使其向指定方向生长。

② 对攀缘植物的牵引应设专人负责。从植株栽后至植株本身能独立沿依附物攀缘为止。应依攀缘植物种类不同、时期不同，使用不同的方法。如：捆绑设置铁丝网（攀缘网）等。

（3）施肥

① 施肥的目的是供给攀缘植物养分，改良土壤，增强植株的生长势。

② 施肥的时间：施基肥，应于秋季植株落叶后或春季发芽前进行；施用追肥，应在春季萌芽后至当年秋季进行，特别是 6～8 月雨水勤或浇水足时，应及时补充肥力。

③ 施用基肥的肥料应使用有机肥，施用量宜为每延长米 0.5～1.0kg。

④ 追肥可分为根部追肥和叶面追肥两种。根部施肥又可分为密施和沟施。每两周一次，每次施混合肥每延长米 100g，施化肥为每延长米 50g。

叶面施肥时，对以观叶为主的攀缘植物可以喷浓度为 5%的氮肥尿素，对以观花为主的攀缘植物喷浓度为 1%的磷酸二氢钾。叶面喷肥宜每半月一次，一般每年喷 4～5 次。

⑤ 使用有机肥时必须经过腐熟，使用化肥必须粉碎、施匀；施用有机肥不应浅于 40cm，化肥不应浅于 10cm；施肥后应及时浇水。叶面喷肥宜在早晨或傍晚进行，也可结合喷药一并喷施。

（4）病虫害防治

① 攀缘植物的主要病虫害有：蚜虫、螨类、叶蝉、天蛾、虎夜蛾、斑衣蜡蝉、白粉病等。在防守上应贯彻“预防为主，综合防治”的方针。

② 栽植时应选择无病虫害的健壮苗，勿栽植过密，保持植株通风透光，防止或减少病虫发生。

③ 栽植后应加强攀缘植物的肥水管理，促使植株生长健壮，以增强抗病虫的能力。

④ 及时清理病虫落叶、杂草等，消灭病源虫源，防止病虫扩散、蔓延。

⑤ 加强病虫情况检查，发现主要病虫害应及时进行防治。在防治方法上要因地、因树、因虫制宜，采用人工防治、物理机械防治、生物防治、化学防治等各种有效方法。在化学防治时，要根据不同病虫对症下药。喷布药剂应均匀周到，应选用对天敌较安全，对环境污染轻的农药，既控制住主要病虫的危害，又注意保护天敌和环境。

（5）修剪与间移

① 对攀缘植物修剪的目的是防止枝条脱离依附物，便于植株通风透光，防止病虫害以及形成整齐的造型。

② 修剪可以在植株秋季落叶后和春季发芽前进行。剪掉多余枝条，减轻植株下垂的重量；为了整齐美观也可在任何季节随时修剪，但主要用于观花的种类，要在落花之后进行。

③ 攀缘植物间移的目的是使植株正常生长，减少修剪量，充分发挥植株的作用。间移应在休眠期进行

（6）中耕除草

① 中耕除草的目的是保持绿地整洁，减少病虫发生条件，保持土壤水分。

② 除草应在整个杂草生长季节内进行，以早除为宜。

③ 除草要对绿地中的杂草彻底除净，并及时处理。

④ 在中耕除草时不得伤及攀缘植物根系。

四、水生植物栽植与管理

庭园水生植物的栽植有两种不同的技术途径：一是在池底铺至少 15cm 的培养土，将水

生植物植入土中；二是将水生植物种在容器中，将容器沉入水中。

1. 种植器的选择

① 可结合水池建造时，在适宜的水深处砌筑栽植槽，再加上腐殖质多的培养土。

② 应选用木箱、竹篮、柳条筐等在一年之内不致腐朽的材料，同时注意装土栽种以后，在水中不致倾倒或被风浪吹翻。一般不用有孔的容器，这是因为培养土及其肥效很容易流失到水里，甚至污染水质。

③ 不同水生植物对水深要求不同，同时容器放置的位置也有一定的艺术要求，解决的方法有两种：一是水中砌砖石方台，将容器顶托在适当的深度上，稳妥可靠；二是用两根耐水的绳索捆住容器，然后将绳索固定在岸边，压在石下，如水位距岸边很近，岸上又有假山石散点，较易将绳索隐蔽起来。

2. 土壤的要求

可用干净的园土，细细地筛过，去掉土中的小树枝、草根、杂草、枯叶等，尽量避免用池塘里的稀泥，以免掺入水生杂草的种子或其他有害杂菌。以此为主要材料，再加入少量粗骨粉及一些慢性的氮肥。

3. 水生植物栽植施工

为便于施工，在施工前最好能把池塘水抽干。池塘水抽干后，用石灰或绳划好要做围池（或种植池）的范围，在砌围池墙的位置挖一条下脚沟，下脚沟最好能挖到老底子处。先砌好围池墙，再在围池墙两面砌贴 2～3cm 厚的水泥砂浆，阻止水和植物的根系透围池墙。围池墙也可以使用各种塑料板，塑料板要进到池的老底子处，塑料板之间要有 0.3cm 的重叠，防止水生植物根越过围池。围池墙做好后，再按水位标高添土或挖土地。用土最好是湖泥土、稻田土、黏性土地，适量施放肥料，整平后即可种植水生植物。栽植水生植物，可以在未放水前，也可以在放水后进行。

4. 水生植物养护管理

庭园水生植物的养护管理一般比较简单，栽植后，除日常管理工作之外，还要注意以下几点。

① 检查有无病虫害。

② 检查是否拥挤，一般过 3～4 年需要进行一次分株。

③ 定期施加追肥。

④ 清除水中的杂草。池底或池水过于污浊时要换水或彻底清理。

五、草坪栽植与管理

草坪在庭园中的布置面积比较大，它的建造质量不仅直接影响日后管理工作的难易程度，而且也影响草坪的使用年限，因此，必须高度重视草坪建造的质量。选择草坪品种，要根据所建草坪的主要功能、立地条件及经济实力等因素，因地制宜选用不同的草种、不同的施工方法。

1. 草坪坪床的准备

（1）场地清理

① 在有树木的场地上，要全部或者有选择地把树和灌丛移走，也要把影响下一步草坪建植的岩石、碎砖瓦块以及所有对草坪草生长的不利因素清除掉，还要控制草坪建植中或建植后可能与草坪草竞争的杂草。

② 对木本植物进行清理，包括树木、灌丛、树桩及埋藏树根的清理。

③ 还要清除裸露石块、砖瓦等。在 35cm 以内表层土壤中，不应当有大的砾石瓦块。

（2）翻耕

① 面积大时，可先用机械犁耕，再用圆盘犁耕，最后耙地。

② 面积小时，用旋耕机耕一两次也可达到同样的效果，一般耕深 10～15cm。

③ 耕作时要注意土壤的含水量，土壤过湿或太干都会破坏土壤的结构。看土壤水分含量是否适于耕作，可用手紧握一小把土，然后用大拇指使之破碎，如果土块易于破碎，则说明适宜耕作。土太干会很难破碎，太湿则会在压力下形成泥条。

（3）整地

① 为了确保整出的地面平滑，使整个地块达到所需的高度，按设计要求，每相隔一定距离设置木桩标记。

② 填充土壤松软的地方，土壤会沉实下降，填土的高度要高出所设计的高度，用细质地土壤充填时，大约要高出 15%；用粗质土时可低些。

③ 在填土量大的地方，每填 30cm 就要镇压，以加速沉实。

④ 为了使地表水顺利排出场地中心，体育场草坪应设计成中间高、四周低的地形。

⑤ 地形之上至少需要有 15cm 厚的覆土。

⑥ 进一步整平地面坪床，同时也可把底肥均匀地施入表层土壤中。

2. 种草方法

（1）铺植草皮块

1）铺植草皮块的时间　全年生长季均可进行，但最好于生长季的中期种植，此段时间栽植能确保草坪成型。种植时间过晚，因草当年不能长满栽植地将影响景观。

2）草皮准备　草皮起出后，大块的以 9 块，小块的以 18 块捆成一捆运至现场后应尽早铺植。需放置 3～4d 时，要避免太阳下暴晒。在高温条件下，应洒水保温，以免草皮块失水干枯。

3）草皮铺植方式　目前，草坪施工中多用点栽法、条栽法、密铺法等几种方法。

① 点栽法　点载法也称穴植法。种植时，一人用花铲挖穴，穴深 6～7cm，株距 15～20cm，呈三角形排列；另一人将草皮撕成小块栽入穴中，用细土填穴埋平、拍实，并随手搂平地面，最后碾压一遍，及时浇水。此法种植草比较均匀，形成草坪迅速，但费工费时。

② 条栽法　条栽法比较省工、省草，施工速度快，但形成草坪时间慢，成草也不太均匀。栽植时，一人开沟，沟深 5～6cm，沟距 20～25cm；另一人将草皮撕成小块排于沟内，再埋土、踩实、碾压和灌水。

③ 密铺法　密铺法是指用成块带土垢草皮连续密铺形成草坪的方法。此法具有快速形成草坪且容易管理的优点，常用于要求施工工期短，成型快的草坪作业。密铺法作业除冻土期外，不受季节限制。铺草时，先将草皮切成方形草块，按设计标高拉线打桩，沿线铺草。铺草的关键在于草皮间应错缝排列，缝宽 2cm，缝内填满细土，用木片拍实。最后用碾子滚压，喷水养护，一般 10d 后形成草坪。

（2）铺植草坪草营养体　用草坪草营养建植草坪，可采用速生的草种，将已培育好的草皮取下，撕成小片，以 10～15cm 的间距栽植。在适宜期栽植，经 1～2 个月即可形成密生、美丽的草坪。这种种草方法适用于中型庭园。其操作步骤如下：

① 整好坪床，床土加入肥料，拌和均匀，把床土整平。

② 栽植小草块，把草块撕成丛状小块，散开匍匐茎，均匀地撒播于床上表面，用铁锹拍打草苗，使草的根茎与床土密接，再将过筛细土均匀地撒盖在草苗上。

③ 用铁锹拍打或用磙子碾压，最后充足浇水。两周后匍匐茎开始生长伸展，经一个多

月即能形成密生的草坪。

（3）播种法

① 选种 播种用的草坪，必须选取能适合本地区气候条件的优良草种。选种时，一要重视纯度；二要测定它的发芽率，必须在播种前做好这两项工作。纯度要求在90%以上，发芽率要求在50%以上，从市场购入的外来草籽必须严格检查。混合草籽中的粗草与细草、冷地型草与暖地型草，均应分别进行测定，以免造成不必要的损失。

② 种子的处理 有的种子发芽率不高并不是因为质量不好，而是因为种子形态、生理原因所致，为了提高发芽率，达到苗全、苗壮的目的，在播种前可对种子加以处理。种子处理的方法主要有三种：一是用流水冲洗，如细叶苔草的种子可用流水冲洗数十小时；二是用化学药物处理，如结缕草种子用0.5%的NaOH浸泡48h，用清水冲洗后再播种；三是机械揉搓，如野牛草种子可用机械的方法揉搓掉硬壳。

③ 播种量和播种时间 种子有单播和2～3种混播的。单播时，一般用量为10～20g/m^2。应根据草种、种子发芽率等而定。混播则是在基本种子形成草坪以前的期间内，混合一些覆盖性快的其他种子。例如：早熟禾85%～90%与剪股颖15%～10%。播种时间：暖季型草种为春播，可在春末夏初播种；冷季型草种为秋播，北方最适合的播种时间是9月上旬。

④ 播种方法 有条播和撒播两种方法。条播是在整好的场地上开沟，深5～10cm，沟距15cm，用等量的细土或沙与种子拌匀撒入沟内。不开沟为撒播，播种人应做回纹式或纵横式向后退撒播。播种后轻轻耙土镇压使种子入土地0.2～1cm。播前灌水有利于种子的萌发。

⑤ 播后管理 充分保持土壤温度是保证出苗的主要条件。播种后根据天气情况每天或隔天喷水，幼苗长至3～6cm时可停止喷水，但要经常保持土壤湿润，并要及时清除杂草。

3. 草坪的养护管理

草坪养护最基本的指标是草坪植物的全面覆盖。草坪的养护工作需要了解各草种生长习性的基础上进行，根据立地条件、草坪的功能进行不同精细程度的管理工作。

（1）灌水 对刚完成播种或栽植的草坪，灌溉是一项保证成坪的重要措施。灌溉有利于种子和无性繁殖材料的扎根和发芽。水分供应不足往往是造成草坪建植失败的主要原因。随着新建草坪草的逐渐成长，灌溉次数应逐渐减少，但灌溉强度应逐渐加强。随着单株植物的生长，其根系占据更大的土壤空间，枝条变得更加健壮。只要根区土壤持有足够的有效水分，土壤表层不必持续保持湿润。

人工草坪原则上都需要人工灌溉，尤其是土壤保水性能差的草坪更需人工浇水。除土壤封冻期外，草坪土壤应始终保持湿润，暖季型草主要灌水时期为4～5月和8～10月；冷季型草为3～6月和8～11月；苔草类为3～5月和9～10月。每次浇水以达到300mm土层内水分饱和为原则，不能漏浇，因土质差异容易造成干旱的范围内应增加灌水次数。漫灌方式浇水时，要勤移出水口，避免局部水量不足或局部地段水分过多或“跑水”。用喷灌方式灌水要注意是否有“死角”，若因喷头设置问题，局部地段无法喷到时，应该辅助人工浇灌。

冷季型草草坪还要注意排水，地势低洼的草坪在雨季时有可能造成积水，应该具备排水措施。

（2）施肥 草坪施肥是草坪养护管理的重要环节。通过科学施肥，不但为草坪草生长提供所需的营养物质，还可增强草坪草的抗逆性，延长绿色期，维持草坪应有的功能。高质量草坪初次建造时，除了施入基肥外，每年必须追施一定数量的化肥或有机肥。高质量草坪在返青前，可以施腐熟的麻渣等有机肥，施肥量为50～200g/m^2。修剪次数多的野牛草草坪，当出现草色稍浅时，应施氮肥，以尿素为例，为 10～15g/m^2，8 月下旬修剪后应普遍追氮肥一次。冷季型草的主要施肥时期为 9～10 月，3～4 月视草坪生长状况决定是否施肥，5～8 月非特殊衰弱草坪一般不必施肥。

(3) 修剪　人工草坪必须进行修剪，特别是高质量草坪更需多次修剪。粗放管理的草坪最少在抽穗前应剪两次，达到无穗状态；精细管理的高质量冷季型草以草高不超过 150mm 为原则。具体修剪方法如下：

① 自 5～8 月，野牛草全年剪 2～4 次，最后一次修剪不晚于 8 月下旬。

② 自 5～8 月，结缕草全年剪 2～10 次，高质量结缕草一周剪一次。

③ 大羊胡子草以覆盖裸露地面为目的，基本上可不修剪，但为了提高观赏效果，可剪 2～3 次。

④ 冷季型草以剪除部分叶面积不超过总叶面积的 1/3 确定修剪次数。

第五章

庭园地形设计与施工

第一节　地形概述

一、地形的概念

“地形”为“地貌”的近义词，是庭园景观设计最基本的场地特征。这里的地形是指地势高低起伏的变化，即地表形态，在一定范围内是由岩石、地貌、气候、水文、动植物等各要素相互作用的自然综合体，其坡度或平缓或陡峭。在人工规则式景观中，地形一般表现为不同标高的地坪高差；在自然式景观中，地形地貌较为复杂，主要表现为平原、丘陵、山峰、盆地等。

庭园地形是整个庭园的骨架，所有庭园要构成的景观都建立在地形基础上，无论植物种植还是建筑造景，都离不开地形改造。在庭园工程建设中，或场地平整，或挖坑造池或挖沟埋管，或开槽铺路等，首当其冲的工程就是地形整理和改造，因此，必须做好庭园地形的设计与施工。

二、地形的功能作用

地形在庭园中的功能作用是多方面的，主要表现为以下几个方面。

(1) 分隔空间　地形具有构成不同形状、不同特点庭园空间的作用。庭园空间的形成，是受地形因素直接制约的。地块的平面形状变化，庭园空间在水平方向上的形状也变化。块在竖向上有什么变化，庭园空间的立面形式也就会发生相应的变化。例如，在狭长地块上形成的空间必定是狭长空间，在平坦宽阔的地形上形成的空间一般是开敞空间；而山谷地形中的空间则必定是闭合空间等。这些情况都说明，地形对庭园空间的形状起着决定作用。此外，在造园中，利用地形的高低变化可以有效地分隔限定空间，从而形成不同功能和景观特色的庭园空间。

(2) 控制视线　地形能在庭园景观中将视线导向某一特定点，影响某一固定点的可视景物和可见范围，形成连续观赏的景观序列，或完全封闭通向不悦景物的视线。为了能在环境中使视线停留在某一特殊焦点上，可在视线的一侧或两侧将地形增高，这类地形造成视线的一侧或两侧犹如视野屏障，封锁了视线的分散，从而使视线集中到某一特定的景物上以达到突出这一景物的目的。地形的另一类似功能是构成一系列观赏景点，以此来观赏某一特定空间的景观。

(3) 改善小气候　地形可影响庭园某一区域的光照、温度、风速和湿度等。从采光方面来说，朝南的坡面一年中大部分时间保持较温暖和宜人的状态。从风的角度而言，凸面地形、山脊或土丘等，可以阻挡刮向某一场所的冬季寒风。反过来，地形也可被用来收集和引导夏季风，用以改变局部小气候环境，形成局部的微风。

(4) 美学功能　地形可被当作布局和视觉要素来使用。在大多数情况下，土壤是一种可塑性物质，它能被塑造成具有各种特性、具有美学价值的悦目的实体和虚体。另外，地形有许多潜在的视觉特性，可将地形设计成柔和、自然、美观的形状，这样人们可以轻易地捕捉视线，并使其穿越于景观。

三、地形的类型

不同的地形有着不同的地貌特征，这些对于景观视线、空间塑造和微气候的形成都至关重要。地形可以通过各种途径加以分类，通常将地形分为平地、坡地和山地三大类。

1. 平地

平地是相对平坦的地貌，平坦并不一定是绝对水平，而是地形起伏较缓，让人感觉地面开放空旷，无遮挡。这样的地形限制较少，设计时对穿间的操作较灵活。在庭园中，平地适于建设建筑，铺设广场、停车场、道路，建设游乐场，建设苗圃，铺设草坪草地等。因此，现代公共庭园中必须设有一定比例的平地以供人流集散以及交通、游览需要。

2. 坡地

坡地是指倾斜的地面。园林中可以结合坡地形进行改造，使地面产生明显的起伏变化，增加园林艺术空间的生动性。坡地地表径流速度快，不会产生积水，但是如果地形起伏过大或坡度不大但同一坡度的坡面延伸过长，则容易产生滑坡现象。因此，地形起伏要适度，坡长应适中。坡地按照其倾斜度的大小可以分为缓坡、中坡和陡坡三种，见表 5-1。

表 5-1　坡地的类型

序号	类别	说　明
1	缓坡	坡度为 4%～10%，适宜于运动和非正规的活动，一般布置道路和建筑基本不受地形限制。缓坡地可以修建活动场地、疏林草地、游憩草坪等。缓坡地不宜开辟面积较大的水体，如果要开辟大面积水体，可以采用不同标高水体叠落组合形成，以增加水面层次感。缓坡地植物种植不受地形约束
2	中坡	坡度为 10%～25%，只有山地运动或自由游乐才能积极加以利用，在中坡地上爬上爬下显然很费劲。在这种地形中，建筑和道路的布置会受到限制。垂直于等高线的道路要做成梯道，建筑一般要顺着等高线布置并结合现状进行改造才能修建，并且占地面积不宜过大。对于水体布置而言，除溪流外不宜开辟河湖等较大面积的水体。中坡地植物种植基本不受限制
3	陡坡	坡度为 25%～50%的坡地为陡坡。陡坡的稳定性较差，容易造成滑坡甚至塌方，因此，在陡坡地段的地形改造一般要考虑加固措施，如建造护坡、挡墙等。陡坡上布置较大规模建筑会受到很大限制，并且土方工程量很大。如布置道路，一般要做成较陡的梯道；如要通车，则要顺应地形起伏做成盘山道。陡坡地形更难设计较大面积水体，只能布置小型水池。陡坡地上土层较薄，水土流失严重，植物生根困难，因此陡坡地种植树木较困难，如要对陡坡进行绿化可以先对地形进行改造，改造成小块平整土地，或在岩石缝隙中种植树木，必要时可以对岩石打眼处理，留出种植穴并覆土种植

3. 山地

山地是地表形态的高程和起伏较大的一种地形，其地面坡度在 50%以上。山地根据坡度大小又可分为急坡地和悬坡地两种。急坡地地面坡度为 50%，悬坡地地面坡度在 100%以上。由于山地特别是石山地的坡度较大，因此，在园林地形中往往能表现出奇、险、雄等造景效果。山地上不宜布置较大建筑，只能通过地形改造点缀亭、廊等单体小建筑。山地上道路布置也较困难，在急坡地上，车道只能曲折盘旋而上，游览道需做成高而陡的爬山磴道；而在悬坡地上，布置车道则极为困难，爬山磴道边必须设置攀登用扶手栏杆或扶手铁链。山地上一般不能布置较大水体，但可结合地形设置瀑布、叠水等小型水体。

四、地形造型特点

地形的起伏不仅丰富了庭园景观，而且创造了不同的视线条件，形成了不同风格的空间。地形造型特点见表 5-2。

表 5-2　地形造型特点

序号	项目	内　　容
1	凸地形和凹地形	(1)凸地形　如果地形比周围环境的地形高，则视线开阔，具有延伸性，空间呈发散状，此类地形称为凸地形。它一方面可组织成为观景之地，另一方面由于地形高处的景物往往突出、明显，又可组织成为造景之地。另外，当高处的景物达到一定体量时还能产生一种控制感。 (2)凹地形　如果地形比周围环境的地形低，则视线通常较封闭，且封闭程度取决于凹地的绝对标高、脊线范围、坡面角、树木和建筑高度等，空间呈积聚状，此类地形称为凹地形。凹地形的低凹处能聚集视线，可精心布置景物
2	地形的挡与引	地形可用来阻挡人的视线、行为以及冬季寒风和噪声等，但必须达到一定的体量。地形的挡与引应尽可能利用现状地形，如果现状地形不具备这种条件则需权衡经济和造景的重要性后采取措施。引导视线离不开阻挡，阻挡和引导既可以是自然的，也可以是强加的
3	地形高差和视线控制	如果地形具有一定的高差则能起到阻挡视线和分隔空间的作用。在施工中如能使被分隔的空间产生对比或通过视线的屏蔽，创建令人意想不到的景观，就能够达到一定的艺术效果。对于过渡段的地形高差，如果能合理安排视线的挡引和景物的藏露，也能创造出有意义的过渡地形空间
4	利用地形分隔空间	利用地形可以有效地、自然地划分空间，使之形成具有不同功能或景色特点的区域。在此基础上如果再借助于植物则能增加划分的效果和气势。利用地形划分空间应从功能、现状地形条件和造景几方面考虑，它不仅是分隔空间的手段，而且还能获得空间大小对比的艺术效果

五、土壤的相关知识

地形设计是指对设计区的地形进行立面和平面的改造设计和安排。它受土壤性质及其他自然因素的影响，尤其与土壤的工程性质紧密相关。

1. 土壤容重

单位体积内天然状况下的土壤质量即为土壤容重，单位为 kg/m^3。土壤容重可以作为土壤坚实度的指标之一。同等地质条件下，容重小的，土壤疏松；容重大的，土壤坚实。土壤容重的大小直接影响着施工的难易程度，容重越大挖掘越难。故而在土方工程中，施工技术和定额应根据土壤的类别来确定其标准。

2. 土壤的自然倾斜角及边坡坡度

(1) 土壤的自然倾斜角　土壤的自然倾斜角又称安息角，是指土壤在自然堆积条件下，经自然沉降稳定后的坡面与地平面之间所成的夹角。在地形工程设计时，为了使工程稳定，边坡坡度应参考相应土壤的自然倾斜角的数值。

(2) 土壤边坡坡度　对于地形工程，稳定性是最重要的。在进行土方工程的设计或施工时，应结合工程本身的要求，如填方或挖方、永久性或临时性以及当地的具体条件（如土壤的种类、特征、分层情况、压力情况等），使挖方或填方的坡度符合技术规范的要求。如情况在规范之外，则要根据实地测试来决定。

在工程设计高填或深挖时，应考虑土壤各层分布的土壤性质以及同一土层中土壤所受压力的变化，根据其压力变化采取相应的边坡坡度。如填筑一座高 12m 的山（土壤质地相同），因考虑到各层土壤所承受的压力不同，可按其高度分层确定边坡坡度，如图 5-1 所示。

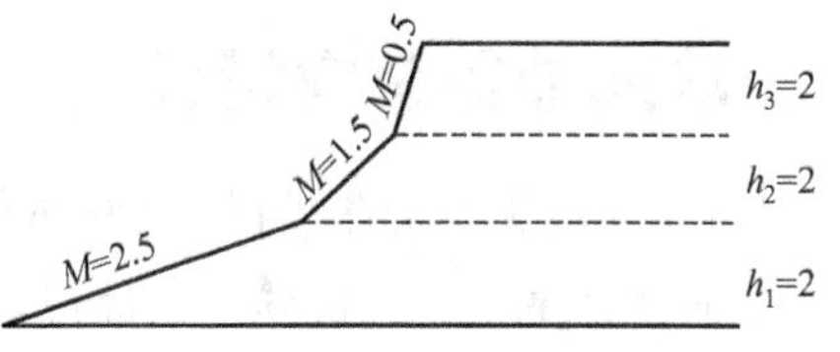

图 5-1　按高度分层确定边坡坡度

由此可见土壤边坡是否合理，直接影响着土方工程的质量与土方的数量，从而也影响到工程投资。

第二节 庭园地形设计

一、庭园设计中地形的作用

地形在庭园景观中主要作用于空间视觉方面，对于营造环境的生态气候也有重要作用，具体表现为以下几个方面。

① 地形可以划分和组织空间，构成整个庭园的空间骨架；还可以组织、控制和引导人的流线和视线，使空间感受丰富多变，形成优美的庭园景观。

② 地形可以提供丰富的种植环境，改善植物种植的条件，提供干、湿、水中以及阴、阳、缓坡等多样性环境，为不同生长习性的植物提供生存空间，并且种植设计结合地形会令形式更加多样，层次更为丰富。

③ 利用地形变化可以创建活动和娱乐项目，丰富空间的功能构成，并形成建筑所需的各种地形条件。

④ 地形与给排水系统结合起来可利用地形自然排水，能为场地的排水组织创造条件。

二、庭园地形设计的原则

（1）因地制宜、适度改造原则　因地制宜是指根据不同的地形特点进行有针对性的设计。充分利用原有的地形地貌，考虑生态学的要求，营造符合生态环境的自然景观，减少对自然环境的破坏和干扰。

地形的处理对庭园景观的布置起着决定性的作用。创造多变的景观效果，首先要进行合理适度的地形改造，满足功能布局的要求，但这种改造要充分尊重原有的地形条件，根据不同的地域和环境条件灵活地组景，有山靠山，有水依水，充分利用自然中的有利因素。如在地形低洼处挖池，据高处堆山，但同时要考虑到因堆山、挖池所占用的陆地面积的比例，减少土石方量的开挖，尽可能少地破坏原有生态环境并减少工程量，节约经济成本。

（2）整体性原则　某区域的景观地形是更大区域环境的一部分，地形具有连续性，它并不能脱离周边环境的影响，因此，对于庭园地形设计要考虑周边地形、建筑等环境的因素。并且地形只是景观中的一个要素，另外还有其他各种要素形式，如水体、植被等，它们之间相互联系、相互影响、相互制约，共同构成景观环境，彼此不可能孤立存在。因此，每块地形的处理都要考虑各种因素的关系，既要保持排水、工程量及种植要求等，又要考虑在视觉形态方面与周围环境融为一体，力求达到最佳的整合效果。

（3）扬长避短原则　在考虑原有地形地貌时，要合理地改造和利用地形，改善环境中不利的地形条件，使之适合整个景观空间的要求，还要充分利用有利的地形条件来组织空间和控制视线，并通过与其他景观要素的配合，力求营造出丰富的空间形态和视觉效果，以满足人们观赏、休息及进行各种活动的需求。

三、庭园地形竖向设计

（一）庭园地形竖向设计的概念

竖向设计是指在一块场地上进行垂直于水平面方向的布置和处理。庭园用地的竖向设计就是庭园中各个景点、各种设施及地貌等在高程上创造高低变化和协调统一的设计。

（二）庭园地形竖向设计的内容

1. 地形设计

地形设计是竖向设计的一项重要内容，通过对地面不同坡度的连续变化处理，可以创造出丰富的地表特征，从而进行空间的初步围合与划分。在进行庭园地形设计时，应注意控制场地的最大坡度，不同的土质具有不同的自然倾斜角。地形设计的原则就是以微地形为主，不做大规模的挖湖堆山，这样既可以节约土方的工程量，微地形又比较容易与工程的其他部分相协调。

2. 景观小品的设计

景观小品（如花架、雕塑、亭、廊等）应标出其地坪高及其与周围环境的高度关系，这些构造物若能结合地形随形就势，就可以在少动土方的前提下，获得最佳的景观效果。

3. 植物种植在高程上的要求

植物是构成风景的重要因素。现代庭园的发展方向是生态庭园，植物造景是生态庭园的重要特征，植物的生长所需要的环境，对竖向设计提出了较高的要求。在进行竖向设计时，应充分考虑为不同的植物创造不同的生活环境条件。植物对地下水很敏感，不同的植物生长习性各不相同，有水生、沼生，有的耐水湿，有的耐干旱。在地下水位较高的地方，应选择栽植喜水的植物；在地下水位较低、较干旱的地方，可选择种植耐旱的树种。即使同为水生植物，每一种所要求的适宜深度也不同，例如，荷花的最佳栽植深度为60～80cm，而睡莲的适宜深度则为25～30cm。

（三）庭园地形竖向设计的方法

庭园地形竖向设计的方法主要有三种，等高线法、断面法和模型法。以下着重介绍等高线法。

1. 等高线法

等高线法在庭园设计中使用最多，一般地形测绘图都是用等高线或点标高表示的。在绘有原地形等高线的底图上用设计等高线进行地形改造或创作，在同一张图纸上便可表达原有地形、设计地形状况及庭园的平面布置、各部分的高程关系。

（1）等高线的概念及性质　等高线是指一组垂直间距相等，平行于水平面的假想面与自然地貌相交所得到的交线在平面上的投影，这些线的高程值可以在平面上反映出地形地势的变化。同一条等高线上的所有点其高程都相等；每一条等高线都是闭合的，不在这一幅图中闭合，必定在邻近的图中闭合；等高线的水平间距大小，表示地形的缓或陡，疏则缓，密则陡；等高线一般不相交或垂直，只有在悬崖处等高线才可能出现相交情况；等高线在图纸上不能直穿或横过河谷、堤岸和道路。

（2）用设计等高线进行竖向设计

① 常用公式。用设计等高线进行设计时，经常要用到下面两种方法：一是用插入法求两相邻等高线之间任意点高程；二是用坡度公式，即：

$$i=\frac{h}{L}$$

式中　i——坡度，%；

h——高差，m；

L——水平间距，m。

② 等高线在地形设计中的具体应用

a. 陡坡变缓坡或缓坡改陡坡　等高线间距的疏密表示着地形的陡缓。在设计时，如果

高差 h 不变，可用改变等高线间距 L 来减缓或增加地形的坡度。如图 5-2(a) 所示，缩短等高线间距使地形坡度变陡。图 5-2(a) 中 $L>L'$，由公式 $i=h/L$ 可得，$i'>i$，因此，坡度变陡了。反之，$L<L'$，则 $i'<i$，因此，坡度减缓了，如图 5-2(b) 所示。

b. 平垫沟谷　在庭园建造过程中，有些沟谷地段需垫平。平垫这类场地可以将平直的设计等高线和拟平垫部分的同值等高线连接。其连接点就是不挖不填的点，也叫“零点”；这些相邻点的连线，叫做“零点线”，也就是垫土的范围。如果平垫工程不需按某一指定坡度进行，则设计时只需将拟平垫的范围在图上大致框出，再以平直的同值等高线连接原地形等高线即可，如前述做法。如要将沟谷部分依指定的坡度平整成场地时，则所设计的设计等高线应互相平行，间距相等。如图 5-3 和图 5-4 所示。

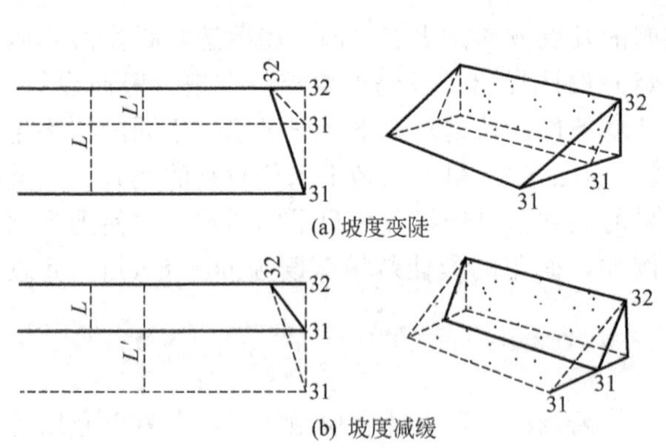

图 5-2　调节等高线的水平距离改变地形坡度（单位：m）

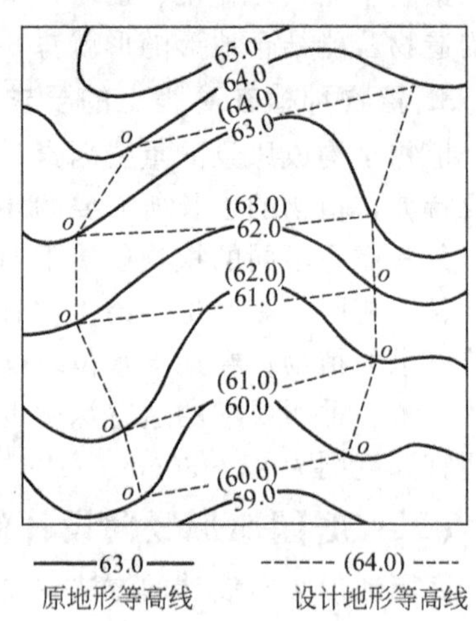

图 5-3　平垫沟谷的等高线设计（单位：m）

c. 削平山脊　将山脊铲平的设计方法和平垫沟谷的方法相同，只是与设计等高线所切割的原地形等高线方向正好相反，如图 5-5 和图 5-6 所示。

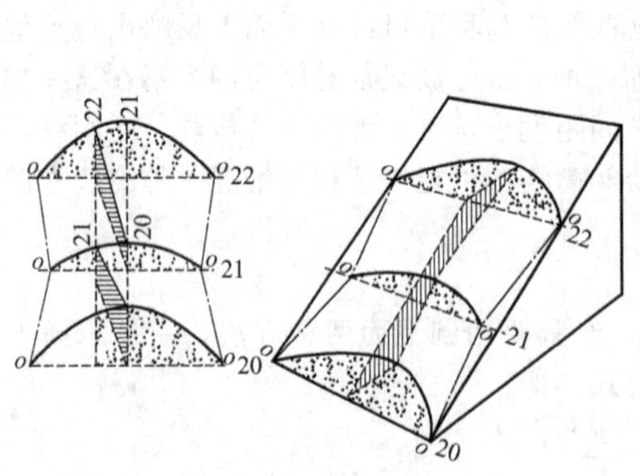

图 5-4　平垫沟谷的等高线（单位：m）

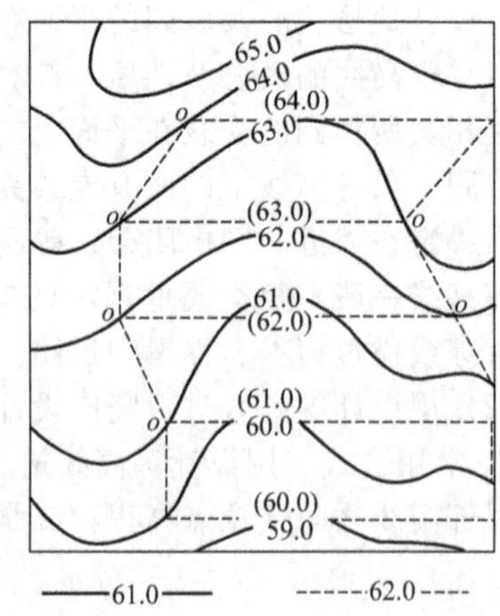

图 5-5　削平山脊的等高线设计（单位：m）

d. 平整场地　庭园中的场地包括铺装的广场、建筑地坪及各种文体活动场地和较平缓的种植地段，如草坪、较宽的种植带等。非铺装场地对坡度要求不那么严格，目的是垫洼平凸，将坡度理顺，而地表坡度则任其自然起伏，排水通畅即可。铺装地面的坡度则要求严格，通常为了排水，最小坡度大于0.5%，一般集散广场坡度为1%～7%，足球场坡度为0.3%～0.4%，篮球场坡度为2%～5%，排球场坡度为2%～5%，这类场地的排水坡度可以是沿长轴的两面坡或沿横轴的两面坡，也可以设计成四面坡，一般铺装场地都采取规则的坡面（即同一坡度的坡面），如图5-7所示。

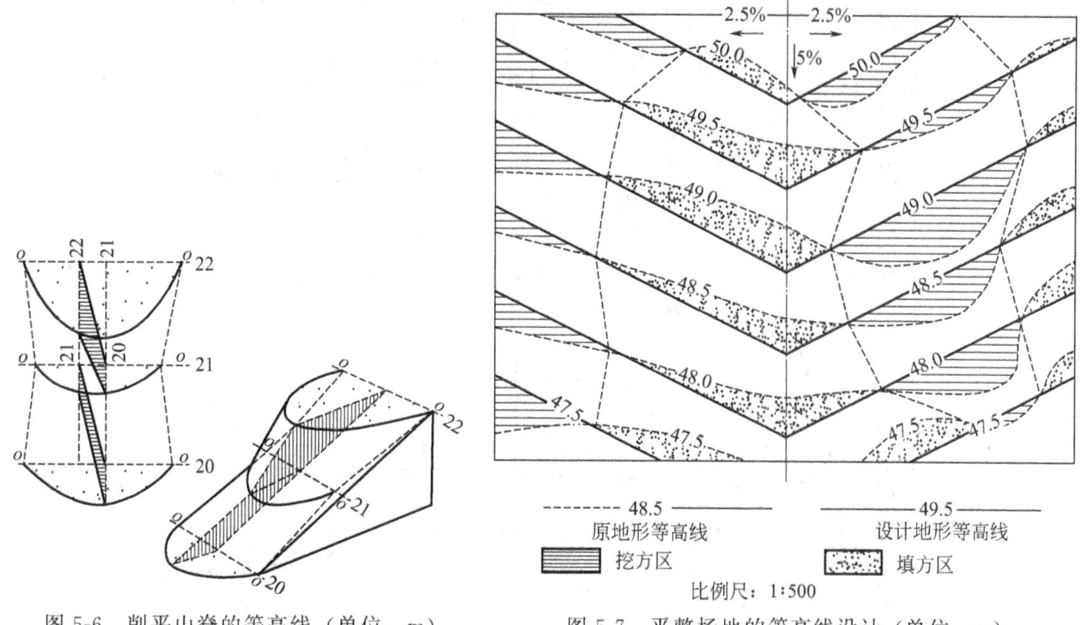

图5-6 削平山脊的等高线（单位：m）

图5-7 平整场地的等高线设计（单位：m）

e. 园路设计等高线的计算和绘制　园路的平面位置，纵、横坡度，转折点的位置及标高经设计确定后，便可按坡度公式确定设计等高线在图面上的位置、间距等，并处理好它与周围地形的竖向关系。

2. 断面法

断面法是用许多断面表示原有地形和设计地形状况的方法，这种方法便于土方量计算，但需要较精确的地形图。断面的取法可沿所选定的轴线取设计地段的横断面，断面间距根据所需精度而定。也可在地形图上绘制方格网，方格边长可依据设计精度确定。设计方法是在每一方格角点上求出原地形标高，再根据设计意图求取该点的设计标高。图5-8为用上述方法绘制的竖向设计图。

3. 模型法

模型法用于表现直观形象、具体的地形，但其制作费、工费的投入较多。大模型不便搬动，如需要保存，还需专门的放置场所，制作方法不在此赘述。

四、庭园土方的平衡与调配

1. 土方平衡与调配概述

土方平衡与调配是指在计算出土方的施工标高、填方区和挖方区的面积及其土方量的基础上，划分出土方调配区；计算各调配区的土方量、土方的平均运距，确定土方的最优调配方案，绘出土方调配图。

土方平衡与调配工作是庭园地形工程设计的一项重要内容，其目的在于使土方运输量或

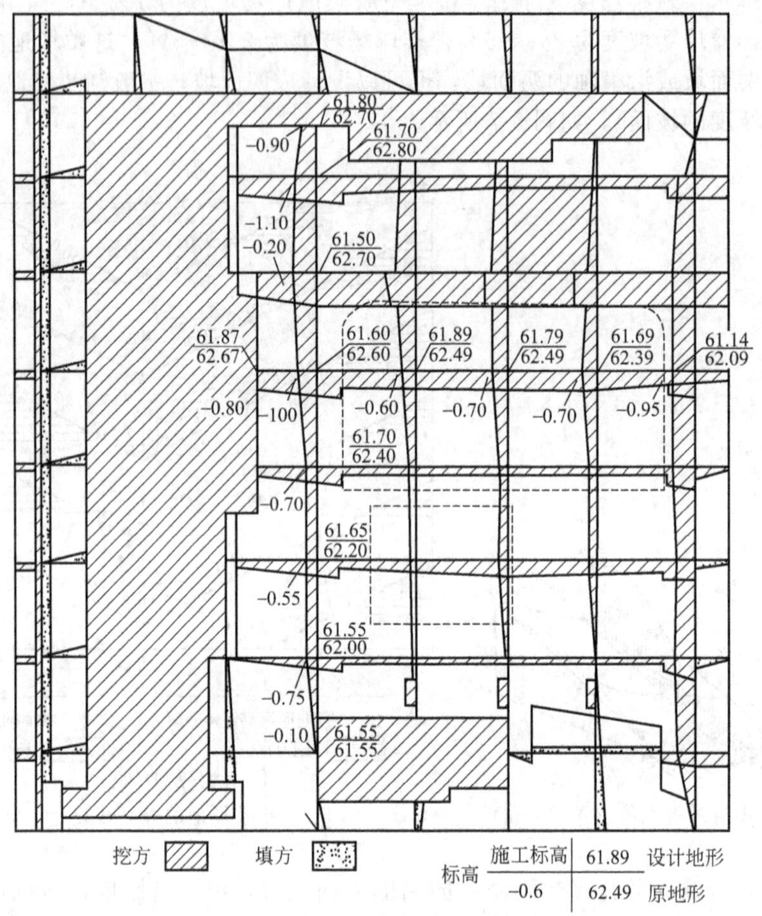

图 5-8　在方格网上按纵断面法所作的设计地形图（局部）（单位：m）

土方成本为最低的条件下，确定填方区和挖方区土方的调配方向和数量，从而达到缩短工期和提高经济效益的目的。

2. 土方平衡与调配的原则

土方平衡与调配必须考虑施工现场的实际情况，大致原则有以下几个方面。

① 与填方基本达到平衡，减少重复倒运。

② 挖（填）方量与运距的乘积之和尽可能为最小，即总土方运输量或运输费用最小。

③ 分区调配与全场调配相协调，避免只顾局部平衡，而破坏全局平衡。

④ 好土用在回填密度较高的地区，避免出现质量问题。

⑤ 土方调配应与地下构筑物的施工相结合，有地下设施的填土，应留土后填。

⑥ 选择恰当的调配方向、运输路线、施工顺序，避免土方运输出现对流和乱流现象，同时便于机具调配和机械化施工。

⑦ 取土或弃土应尽量不占用园林绿地。

3. 土方平衡与调配的步骤与方法

（1）划分调配区　在平面图上先画出挖方区和填方区的分界线，并在挖方区和填方区划分出若干调配区，确定调配区的大小和位置，划分时应注意以下几点。

① 划分应考虑开工及分期施工顺序；

② 调配区大小应满足土方施工使用的主导机械的技术要求；

③ 调配区范围应和土方工程量计算用的方格网相协调。一般可由若干个方格组成一个调配区；

④ 当土方运距较大或场地范围内土方调配不能达到平衡时，可考虑就近借土或弃土。

(2) 计算各调配区土方量　根据已知条件计算出各调配区的土方量，并标注在调配图上。

(3) 计算各调配区之间的平均运距　平均运距指挖方区土方重心与填方区土方重心的距离。一般情况下，可以用作图法近似地求出调配区的重心位置，并标注在图上，用比例尺量出每对调配区的平均运输距离。

(4) 确定土方最优调配方案　用"表上作业法"求解，使总土方运输量为最小值，即为最优调配方案。

(5) 绘出土方调配图　根据以上计算标出调配方向、土方数量及运距（平均运距再加上施工机械前进、倒退和转弯必需的最短长度）。

第三节　庭园土方工程施工

一、土方施工准备工作

在庭园景观工程施工中，土方工程是一项比较艰巨的工作，对土壤要求有足够的稳定性和密实度。在土方施工前，应对庭园工程建设进行认真、周全的准备，合理组织和安排，否则容易造成窝工甚至返工，进而影响工效，带来不必要的浪费。

1. 研究和审查图纸

① 检查图纸和资料是否齐全，核对平面尺寸和标高，核查图纸相互间有无错误和矛盾。

② 掌握设计内容及各项技术要求，了解工程规模、特点、工程量和质量要求。

③ 熟悉土层地质、水文勘察资料。

④ 审查图纸，搞清构筑物与周围地下设施管线的关系。

⑤ 研究好开挖程序，明确各专业工序间的配合关系以及施工工期要求。

⑥ 逐级向参加施工的人员进行技术交底。

2. 勘察施工现场

勘察施工现场时，应摸清工程现场情况，收集施工相关资料，如施工现场的地形、地貌、地质、水文气象、运输道路、植被、邻近建筑物、地下设施、管线、障碍物、防空洞、地面上施工范围内的障碍物和堆积物状况，供水、供电、通信情况，防洪排水系统等。

3. 编制施工方案

在掌握了工程内容与现场情况之后，根据甲方需求的施工进度及施工质量进行可行性分析的研究，制定出符合本工程要求及特点的施工方案与措施。绘制施工总平面布置图和土方开挖图，同时对土方施工的人员、施工机具、施工进度及流程进行周全、细致的安排。

4. 平整、清理施工现场

按设计或施工要求的范围和标高平整场地，将土方弃至规定弃土区。对在施工区域内影响工程质量的软弱土层、淤泥、腐殖土、大卵石、孤石、垃圾、树根、草皮以及不宜作为填土和回填土料的稻田湿土，应分别采取全部挖除或设排水沟疏干、抛填块石或砂砾等方法进行妥善处理。

在施工范围内，凡是有碍于工程的开展或影响工程稳定的地面物和地下物均应予以清理，以便于后续的施工工作正常开展。

5. 做好排水设施

施工场地积水应及时排除。在施工区域内设置临时性或永久性排水沟，将地面水排走或引至低洼处，再设水泵排走；或疏通原有排水泄洪系统。在地下水位高的地段和河池湖底挖方时，必须先开挖先锋沟，设置抽水井，选择排水方向，并在施工前几天将地下水抽干，或保证在施工面 1.5m 以下。施工期间，更需及时抽水。为了保证排水通畅，排水沟的纵坡不应小于 2‰，沟的边坡值为 1∶1.5，沟底宽及沟深不小于 50cm。挖湖施工中的排水沟深度应深于水体挖深深度，沟可一次挖掘到底，也可以依施工情况分层下挖，如图 5-9 所示。

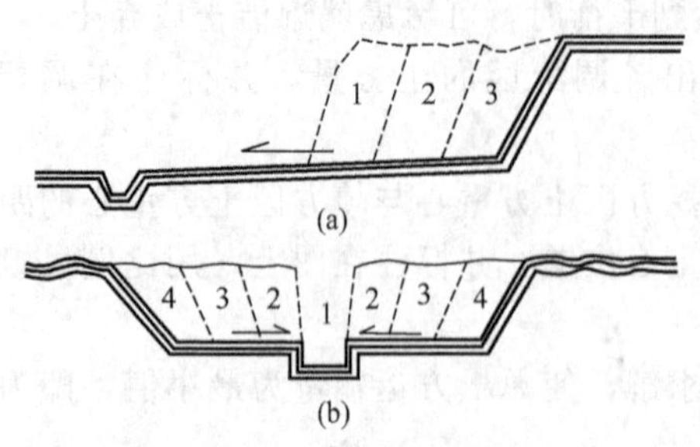

图 5-9　施工场地的排水方法

6. 施工放线

清场之后，为了确定填挖土标高及施工范围，应对施工现场进行放线打桩工作。土方施工类型不同，其打桩放线的方法也不相同。

(1) 平整场地的放线　平整场地的工作是将原来高低不平的、比较破碎的地形按设计要求整理成为平坦的或具有一定坡度的场地，如停车场、草坪、休闲广场、露天表演场等。平整场地常用方格网法。用经纬仪将图纸上的方格测设到地面上，并在每个交点处打下木桩，边界上的木桩依图纸要求设置。木桩的规格及标记方法如图 5-10 所示。木桩应侧面平滑，下端削尖，以便打入土中，桩上应表示出桩号（施工图上方格网的编号）和施工标高（挖土用“+”号，填土用“−”号）。在确定施工标高时，由于实际地形可能与图纸有出入，因此，如所改造地形要求较高，则需要放线时用水准仪重新测量各点标高，以重新确定施工标高。

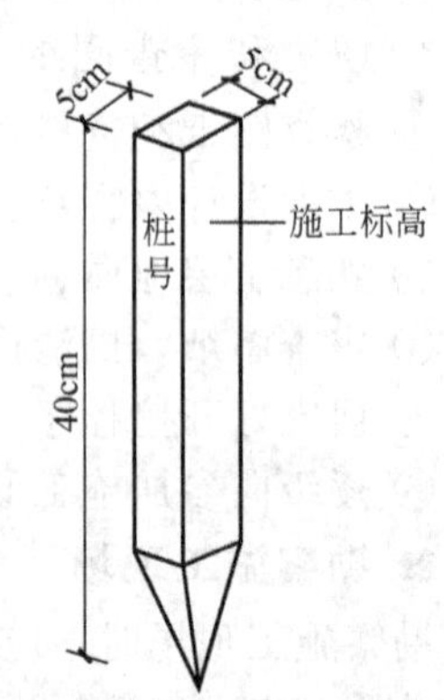

图 5-10　木桩规格及标记

(2) 挖湖（池）、堆山的放线　在挖湖、堆山时，首先，将施工图纸上的方格网测设至地面，然后将堆山或挖湖的边界线以及各条设计等高线与方格网的交点一一标在地面上并打桩（对于等高线的某些弯曲段或设计地形要求较复杂的局部地段，应附加标高桩或者缩小方格网边长并另设方格控制网），以保证施工质量。木桩上也要标明桩号及施工标高。土山不高于 5m 的，可用标杆法，即用长竹竿做标杆，在桩上把每层标高定好，如图 5-11 所示。

挖湖工程的放线和山体放线基本相同，但由于水体挖深一般较一致，而且池底常年隐没在水下，放线可以粗放些，水体底部应尽可能整平，不留土墩。岸线和岸坡的定点放线应该准确，这不仅因为它是水上部分，有造景作用，而且和水体岸坡的稳定也有很大关系。为了精确施工，可以用边坡样板来控制边坡坡度，如图 5-12 所示。

7. 修建临时设施及道路

根据土方和基础工程规模、工期长短、施工力量安排等修建简易的临时性生产和生活设施（如工具库、材料库、油库、机具库、修理棚、休息棚、办公棚等），同时敷设现场供水、供电、供压缩空气（用于爆破石方）管线路，并进行试水、试电、试气。修筑施工场地内机械运行的道路，主要临时运输道路宜结合永久性道路的布置修筑。道路的坡度、转弯半径应符合安全要求，两侧做好排水沟。

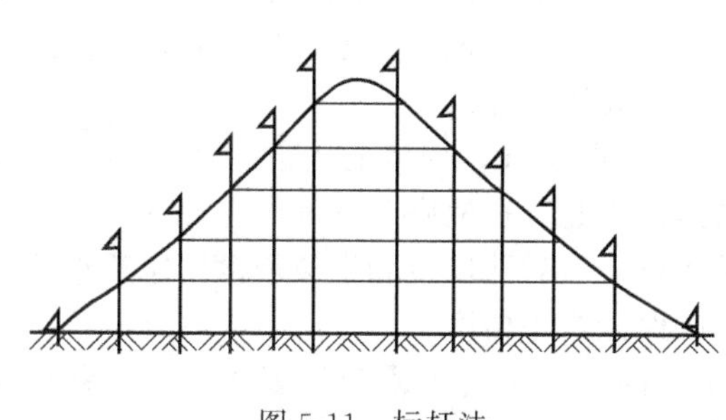
图 5-11　标杆法

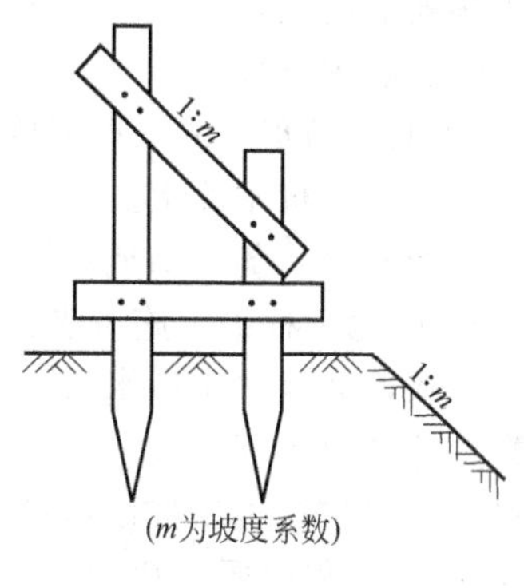

图 5-12　边坡样板

8. 准备机具、物资及人员

准备好挖土、运输车辆及施工用料和工程用料，并按施工平面图堆放，配备好土方工程施工所需的各专业技术人员、管理人员和技术工人等。

二、土方开挖与转运

1. 土方开挖

土方开挖根据场地条件、工程量和施工条件可采用人工施工、机械施工或半机械施工等方法。庭园工程量一般不大，施工点较分散，且施工受场地的限制，因此，一般采用人工施工或半机械化施工。

(1) 人工挖方

① 挖土施工中，一般不垂直向下挖得很深，要有合理的边坡，并要根据土质的疏松或密实情况确定边坡坡度的大小。必须垂直向下挖土的，则在松软土情况下挖深不超过0.7m，中密度土质的挖深不超过1.25m，硬土情况下不超过2m。

② 对岩石地面进行挖方施工，一般要先行爆破，将地表一定厚度的岩石层炸裂为碎块，再进行挖方施工。爆破施工时，要先打好炮眼，装上炸药雷管，待清理施工现场及其周围地带确认爆破区无人滞留之后，才点火爆破。爆破施工的最关键处就是要确保人员安全。

③ 相邻场地、基坑开挖时，应遵循先深后浅或同时进行的施工程序。挖土应自上而下水平分段分层进行，每层0.3m左右。边挖边检查坑底宽度及坡度，不够时及时修整，每3m左右修一次坡，至设计标高再统一进行一次修坡清底，检查坑底宽和标高，要求坑底凹凸不超过1.5cm。在已有建筑物侧挖基坑（槽）应间隔分段进行，每段不超过2m，相邻段开挖应待已挖好的槽段基础完成并回填夯实后进行。

④ 基坑开挖应尽量防止对地基土的扰动。当用人工挖土，基坑挖好后不能立即进行下道工序时，应预留15～30cm一层土不挖，待下道工序开始再挖至设计标高。采用机械开挖基坑时，为避免破坏基底土，应在基底标高以上预留一层人工清理。使用铲运机、推土机或多斗挖土机时，保留上层厚度为20cm；使用正铲、反铲或拉铲挖土时为30cm。

⑤ 在地下水位以下挖土，应在基坑（槽）四周或两侧挖好临时排水沟和集水井，将水位降低至坑槽底以下500mm，以利挖方进行。降水工作应持续到施工完成（包括地下水位下回填土）。

(2) 机械挖方

① 在机械作业之前，技术人员应向机械操作员进行技术交底，使其了解施工技术要求

和施工场地的情况，并深入了解施工场地中定点放线的情况，熟悉桩位和施工标高等，对土方施工做到心中有数。

② 施工现场布置的桩点和施工放线要明显。应适当加高桩木的高度，并在桩木上做出醒目的标志或将桩木漆上显眼的颜色。在施工期间，为避免挖错位置，施工技术人员应和推土机手密切配合，随时随地用测量仪器检查桩点和放线情况。

③ 在挖池工程中，施工坐标桩和标高桩一定要保护好。挖池的土方工程因池水深度变化比较一致，而且放水后水面以下部分不会暴露，因此，在池底部分的挖土作业可以比较粗放，只要挖到设计标高处，并将池底地面推平即可。但对池岸线和岸坡坡度要求很准确的地方，可以用边坡样板来控制边坡坡度的施工，以保证施工精度。

④ 挖土工程中要注意对原地面表土的保护。因为表土的土质疏松肥沃，适于种植园林植物，所以对地面50cm厚的表土层（耕作层）挖方时，要先用推土机将施工地段的这一层表面熟土推到施工场地外围，待地形整理完毕，再把表土推回铺好。

2. 土方转运

在土方调配中，一般都按照就近挖方、就近填方的原则，采取土石方就地平衡的方式。土石方就地平衡可以极大地减小土方的搬运距离，从而能够节省人力，降低施工费用。

① 人工转运土方一般为短途的小搬运。搬运方式有用人力车拉、用手推车推或由人力肩挑背扛等。这种转运方式在有些庭园局部或小型工程施工中常采用。

② 机械转运土方通常为长距离运土或工程量很大时的运土，运输工具主要是装载机和汽车。根据工程施工特点和工程量大小的不同，还可采用半机械化和人工相结合的方式转运土方。另外，在土方转运过程中，应充分考虑运输路线的安排、组织，尽量使路线最短，以节省运力。土方的装卸应有专人指挥，要做到卸土位置准确，运土路线顺畅，能够避免混乱和窝工。汽车长距离转运土方需要经过城市街道时，车厢不能装得太满，在驶出工地之前应当将车轮粘上的泥土全扫掉，不得在街道上撒落泥土和污染环境。

3. 安全措施

① 土方开挖时，两人操作间距应大于2.5m。多台机械开挖，挖土机间距应大于10m。在挖土机工作范围内，不许进行其他作业。挖土应由上而下，逐层进行，严禁先挖坡脚或逆坡挖土。

② 挖土方不得在危岩、孤石的下边或贴近未加固的危险建筑物的下面进行。

③ 土方开挖应严格按要求放坡。开挖操作时，应随时注意土壁的变动情况，如发现有裂纹或部分坍塌现象，应及时进行支撑或放坡，并注意支撑的稳固和土壁的变化。当采取不放坡开挖时，应设置临时支护，各种支护应根据土质及深度经计算确定。

④ 机械多台阶同时开挖，应验算边坡的稳定，挖土机离边坡应有一定的安全距离，以防塌方，造成翻机事故。

⑤ 深基坑上下应先挖好阶梯或支撑靠梯，或开斜坡道，并采取防滑措施，禁止踩踏支撑上下。基坑四周应设安全栏杆。

⑥ 人工吊运土方时，应检查起吊工具。绳索是否牢靠，吊斗下面不得站人。卸土堆应离开坑边一定距离，以防造成坑壁塌方。

三、土方的填筑

1. 一般要求

（1）土料要求　填方土料应符合设计要求，以保证填方的强度和稳定性。如设计无要求，则应符合下列规定。

① 碎石类土、砂土和爆破石渣（粒径不大于每层铺厚的 2/3。当用振动碾压时，不超过 3/4），可用于表层下的填料。

② 含水量符合压实要求的黏性土，可作为各层填料。

③ 碎块草皮和有机质含量大于 8%的土仅用于无压实要求的填方。

④ 淤泥和淤泥质土，一般不能用做填料，但在软土或沼泽地区，经过处理含水量符合压实要求的，可用于填方中的次要部位。

⑤ 含盐量符合规定的盐渍土一般可用作填料，但土中不得含有盐晶、盐块或含盐植物根茎。

（2）填土含水量

① 含水量的大小会直接影响夯实（碾压）质量，在夯实（碾压）前应先试验，以得到符合密实度要求条件下的最优含水量和最少夯实（或碾压）遍数。各种土的最优含水量和最大密实度参考数值见表 5-3。

表 5-3 各种土的最优含水量和最大密实度参考表

土的种类	变动范围		土的种类	变动范围	
	最优含水量（质量比）/%	最大密实度/(t/m³)		最优含水量（质量比）/%	最大密实度/(t/m³)
砂土	8～12	1.80～1.88	粉质黏土	12～15	1.85～1.95
黏土	19～23	1.58～1.70	黏土	16～22	1.61～1.80

注：1. 表中土的最大密实度应以现场实际达到的数字为准。
2. 一般性的回填，可不做此项测定。

② 遇到黏性土或排水不良的砂土时，其最优含水量与相应的最大干密度，应用击实试验测定。

③ 土料含水量通常以手握成团、落地开花为适宜。当含水量过大时，应采取翻松、晾干、风干、换土回填、掺入干土或其他吸水性材料等措施；当土料过干时，则应预先洒水润湿，也可采取增加压实遍数或使用大功能压实机械等措施。

④ 在气候干燥时，为减少土的水分散失，应加速挖土、运土、平土和碾压过程。

（3）基底处理

① 场地回填应先清除基底上草皮、树根，坑穴中积水、淤泥和杂物，并应采取措施防止地表滞水流入填方区浸泡地基，造成基土下陷。

② 当填方基底为耕植土或松土时，应将基底充分夯实或碾压密实。

③ 当填方位于水田、沟渠、池塘或含水量很大的松软土地段，应根据具体情况采取排水疏干，或将淤泥全部挖出换土、抛填片石、填砂砾石、翻松掺石灰等措施进行处理。

④ 当填土场地地面陡于 1/5 时，应先将斜坡挖成阶梯形，阶高 0.2～0.3m，阶宽大于 1m，然后分层填土，以利于接合和防止滑动。

2. 填埋顺序

（1）先填石方，后填土方 土、石混合填方时或施工现场有需要处理的建筑渣土而填方区又比较深时，应先将石块、粗粒废土或渣土填在底层，并紧紧地筑实，然后再将壤土或细土在上层填实。

（2）先填底土，后填表土 在挖方中挖出的原地面表土，暂时堆在一旁，然后将挖出的底土先填入到填方区底层，待底土填好后，再将肥沃表土回填到填方区做面层。

（3）先填近处，后填远处 近处的填方区应先填，待近处填好后再逐渐填向远处。每填一处，均要分层填实。

3. 填埋方式

① 一般的土石方填埋，都应采取分层填筑方式，一层一层地填，不要贪图方便而采取沿着斜坡向外逐渐倾倒的方式，如图 5-13 所示。分层填筑时，在要求质量较高的填方中，每层的厚度应为 30cm 以下，而在一般的填方中，每层的厚度可为 30～60cm。填土过程中，最好能够填一层就筑实一层，层层压实。

② 在自然斜坡上填土时，要注意防止新填土方沿着坡面滑落。为了增加新填土方与斜坡的咬合性，可先把斜坡挖成阶梯状，然后再填入土方。这样，只要在填方过程中做到了层层筑实，便可保证新填土方的稳定，如图 5-14 所示。

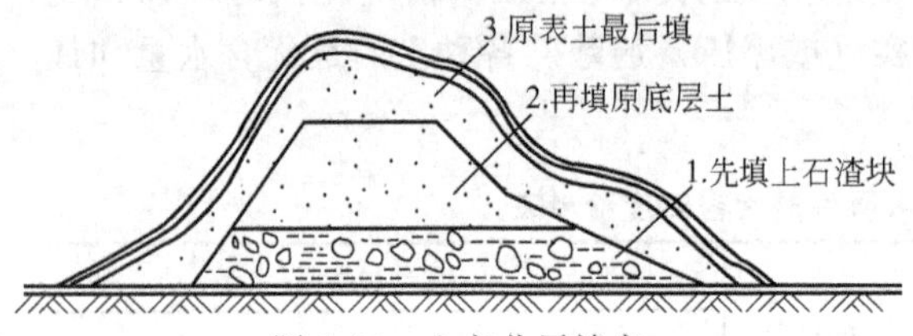

图 5-13　土方分层填实

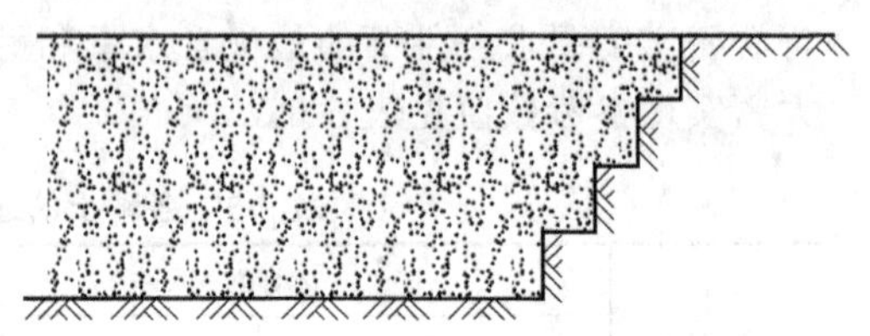
图 5-14　斜坡填土法

四、土方的压实

1. 土方压实的基本要求

① 土方的压实工作应先从边缘开始，逐渐向中间推进。

② 填方时，必须分层堆填、分层碾压夯实。若一次性地填到设计地面高度后才进行碾压打夯，就会造成填方地面上紧下松、沉降和塌陷严重的情况。

③ 碾压、打夯要注意均匀，要使填方区各处土壤密度一致。

④ 在夯实松土时，打夯动作应先轻后重。先轻打一遍，使土中细粉受震落下，填满下层土粒间的空隙，然后再加重打压，夯实土壤。

2. 铺土厚度和压实遍数

填土每层铺土厚度和压实遍数视土的性质、设计要求的压实系数和使用的压（夯）实机具性能而定，一般应进行现场碾（夯）压试验确定。表 5-4 为压实机械和工具每层铺土厚度与所需的碾压（夯实）遍数的参考数值。

表 5-4　填方每层铺土厚度和压实遍数

压实机具	每层铺土厚度/mm	每层压实遍数/遍	压实机具	每层铺土厚度/mm	每层压实遍数/遍
平碾	200～300	6～8	振动压路机	120～150	10
羊足碾	200～350	8～16	推土机	200～300	6～8
蛙式打夯机	200～250	3～4	拖拉机	200～300	8～16
振动碾	60～130	6～8	人工打夯	不大于 200	3～4

注：人工打夯时土块粒径不应大于 5cm。

利用运土工具的行驶来压实时，每层填土厚度不得超过表 5-5 规定的数值。

表 5-5　压实时每层填土的最大厚度　　单位：m

填土方法和采用的运土工具	土的名称		
	粉质黏土和黏土	粉土	砂土
拖拉机拖车和其他填土方法并用机械填平	0.7	1.0	1.5
汽车和轮式铲运车	0.5	0.8	1.2
人推小车和马车运土	0.3	0.6	1.0

注：平整场地和公路的填方，每层填土的厚度，当用火车运土时不得大于 1m，当用汽车和铲运机运土时不得大于 0.7m。

3. 土方的压实方法

土方的压实，根据工程量的大小，可采用人工夯实或机械碾实。

（1）人工夯实 人力打夯前应将填土初步整平，打夯要按一定方向进行，一夯压半夯，夯夯相接，行行相连，两遍纵横交叉，分层打夯。夯实基槽及地坪时，行夯路线应由四边开始，逐渐夯向中间。用蛙式打夯机等小型机具夯实时，一般填土厚度不宜大于25cm，打夯之前对填土应初步平整，打夯机依次夯打，均匀分布，不留间隙。基坑（槽）回填应在相对两侧或四周同时进行回填与夯实。回填管沟时，应由人工先在管子周围填土夯实，并应从管道两边同时进行，直至管顶0.5m以上。在不损坏管道的情况下，方可采用机械填土回填夯实。

（2）机械碾实 为保证填土压实的均匀性及密实度，避免碾轮下陷，提高碾压效率，在碾压机械碾压之前，宜先用轻型推土机、拖拉机推平，低速预压4～5遍，使表面平实。采用振动平碾压实爆破石渣或碎石类土，应先静压，而后振压。

碾压机械压实填方时，应控制行驶速度。一般平碾、振动碾不超过2km/h；羊足碾不超过3km/h，并要控制压实遍数。碾压机械与基础或管道应保持一定的距离，防止将基础或管道压坏或使之位移。用压路机进行填方压实，应采用“薄填、慢驶、多次”的方法，填土厚度不应超过25～30cm；碾压方向应从两边逐渐压向中间，碾轮每次重叠宽度为15～25cm，避免漏压。运行中碾轮边距填方边缘应大于500mm，以防发生溜坡倾倒。边角、边坡、边缘压实不到之处，应辅以人力夯或小型夯实机具夯实。压实密实度，除另有规定外，应压至轮子下沉量不超过1～2cm为度。每碾压一层完后，应用人工或机械（推土机）将表面拉毛以利于接合。土层表面太干时，应洒水湿润后继续回填，以保证上、下层接合良好。

用羊足碾碾压时，填土厚度不宜大于50cm，碾压方向应从填土区的两侧逐渐压向中心。每次碾压应有15～20cm重叠，并随时清除黏着于羊足碾上的土料。为提高上部土层密实度，羊足碾压过后，宜辅以拖式平碾或压路机补充压平压实。用铲运机及运土工具进行压实，铲运机及运土工具的移动须均匀分布于填筑层的全面，逐次卸土碾压。

五、土方放坡处理

在挖方和填方工程中，常常需要对边坡进行处理，使之达到安全、合理的施工目的。土方施工所造成的土坡，都应当是稳定的，不会发生坍塌现象，而要达到这个要求，对边坡的坡度处理就非常重要。不同土质、疏松程度的土方，能够达到边坡的稳定性是不同的。

1. 土壤的自然倾斜角

不同种类和质地的土壤，其自然倾斜角的大小是有区别的。表5-6为常见土壤的自然倾斜角。

表5-6 常见土壤的自然倾斜角

土壤名称	土壤干湿情况			土壤颗粒尺寸/mm
	干的	潮的	湿的	
砾石	40°	40°	35°	2～20
卵石	35°	45°	25°	20～200
粗砂	30°	32°	27°	1～2
中砂	28°	35°	25°	0.5～1
细砂	25°	30°	20°	0.05～0.5

续表

土壤名称	土壤干湿情况			土壤颗粒尺寸/mm
	干的	潮的	湿的	
黏土	45°	35°	15°	<0.001～0.005
壤土	50°	40°	30°	—
腐殖土	40°	35°	25°	—

2. 挖土放坡

由于受土壤的性质、密实度和坡面高度等因素制约，用地的自然放坡有一定限制，其挖方和填方的边坡做法各不相同，即使是岩石边坡的挖、填方边坡，也有所不同。在实际放坡施工处理中，可以参考表 5-7～表 5-9 来考虑自然放坡的坡度允许值（即高宽比）。

挖方工程的放坡做法见表 5-7 和表 5-8，岩石边坡的坡度允许值（高宽比）受石质类别、石质风化程度以及坡面高度三方面因素的影响，见表 5-9。

表 5-7 不同的土质自然放坡坡度允许值

土壤类别	密实度或黏性土状态	坡度允许值(高度比)		土壤类别	密实度或黏性土状态	坡度允许值(高度比)	
		坡高在 2cm 以下	坡度 5～10m			坡高在 2cm 以下	坡度 5～10m
碎石类土	密实	(1∶0.35)～(1∶0.50)	(1∶0.50)～(1∶0.75)	老黏性土	坚硬	(1∶0.35)～(1∶0.50)	(1∶0.50)～(1∶0.75)
					硬塑	(1∶0.50)～(1∶0.75)	(1∶0.75)～(1∶1.00)
	中密实	(1∶0.50)～(1∶0.75)	(1∶0.75)～(1∶1.00)	一般黏性土	坚硬	(1∶0.75)～(1∶1.00)	(1∶1.00)～(1∶1.25)
	稍密实	(1∶0.75)～(1∶1.00)	(1∶1.00)(1∶1.25)		硬塑	(1∶1.00)～(1∶1.25)	(1∶1.25)～(1∶1.50)

表 5-8 一般土壤放坡坡度允许值

土壤类别	坡度允许值(高度比)
黏土、粉质黏土、亚砂土、砂土(不包括细砂、粉砂),深度不超过 5m	(1∶1.00)～(1∶1.25)
土质同上,深度 3～12m	(1∶1.25)～(1∶1.25)
土壤黄土、炎黄土,深度不超过 5cm	(1∶1.00)～(1∶1.25)

表 5-9 岩石边坡放坡坡度允许值

石质类别	风化程度	坡度允许值(高宽比)		石质类别	风化程度	坡度允许值(高宽比)	
		坡度在 8m 以内	坡高 8～15m			坡度在 8m 以内	坡高 8～15m
硬质岩石	微风化	(1∶0.10)～(1∶0.20)	(1∶0.20)～(1∶0.35)	软质岩石	微风化	(1∶0.35)～(1∶0.50)	(1∶0.50)～(1∶0.75)
	中等风化	(1∶0.20)～(1∶0.35)	(1∶0.35)～(1∶0.50)		中等风化	(1∶0.50)～(1∶0.75)	(1∶0.75)～(1∶1.00)
	强风化	(1∶0.35)～(1∶0.50)	(1∶0.50)～(1∶0.75)		强风化	(1∶0.75)～(1∶1.00)	(1∶1.00)～(1∶1.25)

3. 填方边坡

① 填方的边坡坡度应根据填方高度、土的种类和其重要性在设计中加以规定。当设计无规定时，可按表 5-10 采用。

表 5-10 永久性填方边坡的高度限值

土的种类	填方高度/m	边坡坡度	土的种类	填方高度/m	边坡坡度
黏土类土、黄土、类黄土	6	1∶1.50	轻微风化、尺寸25cm内的石料	6以内 6～12	1∶1.33 1∶1.50
粉质黏土、泥灰黏土	6～7	1∶1.50	轻微风化、尺寸大于25cm的石料，边坡用最大石块、分排整齐铺砌	12以内	(1∶1.50)～(1∶0.75)
中砂或粗砂 砾石和碎石土	10 10～12	1∶1.50 1∶1.50	轻微风化、尺寸大于40cm的石料，其边坡分排整齐	5以内 5～10 >10	1∶0.50 1∶0.65 1∶1.00
易风化的岩石	12	1∶1.50			

注：1. 当填方高度超过本表规定限值时，其边坡可做成折线形，填方下部的边坡坡度应为(1∶1.75)～(1∶2.00)。

2. 凡永久性填方，土的种类未列入本表者，其边坡坡度不得大于$(\varphi+45°)/2$，φ为土的自然倾斜角。

用黄土或类黄土填筑重要的填方时，其边坡坡度可参考表 5-11。

表 5-11 黄土或类黄土填筑重要填方的边坡坡度

填土高度/m	自地面起高度/m	边坡坡度	填土高度/m	自地面起高度/m	边坡坡度
6～9	0～3	1∶1.75	9～12	0～3 3～6	1∶2.00 1∶1.75
	3～9	1∶1.50		6～12	1∶1.50

② 使用时间较长的临时性填方（如使用时间超过一年的临时道路、临时工程的填方）的边坡坡度，当填方高度小于 10m 时，可采用 1∶1.5；超过 10m 时，可做成折线形，上部采用 1∶1.5，下部采用 1∶1.75。

③ 利用填土做地基时，填方的压实系数、边坡坡度应符合表 5-12 的规定。其承载力根据试验确定，当无试验数据时，可按 5-12 选用。

表 5-12 填土地基承载力和边坡坡度值

填土类别	压实系数 λ_e	承载力 f_k/kPa	边坡坡度允许值(高度比)	
			坡度在8m以内	坡度8～15m
碎石、卵石	0.94～0.97	200～300	(1∶1.50)～(1∶1.25)	(1∶0.10)～(1∶0.20)
砾夹石(其中碎石、卵石占全重30%～50%)		200～250	(1∶1.50)～(1∶1.25)	(1∶0.20)～(1∶0.35)
土夹石(其中碎石、卵石占全重30%～50%)		150～200	(1∶1.50)～(1∶1.25)	(1∶0.35)～(1∶0.50)
黏性($10<I_p<14$)		130～180	(1∶1.75)～(1∶1.50)	(1∶2.25)～(1∶1.75)

注：I_p为塑性指数。

第六章

庭园给水排水设计与施工

第一节　庭园给水排水概述

一、庭园水源

庭园由于其所在地区的供水情况不同，取水方式也各异。在城区的园林，可以直接从就近的市政自来水水管引水，在郊区的园林如果没有自来水供应，只能自行设法解决。例如，附近有水质较好的江湖水的可以引用江湖水；地下水较丰富的地区可自行打井抽水（如北京颐和园）；近山的园林往往有山泉，引用山泉水是最理想的。

庭园中水的来源不外乎地表水和地下水两种，如图 6-1 所示。

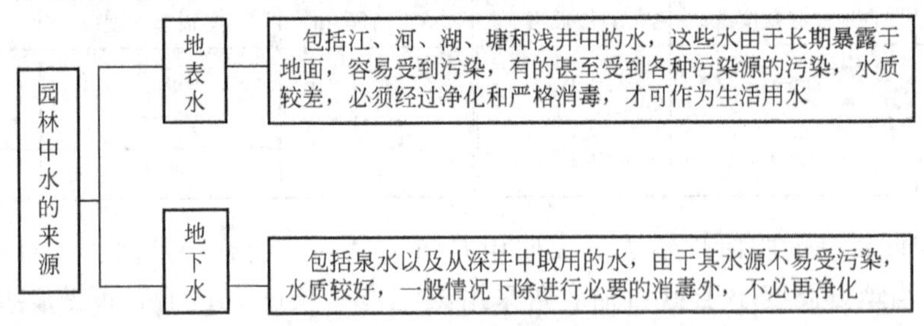

图 6-1　园林中水的来源

二、庭园水质

园林用水的水质要求可因其用途不同分别处理。养护用水只要对动植物无害、不污染环境即可，但生活用水（特别是饮用水）则必须经过严格净化消毒，水质必须符合国家颁布的卫生标准。

如果取用的地表水较浑浊，可加入混凝剂，经搅拌后，悬浮物即可凝絮沉淀，色度可降低，也可减少细菌，但杀菌效果仍不理想，因此还需另行消毒。净化地表水还可采用砂滤法。水的消毒方法很多，其中加氯法使用最为普遍，通常以漂白粉加入水中进行消毒，它是强氧化剂，能将细菌等有机物氧化，从而将其杀灭。

第二节　庭园给水工程设计

一、庭园给水方式与特点

1. 给水方式

根据给水性质和给水系统构成的不同，庭园给水方式可分成以下三种。

（1）引用式　庭园给水系统，如果直接到城市给水管网系统上取水，就是直接引用式给水。采用这种给水方式，其给水系统的构成也就比较简单，只需设置园内管网、水塔、清水蓄水池即可。引水的接入点可视庭园绿地具体情况及城市给水干管从附近经过的情况而决定，可以集中一点接入，也可以分散由几点接入。

（2）自给式　在野外风景区或郊区的庭园绿地中，如果没有直接取用城市给水水源的条件，就可考虑就近取用地下水或地表水。以地下水为水源时，因水质一般比较好，往往不用净化处理就可以直接使用，因而其给水工程的构成就要简单一些。一般可以只设水井（或管井）、泵房、消毒清水池、输配水管道等。如果是采用地表水作水源，其给水系统构成就要复杂一些。从取水到用水过程中所需布置的设施顺序是：取水口、集水井、一级泵房、加矾间与混凝池、沉淀池及其排泥阀门、滤池、清水池、二级泵房、输水管网、水塔或高位水池等。

（3）兼用式　在既有城市给水条件，又有地下水、地表水可供采用的地方，接上城市给水系统，作为庭园生活用水或游泳池等对水质要求较高的项目用水水源；而庭园生产用水、造景用水等，则另设一个以地下水或地表水为水源的独立给水系统。这样做所投入的工程费用稍多一些，但以后的水费却可以大大节约。

2. 给水特点

（1）对水质要求不同　庭园中水的用途较广，可能用于游人的饮用，也可能是用于绿地养护或道路喷洒，不同方面的用水对水质要求不同。

（2）用水点分散　庭园中布设的小品、水景有时会用很多，因此，它的用水点较分散。

（3）水的高峰期可以错开　庭园中各种用水的用水时间几乎都不是同步的，因此，用水的高峰期可以错开。

（4）管网布置较复杂　庭园用地遵循顺应自然，充分利用原有地形的原则，因此，其用水点也都是就地形而布设。

二、庭园给水管网的布置

在设计庭园给水管网布置之前，首先要收集与设计有关的技术资料，包括庭园平面图、竖向设计图，园内及附近地区的水文地质资料，附近城市给排水管网的分布资料等的具体要求，还要进行场地踏勘调查，尽可能全面地收集与设计相关的现状资料。

1. 布置原则

为保证庭园中各种用水的要求，使各项工作能够顺利进行。庭园给水管网的布置应遵循以下原则：

① 管网在给水区内必须满足用水点对水量和水压两个方面的要求。

② 保证供水安全可靠，当个别管线发生故障时，断水范围应减到最少。

③ 管网造价很高，因此布置时应使管线最短。

④ 设计时还应考虑长远规划的要求，为以后给水管网的规划建设留有充分的余地。

2. 布置形式

给水管网的布置形式有树枝式管网和环状管网两种。

① 树枝式管网这种布置方式较简单，省管材。布线形式就像树干分枝，它适合于用水点较分散的情况，对分期发展的园林有利。但树枝式管网供水的保证率较差，一旦管网出现问题或需维修时，影响用水面较大。

② 环状管网环状管网是把供水管网闭合成环，使管网供水能互相调剂。当管网中的某一管段出现故障，也不致影响供水，从而提高供水的可靠性。但这种布置形式较费管材，投

资较大。

3. 干管的布置设计

① 干管应靠近调节设备，如水塔或高位水池。

② 干管应靠近主要使用单位和连接支管较多的一侧敷设。

③ 在保证不受冻的情况下，干管宜随地形起伏敷设，避开复杂地形和难于施工的地段，以减少土石方工程量。

④ 干管应尽量埋于绿地下，避免穿越或设于园路下。

⑤ 和其他管道按规定保持一定距离。

三、庭园给水管道设计步骤

1. 资料收集

首先从庭园设计图纸、说明书等，了解原有的或拟建的建筑物、设施等的用途及用水要求、各用水点的高程等。然后根据庭园所在地附近城市给水管网布置情况，掌握其位置、管径、水压及引用的可能性。

2. 管网布置

在庭园设计平面图上，定出给水干管的位置、走向，并对节点进行编号，量出节点间的长度。

3. 确定用水量和水压

(1) 用水量确定

① 求某用水点的最高日用水量 Q_d：

$$Q_d = qN$$

式中 Q_d——最高日用水量，L/d；

q——用水量标准（最大日），L/(d·人)；

N——游人数或用水设施的数目。

② 求该点的最高时用水量 Q_h：

$$Q_h = \frac{Q_d}{24} K_h$$

式中 Q_h——最高时用水量，L/h 或 m^2/h；

K_h——时变化系数，常取 4～6。

③ 求该点的设计秒流量 Q_s：

$$Q_s = Q_h / 3600$$

式中 Q_s——设计秒流量，L/s。

④ 根据求得的设计秒流量 Q_s 查相关资料，以确定连接点之间的直径，并查出与该管径相应的流速和单位长度的水头损失值。

(2) 水压或水头的确定　计算水压的目的有两个：一是使用水点处的水量和水压都能得到满足；二是校核配水管的水压（或水泵扬程）是否能满足园内最不利点配水水压要求。给水管段所需水压可按下式计算：

$$H = H_1 + H_2 + H_3 + H_4$$

式中 H——引水管处所需的总压力，mH_2O（$1mH_2O = 9.8 \times 10^3 Pa$）；

H_1——引水点和用水点之间的地面高程差，m；

H_2——用水点与建筑进水管的高差，m；

H_3——用水点所需的工作水头，mH_2O；

H_4——沿程水头损失和局部水头损失之和，mH_2O。

在估算总水头时，H_2+H_3 的值可根据建筑层数不同按下列规定采用：

平房：$10mH_2O$；

二层楼房：$12mH_2O$；

三层楼房：$16mH_2O$；

三层以上楼房每增加一层增加：$4mH_2O$；

H_4 的值为 $H_4=$ （mH_2O）。

通过上述水头计算后，如果引水点的自由水头高于用水点的总水压要求，说明该管段的设计是合理的。

4. 干管的水力计算

在完成各用水点用水量计算和确定各点引水管的管径之后，便应进一步计算干管各节点的总流量，据此确定干管各管段的管径。并对整个管网的总水头要求进行复核。

复核一个给水管网各点所需水压能否得到满足的方法是：找出管网中的最不利点。所谓最不利点是指处在地势高、距离引水点远、用水量大或要求工作水头特别高的用水点，因为最不利点的水压可以满足，则同一管网的其他用水点的水压也能满足。

5. 树状网计算

树状网的计算过程，根据计算流量和经济流速选定管径，由流量、管径和管线长度算出水头损失，由地形标高和控制点所需水压求出各点的水压，进而计算出水压线标高。

第三节　庭园排水工程设计

现代城市住宅对庭园污水排放也提出了严格的处理要求。污水量估算必须考虑本服务区内项目的增长情况，在住宅开发中，污水量与给水量基本持平。大型景观项目，可以利用市政重力排水系统。使用该系统，经常要由当地主管部门授权，政府管理部门会将这种市政排水设施的延伸用作控制城市扩展的手段，纳入市政污水处理系统。

一、庭园排水方式和特点

1. 庭园排水方式

（1）地面排水　在进行地面排水设计时，要考虑原地形情况，要防止对地表造成的冲刷。所以设计时要注意以下几点：

① 注意控制地面坡度，使之不致过陡。

② 同一坡度的坡面不宜过长，防止径流一冲到底。

③ 在防止冲刷的同时要结合造景。比如在地面径流汇集处可根据水流的流向，在其径流路上布设山石，形成“谷方”，若布置自然得当，可成为优美的山谷景观。

④ 通常流量较大的地面应进行铺装，比如近年来国外所采用的彩色沥青路和彩色水泥路，效果较好。

地面排水的方式可以归结为五个字，即：拦、阻、蓄、分、导。

拦——把地表水拦截于园地或某局部之外。

阻——在径流流经的路线上设置障碍物挡水，达到消力降速以减少冲刷的作用。

蓄——蓄包含两方面意义，一是采取措施使土壤多蓄水；二是利用地表洼处或池塘蓄水。这对干旱地区的园林绿地尤其重要。

分——用山石建筑墙体等将大股的地表径流分成多股细流，以减少危害。

导——把多余的地表水或造成危害的地表径流利用地面、明沟、道路边沟或地下管及时排放到园内（或园外）的水体或雨水管渠中去。

（2）明渠排水

1）明渠断面　根据需要和设计区的条件，可以采用梯形或矩形明渠。梯形明渠最小底宽不得小于0.3m。用砖石或混凝土块铺砌的明渠边坡坡度，一般采用（1∶0.75）～（1∶1.0）。无铺砌的明渠边坡坡度可以按表6-1采用。

表6-1　明渠设计边坡坡度

土　质	边　坡	土　质	边　坡
黏质砂土	（1∶1.5）～（1∶2.0）	半岩性土	（1∶0.5）～（1∶1.0）
砂质黏土和粉土	（1∶1.25）～（1∶1.5）	风化岩石	（1∶0.25）～（1∶0.5）
砾石土和卵石土	（1∶1.25）～（1∶1.15）		

2）流速

① 明渠最大设计流速如表6-2所示。

表6-2　明渠最大设计流速

明渠土质	水深 h 为0.4～1.0m时的流速/(m/s)	明渠土质	水深 h 为0.4～1.0m时的流速/(m/s)
粗砂及贫砂质黏土	0.8	草皮护面	1.6
砂质黏土	1.0	干砌块石	2.0
黏土	1.2	浆砌砖	3.0
石灰岩或中砂岩	4.0	浆砌块石或混凝土	4.0

② 明渠最小设计流速一般不小于0.04m/s。

③ 转弯。明渠就地形修建时不可避免地要发生转折。在转折处必须设置曲线。曲线的中心线半径，一般土类明渠不小于水面宽的5倍，铺砌明渠不小于水面宽的2.5倍。

④ 超高。一般不宜小于O.3m，最小不得小于0.2m。

（3）管道排水

① 雨水管的最小覆土深度根据雨水连接管的坡度、冰冻深度和外部荷载情况而定。雨水管的最小覆土深度一般不小于0.7m。

② 最小管径和最小坡度。雨水管的最小管径为300mm；雨水管的最小设计坡度为0.002。

③ 最大流速。管道为金属管时，最大流速10m/s；若管道为非金属管材，则其最大流速5m/s。

④ 最小流速。各种管道在满流条件下的最小设计流速一般不小于0.75m/s。

2. 庭园排水特点

① 主要是排除雨水和少量生活污水。

② 园林中地形起伏多变，有利于地面水的排除。

③ 园林中大多有水体，雨水可就近排入水体。

④ 园林可采用多种方式排水，不同地段可根据其具体情况采用适当的排水方式。

⑤ 排水设施应尽量结合造景。

⑥ 排水的同时还要考虑土壤能吸收到足够的水分，以利植物生长，干旱地区尤应注意保水。

二、庭园排水管网布置形式

排水管网的布置形式主要有下述几种（图 6-2）。

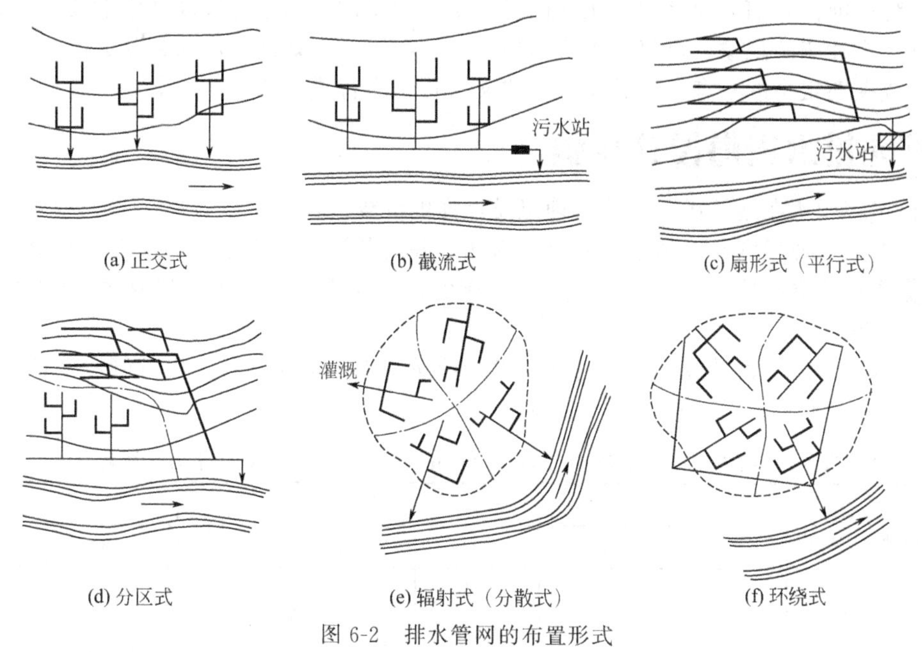

图 6-2　排水管网的布置形式

1. 正交式布置

当排水管网的干管总走向与地形等高线或水体方向大致呈正交时，管网的布置形式就是正交式。这种布置方式适用于排水管网总走向的坡度接近于地面坡度和地面向水体方向较均匀地倾斜时。采用这种布置，各排水区的干管以最短的距离通到排水口，管线长度短，管径较小，埋深小，造价较低。在条件允许的情况下，应尽量采用这种布置方式。

2. 截流式布置

在正交式布置的管网较低处，沿着水体方向再增设一条截流干管，将污水截流并集中引到污水处理站。这种布置形式可减少污水对于园林水体的污染，也便于对污水进行集中处理。

3. 分区式布置

当规划设计的庭园地形高低差别很大时，可分别在高地形区（高区）和低地形区（低区）各设置独立的、布置形式各异的排水管网系统，这种形式就是分区式布置。低区管网的水可按重力自流方式直接排入水体的，则高区干管可直接与低区管网连接。如低区管网的水不能依靠重力自流方式排除，那么就将低区的排水集中到一处，用水泵提升到高区的管网中，由高区管网依靠重力自流方式把水排除。

4. 辐射式布置

在用地分散、排水范围较大、基本地形是向周围倾斜的和周围地区都有可供排水的水体时，为了避免管道埋设太深和降低造价，可将排水干管布置成分散的、多系统的、多出口的形式。这种形式又叫分散式布置。

5. 环绕式布置

这种方式是将辐射式布置的多个分散出水口用一条排水主干管串联起来，使主干管环绕在周围地带，并在主干管的最低点集中布置一套污水处理系统，以便污水的集中处理和再利用。

6. 扇形式布置

在地势向河流湖泊方向有较大倾斜的庭园中，为了避免因管道坡度和水的流速过大而造成管道被严重冲刷的现象，可将排水管网的主干管布置成与地面等高线或与庭园水体流动方向相平行或夹角很小的状态。这种布置方式又可称为平行式布置。

三、庭园排水管道设计步骤

① 根据庭园所在地的城市名称，确定设计强度计算公式。

② 根据庭园地形图及地物情况划分汇水区，并给各汇水区编号，且求出其面积。

③ 作雨水管道布置草图。在地形图中，作管道的布设，标出各管段长度、管道走向及雨水排放口等。

④ 雨水管道的水力计算。求各管段的设计流量，查表 6-3 以确定出各管段所需的管径、坡度、流速、管底标高及管道埋深等数值。

表 6-3 钢筋混凝土圆管 $d=200\sim500$mm（满流，$n=0.013$）水力计算表

坡度	流量 Q/(L/s)与流速 v/(m/s)	管径 d/mm						
		200	250	300	350	400	450	500
1.0	Q			30.16	46.08	65.85	90.18	119.38
	v			0.433	0.479	0.524	0.567	0.608
1.5	Q		23.02	37.47	52.48	80.68	110.37	146.28
	v		0.469	0.530	0.587	0.642	0.694	0.745
2.0	Q	14.67	20.61	43.26	65.23	93.11	127.55	168.86
	v	0.467	0.542	0.612	0.678	0.741	0.802	0.860
2.5	Q	16.40	29.75	48.35	72.97	104.17	142.50	188.89
	v	0.522	0.606	0.684	0.758	0.829	0.896	0.962
3.0	Q	17.97	32.60	52.95	79.85	114.10	156.18	206.76
	v	0.572	0.664	0.749	0.830	123.15	168.74	223.45
3.5	Q	19.42	35.20	57.19	86.30	123.15	168.74	223.45
	v	0.618	0.717	0.809	0.897	0.980	1.061	1.138
4.0	Q	20.74	37.60	61.15	92.27	131.69	180.35	238.76
	v	0.660	0.766	0.865	0.959	1.048	1.134	1.216
4.5	Q	21.99	39.91	64.89	97.85	139.73	191.33	253.29
	v	0.700	0.913	0.918	1.017	1.112	1.203	1.290
5.0	Q	23.19	42.07	68.36	13.14	147.27	201.66	267.04
	v	0.738	0.857	0.967	1.072	1.172	1.268	1.360
5.5	Q	24.32	44.05	71.75	108.14	154.44	211.36	280.00
	v	0.774	0.898	1.015	1.124	1.229	1.329	1.426
6.0	Q	25.42	46.05	74.93	112.95	161.35	220.91	292.56
	v	0.809	0.938	1.060	1.174	1.284	1.389	1.490

续表

坡度	流量 Q/(L/s)与流速 v/(m/s)	管径 d/mm						
		200	250	300	350	400	450	500
7.0	Q	27.43	49.78	80.94	121.99	174.29	238.56	315.93
	v	0.873	1.014	1.145	1.268	1.387	1.500	1.609
8.0	Q	29.35	53.21	86.52	130.46	186.23	254.94	337.72
	v	0.934	1.084	1.224	1.356	1.482	1.603	1.720
9.0	Q	31.11	56.40	91.76	138.35	197.54	270.37	358.14
	v	0.990	1.149	1.298	1.438	1.572	1.700	1.824
10.0	Q	32.80	59.45	96.70	145.85	208.22	285.16	377.58
	v	1.044	1.211	1.368	1.516	1.657	1.793	1.923
11.0	Q	34.40	62.39	101.44	152.97	218.40	299.0	396.04
	v	1.095	1.271	1.435	1.590	1.738	1.880	2.017
12.0	Q	35.94	65.14	105.96	159.80	228.07	312.35	413.71
	v	1.144	1.327	1.499	1.661	1.815	1.964	2.107
13.0	Q	37.39	67.79	110.28	166.35	237.50	325.08	430.60
	v	1.190	1.381	1.560	1.729	1.890	2.04	2.193
14.0	Q	38.80	70.35	114.45	172.60	246.42	337.32	446.70
	v	1.234	1.433	1.619	1.794	1.961	2.121	2.275
15.0	Q	40.19	72.85	118.41	178.66	255.09	349.25	462.40
	v	1.279	1.484	1.675	1.857	2.030	2.196	2.355
16.0	Q	41.51	75.21	122.27	184.53	263.38	360.70	477.72
	v	1.321	1.532	1.730	1.91/8	2.096	2.268	2.433
17.0	Q	42.76	77.56	126.11	190.21	271.55	371.68	492.25
	v	1.361	1.580	1.784	1.977	2.161	2.337	2.507
18.0	Q	44.02	79.79	129.92	195.69	279.34	382.49	506.58
	v	1.404	1.625	1.835	2.034	2.223	2.405	2.580
19.0	Q	45.21	81.98	133.32	201.08	287.01	392.99	520.52
	v	1.439	1.670	1.886	2.090	2.284	2.471	2.651
20.0	Q	46.38	84.09	136.79	206.27	294.55	403.17	534.07
	v	1.476	1.713	1.535	2.144	2.344	2.535	2.720
21.0	Q	47.54	86.20	140.11	211.37	301.84	413.19	547.23
	v	1.513	1.756	1.982	2.197	2.402	2.598	2.787
22.0	Q	48.67	88.21	143.43	216.38	308.87	422.89	599.99
	v	1.549	1.797	2.029	2.249	2.458	2.659	2.852
23.0	Q	49.74	90.18	146.68	221.19	315.78	432.43	572.75
	v	1.583	1.837	2.075	2.299	2.513	2.719	2.917
24.0	Q	50.31	92.24	149.79	226.00	322.57	441.65	584.93
	v	1.617	1.877	2.119	2.349	2.567	2.777	2.979

续表

坡度	流量 Q/(L/s) 与流速 v/(m/s)	管径 d/mm						
		200	250	300	350	400	450	500
25.0	Q	51.87	94.01	152.90	230.62	329.23	450.72	597.10
	v	1.651	1.915	2.163	2.397	2.620	2.834	3.041
26.0	Q	52.88	95.87	155.94	235.23	335.76	459.78	608.88
	v	1.683	1.953	2.206	2.445	2.672	2.981	3.101
27.0	Q	53.89	97.74	158.91	239.66	342.17	468.53	620.47
	v	1.715	1.991	2.248	2.194	2.723	2.946	3.160
28.0	Q	54.89	99.51	161.81	244.08	348.46	477.12	631.85
	v	1.747	2.027	2.289	2.537	2.773	3.000	3.218
29.0	Q	55.86	101.27	164.71	248.41	354.61	485.55	643.05
	v	1.778	2.063	2.330	2.582	2.822	3.053	3.275

⑤ 绘制雨水干管平面图。图上应标出各检查井的井口标高，各管段的管底标高、管段长度、管径、水力坡降及流速等。

⑥ 绘制雨水干管纵剖面图。

⑦ 作该管道系统排水构筑物的构造图。

第四节　庭园给水排水工程施工

一、给水管材和管网敷设

（一）给水管材及配件

管网属于地下永久性隐蔽工程设施，要求具有很高的安全可靠性，管材的抗压强度影响管网的使用寿命，管材的配件（包括阀门、接头等）均对管网造成影响。同时管材对水质也有影响。目前常用的给水管材主要有以下几种。

（1）铸铁管　铸铁管分为灰铸铁管和球墨铸铁管。灰铸铁管具有经久耐用、耐腐蚀性强、使用寿命长等优点，但质地较脆、不耐振动且重量大；球墨铸铁管在抗压、抗震性能上有很大提高。

（2）钢管　钢管有焊接钢管和无缝钢管两种。焊接钢管又分为镀锌钢管（白铁管）和非镀锌钢管（黑铁管）。钢管有较好的机械强度，耐高压、振动，重量较轻，单管长度长，接口方便，有较强的适应性，但耐腐蚀性差，防腐造价高。镀锌钢管就是防腐处理后的钢管，具有防腐、防锈，不使水质变坏，并延长了使用寿命等优点。镀锌钢管是室内生活用水的主要给水管材。

（3）钢筋混凝土管　防腐能力强，不需要任何防腐处理，有较好的抗渗性和耐久性，但水管重量大、质地脆，装卸和搬运不方便。

（4）塑料复合管　塑料管表面光滑，不易结垢，水头损失小，耐腐蚀，重量轻，加工连接方便，但管材强度低，性质脆，抗外压和冲击性差。多用于小口径，一般小于 DN200，同时不宜安装在车行道下。

管材的选用取决于承受的水压、价格、输送的水量、外部荷载、埋管条件、供应情况等，可参照表 6-4 中各种管材的特性。

表 6-4　管材的选用

序号	管径	主要管材
1	≤50	①镀锌钢管。 ②硬聚氯乙烯等塑料管
2	≤200	① 连续浇注铸铁管，采用柔性接口。 ② 塑料管价低，耐腐蚀，使用可靠，但抗压较差
3	300～1200	① 铸铁管较为理想，但目前产量少，规格不多，价高。 ② 铸铁管价格较便宜，不易爆管，是当前可选用的管材。 ③ 质量可靠的预应力和自应力钢筋混凝土管，价格便宜可以选用
4	＞1200	① 薄型钢筋预应力混凝土管，性能好，价格适中，但目前产量较低。 ② 钢管性能可靠，价格贵，在必要时使用，但要注意内外防腐。 ③ 质量可靠的预应力钢筋混凝土管是较经济的管材

给水管材的配件包括管件和阀门。给水管的管件种类很多，不同的管材有些差异，但分类差不多，有接头、弯头、三通、四通、管堵以及活性接头等。每类又有很多种，如接头分内接头、外接头、内外接头、同径或异径接头等；阀门可以控制水源的断通，它的种类很多，常见的阀门按阀体结构形式和功能可分为截止阀、闸阀、球阀、电磁阀等。

（二）管网附属设施

庭园给水管网必须具有附属设施。

（1）地下龙头　一般用于绿地浇灌，它由阀门、弯头及直管等组成，通常用 DN20 或 DN25。一般把部件放在井中，埋深 300～500mm，周边用砖砌成井，大小根据管件多少而定，以能人为操作为宜，一般内径（或边长）300mm 左右。地下龙头的服务半径 50m 左右，在井旁应设出水口，以免附近积水。

（2）阀门井　阀门是用来调节管线中的流量和水压的，主管和支管交接处的阀门常设在支管上。一般把阀门放在阀门井内，其平面尺寸由水管直径及附件种类和数量定，一般阀门井内径 1000～2800mm（管径 DN75～DN1000 时），井口一般 DN600～DN800，井深由水管埋深决定。

（3）排气阀井和排水阀井　排气阀装在管线的高起部位，用以排出管内空气。排水阀设在管线最低处，用以排除管道中沉淀物和检修时放空存水。两种阀门都放在阀门井内，井的内径为 1200～2400mm 不等，井深由管道埋深确定。

（4）消火栓　消火栓分地上式和地下式，地上式易于寻找，使用方便，但易碰坏。地下式适于气温较低地区，一般安装在阀门井内。消火栓距建筑物在 5m 以上；距离车行道不大于 2m，便于消防车的连接。

（三）给水管道敷设

给水管道的敷设质量关系到整个给水工程的施工质量，是给水工程施工过程中一个非常重要的步骤。给水管道的敷设一般包括铸铁管的敷设、预应力混凝土管的敷设、硬聚氯乙烯（UPVC）管敷设和给水管道附件安装。

1. 给水管线敷设原则

① 水管管顶以上的覆土深度，在不冰冻地区由外部荷载、水管强度、土壤地基与其他管线交叉等情况决定。金属管道一般不小于 0.7m，非金属管道不小于 1.0～1.2m。

② 冰冻地区除考虑以上条件外，还须考虑土壤冰冻深度，一般水管的埋深在冰冻线以下的深度：管径 d 为 300～600mm 时，深度为 0.75d；d＞600mm 时，深度为 0.5d。

③ 在土壤耐压力较高和地下水位较低时，水管可直接埋在天然地基上。在岩基上应加垫砂层。对承载力达不到要求的地基土层，应进行基础处理。

④ 给水管道相互交叉时，其净距不小于0.15m，与污水管平行时，间距取1.5m，与污水管或输送有毒液体管道交叉时，给水管道应敷设在上面，且不应有接口重叠，当给水管敷设在下面时，应采用钢管或钢套管。

2. 给水管线敷设方法

庭园给水管线的敷设分为如下步骤。

(1) 熟悉设计图线　了解庭园水景设计效果，认真识别管线的平面布局、管段的节点位置、不同管段的管径、管底标高以及其他设施的位置等。

(2) 清理施工现场　清理场地内有碍管线施工的设施和建筑垃圾等。

(3) 施工定点放线　根据管线的平面布局，利用相对坐标和参照物，把管段的节点放在场地上，连接邻近的节点即可。如果为曲线可按其相关参数或格网放线。

(4) 抽沟挖槽　根据给水管的管径确定挖沟的宽度，即：

$$D=d+2L$$

式中　D——沟底宽度，cm；

d——水管设计管径，cm；

L——水管安装工作面，cm，一般为30～40cm。

沟槽一般为梯形，其深度为管道埋深，如遇岩基和承载力达不到要求的地基土层，应挖得更深一些，以便进行基础处理；沟顶宽度根据沟槽深度和不同土壤的放坡系数决定。

(5) 基础处理　水管一般可以直接埋在天然地基上，不需要作基础处理，遇到承载力达不到要求的地基土层，应做垫砂或对基础加固处理。

(6) 管线安装　管线安装前应准备好安装所需的材料，如管材、安装工具、管件和附件等，材料准备好后，计算相邻节点之间需要管材和各种管件的数量，安装顺序一般是先干管后支管再立管。

(7) 覆土填埋　管线安装好后，通水检验管道渗漏情况再填土，填土前用砂土或石材填实管底和固定管道，不使水管悬空和移动，防止填埋过程中压坏管道。具有装饰形体的水景构造要安全遮掩住内部管线构造。

3. 铸铁管敷设

(1) 敷设的一般要求

1) 铸铁管敷设前应进行外观检查有无缺陷，并用小锤轻轻敲打，检查有无裂纹，不合格者不得使用。承口内部及插口外部过厚的沥青及飞刺、铸砂等应予铲除。

2) 插口装入承口前，应将承口内部和插口外部清刷干净。胶圈接口的管道，先检查承口内部和插口外部是否光滑，保证胶圈顺利推进不受损伤，再将胶圈套在管子的插口上，并装上胶圈推入器。插口装入承口后，应根据中线或边线调整管子中心位置。

3) 铸铁管稳好后，应随即用稍粗于接口间隙的干净麻绳或草绳将接口塞严，以防泥土及杂物进入。

4) 接口前先挖工作坑，工作坑的尺寸可参照表6-5的规定。

表6-5　铸铁管接口工作坑尺寸

工作坑尺寸/m 管径/mm	宽度	长度		深度
		承口前	承口后	
75～200	管径+0.6	0.8	0.2	0.3
250～700	管径+1.2	1.0	0.3	0.4
800～1200	管径+1.2	1.0	0.3	0.5

5）接口成活后，不得受大的碰撞或扭转。为防止稳管时振动接口，接口与下管的距离，麻口不应小于一个口；石棉水泥接口不应小于三个口；膨胀水泥砂浆接口不应小于四个口。

6）为防止铸铁管因夏季暴晒、冬季冷冻而胀缩，及受外力时移动，管身应及时进行胸腔填土。胸腔填土须在接口完成之后进行。

7）铸铁管敷设质量标准：

① 管道中心线允许偏差 20mm。

② 承口和插口的对口间隙，最大不得超过表 6-6 的规定。

表 6-6　铸铁管承口和插口的对口最大间隙　　单位：mm

管径	沿直线铺设时	沿曲线铺设时	管径	沿直线铺设时	沿曲线铺设时
75	4	5	600～700	7	12
100～250	5	7	800～900	8	15
300～500	6	10	1000～1200	9	17

③ 接口的环形间隙应均匀，其允许偏差不得超过表 6-7 的规定。

表 6-7　铸铁管接口环形间隙允许偏差　　单位：mm

管径	标准环形间隙	允许偏差	管径	标准环形间隙	允许偏差
75～200	10	＋3	500～900	12	＋4
250～450	11	－2	1000～1200	13	－2

（2）填油麻

① 油麻应松软而有韧性，清洁而无杂物。自制油麻可用无麻皮的长纤维麻加工成麻辫，在石油沥青溶液（5%的石油沥青，95%的汽油或苯）内浸透，拧干，并经风干而成。

② 油麻的加工、存放、截分及填打过程中，均应保持洁净，不得随地乱放。

③ 填麻时，先将承口间隙用铁牙背匀，然后用麻錾将油麻塞入接口。塞麻时需倒换铁牙。打第一圈油麻时，应保留一个或两个铁牙，以保证接口环形间隙均匀。待第一圈油麻打实后，再卸下铁牙，填第二圈油麻。

④ 油麻填入承口深度为 1/3，先用铁牙将管接口缝隙整匀，把麻辫拧至管缝隙的 1.5 倍粗，分两圈填打密实（用扁錾子贴管壁逐次打人，以防麻辫断股），对于套管接口应多加两圈油麻。

（3）填胶圈

1）胶圈接口应尽量采用胶圈推入器，使胶圈在装口时滚入接口内。采用填打方法进行胶圈接口时，应注意以下几点。

① 錾子应贴插口填打，使胶圈沿一个方向依次均匀滚入，避免出现“麻花”，填打有困难时，可借助铁牙在填打部位将接口适当撑大。

② 一次不宜滚入太多，以免出现“闷鼻”（当胶圈快打完一圈时，尚多余一段，形成一个鼻儿）或“凹兜”（胶圈填打深浅不一致，或为轻微的“闷鼻”现象。）。一般第一次先打入承口水线，然后分 2～3 次打至小台，胶圈距承口外缘的距离应均匀。

③ 在插口、承口均无小台的情况，胶圈以打至距插口边缘 10～20mm 为宜，以防“跳井”。

2）填打胶圈出现“麻花”“闷鼻”“凹兜”或“跳井”时，可利用铁牙将接口间隙适当撑大，进行调整处理。必须将以上情况处理完善后，方得进行下层填料。

3）胶圈接口外层进行灌铅者，填打胶圈后，必须再填油麻一圈或两圈，以填至距承口水线里边缘 5mm 为准。

4）填胶圈质量标准：

① 胶圈压缩率符合要求。

② 胶圈填至小台，距承口外缘的距离均匀。

③ 无“麻花”“闷鼻”“凹兜”及“跳井”现象。

（4）填石棉水泥

1）石棉水泥接口使用的材料应符合设计要求，水泥强度等级不应低于42.5，石棉宜采用软-4级或软-5级。

2）石棉水泥的配合比（质量比）一般为石棉30%，水泥70%，水10%～20%（占干石棉水泥的总质量）。加水量一般宜用10%，气温较高或风较大时应适当增加。

3）石棉和水泥可集中拌制，拌好的干石棉水泥，应装入铁桶内，并放在干燥房间内，存放时间不宜过长，避免受潮变质。每次拌制不应超过1d的用量。

4）干石棉水泥应在使用时再加水拌和，拌好后宜用潮布覆盖，运至使用地点。加水拌和的石棉水泥应在1.5h内用完。

5）填打石棉水泥前，宜用清水先将接口缝隙湿润。

6）石棉水泥接口的填打遍数、填灰深度及使用錾号应按表6-8的规定。

表6-8 石棉水泥接口填打方法

打法／填灰遍数	直径75～450mm			直径500～700mm			直径800～1200mm		
	四填八打			四填十打			五填十六打		
	填灰深度	使用錾号	击打遍数	填灰深度	使用錾号	击打遍数	填灰深度	使用錾号	击打遍数
1	1/2	1	2	1/2	1	3	1/2	1	3
2	剩余的2/3	2	2	剩余的2/3	2	3	剩余的1/2	1	4
3	填平	2	2	填平	2	2	剩余的2/3	2	3
4	找平	3	2	找平	3	2	填平	2	3
5							找平	3	3

7）石棉水泥接口操作应遵守下列规定：

① 填石棉水泥，每一遍均应按规定深度、填塞均匀。

② 用1、2号錾时，打两遍者，靠承口打一遍，再靠插口打一遍，打三遍者，再靠中间打一遍。

③ 每打一遍，每一錾至少击打三下，第二錾应与第一錾有1/2相压。

④ 最后一遍找平时，应用力稍轻。

8）石棉水泥接口合格后，一般用湿泥将接口四周糊严，厚约10cm，进行养护，或用潮湿的土壤虚埋养护。

9）填石棉水泥质量标准为：

① 石棉水泥配比准确。

② 石棉水泥表面呈发黑色，凹进承口1～2mm，深浅一致，并用錾子用力连打三下表面不再凹入。

（5）填膨胀水泥砂浆

1）膨胀水泥砂浆接口材料要求如下：

① 膨胀水泥宜用石膏矾土膨胀水泥或硅酸盐膨胀水泥，出厂超过3个月者，应经试验，证明其性能良好，方可使用；自行配制膨胀水泥时，必须经技术鉴定合格，方可使用。

② 砂应用洁净的中砂，最大粒径不大于1.2mm，含泥量不大于2%。

2）膨胀水泥砂浆的配合比（质量比）一般采用膨胀水泥：砂：水=1：1：0.3。当气温较高或风较大时，用水量可酌量增加，但最大水灰比不宜超过0.35。

3）膨胀水泥砂浆必须拌和十分均匀，外观颜色一致。宜在使用地点附近拌和，随用随拌，一次拌和量不宜过多，应在半小时内用完或按原产品说明书操作。

4）膨胀水泥砂浆接口应分层填入，分层捣实，以三填三捣为宜。每层均应一錾压一錾地均匀捣实。

① 第一遍填塞接口深度的1/2，用錾子用力捣实。

② 第二遍填塞至承口边缘，用錾子均匀捣实。

③ 第三遍找平成活，捣至表面返浆，比承口边缘凹进1～2mm为宜，并刮去多余灰浆，找平表面。

5）接口成活后，应立即用湿草袋（或草帘）覆盖，并经常洒水，使接口保持湿润状态不少于7d。或用湿泥将接口四周糊严，厚约10cm，并用潮湿的土壤虚埋，进行养护。

6）填膨胀水泥砂浆质量标准为：

① 膨胀水泥砂浆配比准确。

② 分层填捣密实，凹进承口1～2mm，表面平整。

（6）灌铅

1）灌铅工作必须由有经验的工人指导。

2）熔铅必须注意下列事项：

① 严禁将带水或潮湿的铅块投入已熔化的铅液内，避免发生爆炸，并应防止水滴落入铅锅。

② 掌握熔铅火候，可根据铅熔液液面的颜色判别温度，如呈白色则温度低，呈紫红色则温度恰好，然后用铁棍（严禁潮湿或带水）插入铅熔液中随即快速提出，如铁棍上没有铅熔液附着，则温度适宜，即可使用。

③ 铅桶、铅勺等工具应与熔铅同时预热。

3）安装灌铅卡箍应按下列次序进行：

① 在安装卡箍前，必须将管口内水分擦干，必要时可用喷灯烤干，以免灌铅时发生爆炸；工作坑内有水时，必须掏干。

② 将卡箍贴承口套好，开口位于上方，以便灌铅。

③ 用卡子夹紧卡箍，并用铁锤锤击卡箍，使其与管壁和承口都贴紧。

④ 卡箍与管壁接缝部分用黏泥抹严，以免漏铅。

⑤ 用黏泥将卡子口围好。

4）运送铅熔液应注意下列事项：

① 运送铅熔液至灌铅地点，跨越沟槽的马道必须事先支搭牢固平稳，道路应平整。

② 取铅熔液前，应用有孔漏勺由熔锅中除去铅熔液的浮游物。

③ 每次取运一个接口的用量，应由两人抬运，不得上肩，迅速安全运送。

5）灌铅应遵守下列规定：

① 灌铅工人应全身防护，包括戴防护面罩。

② 操作人员站于管顶上部，应使铅罐的口朝外。

③ 铅罐口距管顶约20cm，使铅徐徐流入接口内，以便排气，大管径管道应将铅流放大，以免铅熔液中途凝固。

④ 每个铅接口的铅熔液应不间断地一次灌满，但中途发生爆声时，应立即停止灌铅。

⑤ 铅凝固后，即可取下卡箍。

6）打铅操作程序如下：

① 用剁子将铅口飞刺切去。

② 用1号铅錾贴插口击打一遍，每打一錾应有半錾重叠，再用2号、3号、4号、5号铅錾重复上法各打一遍至铅口打实。

③ 最后用錾子把多余的铅打下（不得使用剁子铲平），再用厚錾找平。

7）灌铅质量标准为：

① 一次灌满，无断流。

② 铅面凹进承口1～2mm，表面平整。

（7）法兰接口

1）法兰接口前应对法兰盘、螺栓及螺母进行检查。法兰盘面应平整，无裂纹，密封面上不得有斑疤、砂眼及辐射状沟纹。螺孔位置应准确，螺母端部应平整，螺栓和螺母丝号一致，螺纹不乱。

2）法兰接口所用环形橡胶垫圈规格质量要求如下：

① 质地均匀，厚薄一致，未老化，无皱纹；采用非整体垫片时，应黏结良好，拼缝平整。

② 厚度，管径≤600mm者宜采用3～4mm；管径≥700mm者宜采用5～6mm。

③ 垫圈内径应等于法兰内径，其允许偏差，管径150mm以内者为＋3mm，管径200mm及大于200mm者为＋5mm。

④ 垫圈外径应与法兰密封面外缘相齐。

3）进行法兰接口时，应先将法兰密封面清理干净。橡胶垫圈应放置平正。管径600mm及大于600mm的法兰接口，或使用拼粘垫片的法兰接口，均应在两法兰密封面上各涂铅油一道，以使接口严密。

4）所有螺栓及螺母应点上机油，对称地均匀拧紧，不得过力，严禁先拧紧一侧再拧另一侧。螺母应在法兰的同一面上。

5）安装闸门或带有法兰的其他管件时，应防止产生拉应力。邻近法兰的一侧或两侧接口应在法兰上所有螺栓拧紧后，方可连接。

6）法兰接口埋入土中者，应对螺栓进行防腐处理。

7）法兰接口质量标准：

① 两法兰盘面应平行，法兰与管中心线应垂直。

② 管件或闸门等不产生拉应力。

③ 螺栓应露出螺母外至少两螺纹，但其长度最多不应大于螺栓直径的1/2。

（8）人字柔口安装

1）人字柔口的人字两足和法兰的密封面上不得有斑疤及粗糙现象，安装前，应先配在一起，详细检查各部尺寸。

2）安装人字柔口，应使管缝居中，应不偏移，不倾斜。安装前宜在管缝两侧画上线，以便于安装时进行检查。

3）所有螺栓及螺母应点上机油，对称地均匀拧紧，应保证胶圈位置正确，受力均匀。

4）人字柔口安装质量标准为：

① 位置适中，不偏移，不倾斜。

② 胶圈位置正确，受力均匀。

4. 预应力混凝土管敷设

（1）材料质量要求

1）预应力混凝土管应无露筋、空鼓、蜂窝、裂纹、脱皮、碰伤等缺陷。

2）预应力混凝土管承插口密封工作面应平整光滑。必须逐件测量承口内径、插口外径及其椭圆度。对个别间隙偏大偏小的接口，可配用截面直径较大或较小的胶圈。

3）预应力混凝土管接口胶圈的物理性能及外观检查，同前述铸铁管所用胶圈的要求。胶圈内环径一般为插口外径的0.87～0.93倍，胶圈截面直径的选择，以胶圈滚入接口缝后截面直径的压缩率为35％～45％为宜。

（2）敷设准备

1）安装前应先挖接口工作坑。工作坑长度一般为承口前60cm，横向挖成弧形，深度以距管外皮20cm为宜。承口后可按管形挖成月牙槽（枕坑），使安装时不致支垫管子。

2）接口前应将承口内部和插口外部的泥土脏物清刷干净，在插口端套上胶圈。胶圈应保持平正，无扭曲现象。

（3）接口

1）初步对口要求如下：

① 管子吊起不得过高，稍离槽底即可，以使插口胶圈准确地对入承口八字内。

② 利用边线调整管身位置，使管子中线符合设计要求。

③ 必须认真检查胶圈与承口接触是否均匀紧密，不均匀时，用錾子捣击调整，以便接口时胶圈均匀滚入。

2）安装接口的机械，宜根据具体情况，采用装在特制小车上的顶镐、吊链或卷扬机等。顶拉设备应事先经过设计和计算。

3）安装接口时，顶、拉速度应缓慢，并应有专人查看胶圈滚入情况，如发现滚入不匀，应停止顶、拉，用錾子调整胶圈位置均匀后，再继续顶、拉，使胶圈达到承插口预定的位置。

4）管子接口完成后，应即在管底两侧适当塞土，以使管身稳定。不妨碍继续安装的管段，应及时进行胸腔填土。

5）预应力混凝土管所使用铸铁或钢制的管件及闸门等的安装，按有关规定执行。

（4）敷设质量标准

1）管道中心线允许偏差20mm。

2）插口插入承口的长度允许偏差±5mm。

3）胶圈滚至插口小台。

5. 硬聚氯乙烯（UPVC）管敷设

（1）材料质量要求

1）硬聚氯乙烯管子及管件，可用焊接、粘接或法兰连接。

2）硬聚氯乙烯管子的焊接或粘接的表面，应清洁平整，无油垢，并具有毛面。

3）焊接硬聚氯乙烯管子时，必须使用专用的聚氯乙烯焊条。焊条应符合下列要求：

① 弯曲180°两次不折裂，但在弯曲处允许有发白现象。

② 表面光滑，无凸瘤和气孔，切断面的组织必须紧密均匀，无气孔和夹杂物。

4）焊接硬聚氯乙烯管子的焊条直径应根据焊件厚度，按表6-9选定。

表6-9 硬聚氯乙烯焊条直径的选择

焊件厚度/mm	焊条直径/mm
＜4	2
4～16	3
＞16	4

5）硬聚氯乙烯管的对焊，管壁厚度大于3mm时，其管端部应切成30°～35°的坡口，坡口一般不应有钝边。

6）焊接硬聚氯乙烯管子所用的压缩空气，必须不含水分和油脂，一般可用过滤器处理，压缩空气的压力一般应保持在0.1MPa左右。焊枪喷口热空气的温度为220～250℃，可用调压变压器调整。

（2）焊接要求

① 焊接硬聚氯乙烯管子时，环境气温不得低于5℃。

② 焊接硬聚氯乙烯管子时，焊枪应不断上下摆动，使焊条及焊件均匀受热，并使焊条充分熔融，但不得有分解及烧焦现象。焊条的延伸率应控制在15%以内，以防产生裂纹。焊条应排列紧密，不得有空隙。

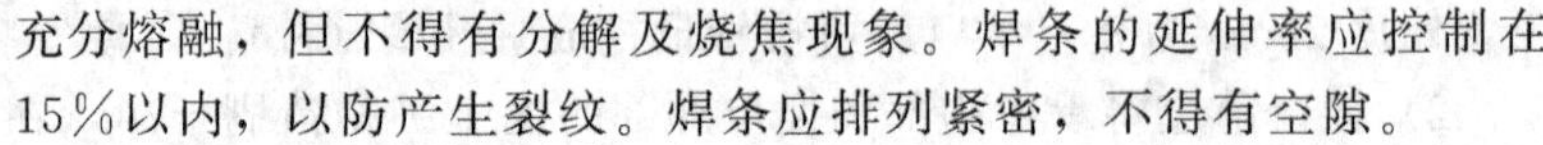

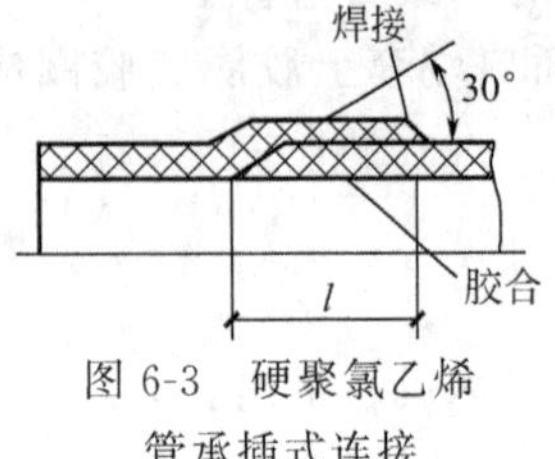

图6-3　硬聚氯乙烯管承插式连接

（3）承插连接

① 如图6-3所示，采用承插式连接时，承插口的加工，承口可将管端在约140℃的甘油池中加热软化，然后在预热至100℃的钢模中进行扩口，插口端应切成坡口，承插长度可按表6-10的规定，承插接口的环形间隙宜为0.15～0.30mm。

表6-10　硬聚氯乙烯管承插长度　　单位：mm

管径	25	32	40	50	65	80	100	125	150	200
承插长度 l	40	45	50	60	70	80	100	125	150	200

② 承插连接的管口应保持干燥、清洁，黏结前宜用丙酮或二氯乙烷将承插接触面擦洗干净，然后涂一层薄而均匀的黏结剂，插口插入承口应插足。黏结剂可用过氯乙烯清漆或过氯乙烯/二氯乙烷（20/80）溶液。

（4）管加工

① 加工硬聚氯乙烯管弯管，应在130～140℃的温度下进行煨制。管径大于65mm者，煨管时必须在管内填实100～110℃的热砂子。弯管的弯曲半径不应小于管径的3倍。

② 卷制硬聚氯乙烯管子时，加热温度应保持为130～140℃。加热时间应按表6-11的规定。

表6-11　卷制硬聚氯乙烯管子的加热时间

板材厚度/mm	加热时间/min
3～5	5～8
6～10	10～15

③ 聚硬氯乙烯管子和板材，在机械加工过程中，不得使材料本身温度超过50℃。

（5）质量标准

① 硬聚氯乙烯管子与支架之间，应垫以毛毡、橡胶或其他柔软材料的垫板，金属支架表面不应有尖棱和毛刺。

② 焊接的接口，其表面应光滑，无烧穿、烧焦和宽度、高度不匀等缺陷，焊条与焊件之间应有均匀的接触，焊接边缘处原材料应有轻微膨胀，焊缝的焊条间无孔隙。

③ 黏结的接口、连接件之间应严密无孔隙。

④ 煨制的弯管不得有裂纹、鼓泡、鱼肚状下坠和管材分解变质等缺陷。

（四）水压试验

1. 试压后背安装

① 给水管道水压试验的后背安装，应根据试验压力、管径大小、接口种类周密考虑，

必须保证操作安全，保证试压时后背支撑及接口不被破坏。

② 水压试验，一般在试压管道的两端，各预留一段沟槽不开，作为试压后背。预留后背的长度和支撑宽度应进行安全核算。

③ 预留土墙后背应使墙面平整，并与管道轴线垂直。后背墙面支撑面积，根据土质和水压试验压力而定，一般土质可按承压 1.5MPa 考虑。

④ 试压后背的支撑，用一根圆木时，应支于管堵中心；方向与管中心线一致；使用两根圆木或顶铁时，前后应各放横向顶铁一根，支撑应与管中心线对称，方向与管中心线平行。

⑤ 后背使用顶镐支撑时，宜在试压前稍加顶力，对后背预加一定压力，但应注意加力不可过大，以防破坏接口。

⑥ 后背土质松软时，必须采取加固措施，以保证试压工作安全进行。

⑦ 刚性接口的给水管道，为避免试压时由于接口破坏而影响试压，管径不小于 600mm 时，管端宜采用一个或两个胶圈柔口。采用柔口时，管道两侧必须与槽帮支牢，以防走动。管径不小于 1000mm 时，宜采用伸缩量较大的特制试压柔口盖堵。

⑧ 管径 500mm 以内的承插铸铁管试压，可利用已安装的管段作为后背。作后背的管段长度不宜少于 30m，并必须填土夯实。纯柔性接口管段不得作为试压后背。

⑨ 水压试验一般应在管件支墩做完，并达到要求强度后进行。对未做支墩的管件应做临时后背。

2. 试验方法及标准

① 给水管道水压试验的管段长度一般不超过 1000m；如因特殊情况，需要超过 1000m 时，应与设计单位、管理单位共同研究确定。

② 水压试验前应对压力表进行检验校正。

③ 水压试验前应做好排水设施，以便于试压后管内存水的排除。

④ 管道串水时，应认真进行排气。如排气不良（加压时常出现压力表表针摆动不稳，且升压较慢），应重新进行排气。一般在管端盖堵上部设置排气孔。在试压管段中，如有不能自由排气的高点，宜设置排气孔。

⑤ 串水后，试压管道内宜保持 0.2～0.3MPa 水压（但不得超过工作压力），浸泡一段时间，铸铁管一昼夜以上，预应力混凝土管 2～3 昼夜，使接口及管身充分吃水后，再进行水压试验。

⑥ 水压试验一般应在管身胸腔填土后进行，接口部分是否填土，应根据接口质量、施工季节、试验压力、接口种类及管径大小等情况具体确定。

⑦ 进行水压试验应统一指挥，明确分工，对后背、支墩、接口、排气阀等都应规定专人负责检查，并明确规定发现问题时的联络信号。

⑧ 对所有后背、支墩必须进行最后检查，确认安全可靠时，水压试验方可开始进行。

⑨ 开始水压试验时，应逐步升压，每次升压以 0.2MPa 为宜，每次升压后，检查没有问题，再继续升压。

⑩ 水压试验时，后背、支撑、管端等附近均不得站人，对后背、支撑、管端的检查，应在停止升压时进行。

⑪ 水压试验压力应按表 6-12 的规定执行。

表 6-12　水压试验压力

管材种类	工作压力 p	实验压力	管材种类	工作压力 p	实验压力
光管	p	$p+0.5$ 且不应小于 0.9	预应力、自应力混凝土管	≤0.6	$1.5p$
铸铁及球墨铸铁管	≤0.5	$2p$		＞0.6	$p+0.3$
	＞0.5	$p+0.5$	现浇钢筋混凝土灌渠	≥0.1	$1.5p$

⑫ 水压试验一般以测定渗水量为标准。但直径≤400mm 的管道，在试验压力下，如 10min 内落压不超过 0.05MPa 时，可不测定渗水量，即为合格。

⑬ 水压试验采取放水法测定渗水量，实测渗水量不得超过表 6-13 规定的允许渗水量。

表 6-13　压力管道严密性试验允许渗水量

管道内径/mm	允许渗水量/[L/(min·km)]			管道内径/mm	允许渗水量/[L/(min·km)]		
	钢管	铸铁管、球墨铸铁管	预(自)应力混凝土管		钢管	铸铁管、球墨铸铁管	预(自)应力混凝土管
100	0.28	0.70	1.40	600	1.20	2.40	3.44
125	0.35	0.90	1.56	700	1.30	2.55	3.70
150	0.42	1.05	1.72	800	1.35	2.70	3.96
200	0.56	1.40	1.98	900	1.45	2.90	4.20
250	0.70	1.55	2.22	1000	1.50	3.00	4.42
300	0.85	1.70	2.42	1100	1.55	3.10	4.50
350	0.90	1.80	2.62	1200	1.65	3.30	4.70
400	1.00	1.95	2.80	1300	1.70		4.90
450	1.05	2.10	2.96	1400	1.75		5.00
500	1.10	2.20	3.14				

⑭ 管道内径大于表规定时，实测渗水量应不大于按下列公式计算的允许渗水量：

钢管：$Q=0.05\sqrt{D}$；

铸铁管、球磨铸铁管：$Q=0.1\sqrt{D}$；

预应力、自应力混凝土管：$Q=0.14\sqrt{D}$；

现浇钢筋混凝土管：$Q=0.014\sqrt{D}$。

式中　Q——允许渗水量；

D——管道内径。

（五）冲洗消毒

庭园给水管网冲洗消毒可分为如下项目。

1. 接通旧管

① 给水接通旧管，无论接预留闸门、预留三通或切管新装三通，均必须事先与管理单位联系，取得配合。凡需停水者，必须于前一天商定准确停水时间，并严格按照执行。

② 接通旧管前，应做好以下准备工作，需要停水者，应在规定停水时间以前完成。

a. 挖好工作坑，并根据需要做好支撑、栏杆和警示灯，以保证安全。

b. 需要放出旧管中的存水者，应根据排水量，挖好集水坑，准备好排水机具，清理排水路线，以保证顺利排水。

c. 检查管件、闸门、接口材料、安装设备、工具等，必须规格、质量、品种、数量均符合需要。

d. 如夜间接管，必须装好照明设备，并做好停电准备。

e. 切管事先画出锯口位置，切管长度一般按换装管件有效长度（即不包括承口）再加管径的 1/10。

③ 接通旧管的工作应紧张而有秩序，明确分工，统一指挥，并与管理单位派至现场的人员密切配合。

④ 需要停水关闸时，关闸、开闸的工作均由管理单位的人员负责操作，施工单位派人配合。

⑤ 关闸后，应于停水管段内打开消火栓或用户水龙头放水，如仍有水压，应检查原因，采取措施。

⑥ 预留三通、闸门的侧向支墩，应在停水后拆除。如不停水拆除闸门的支墩时，必须会同管理单位研究防止闸门走动的安全措施。

⑦ 切管或卸盖堵时，旧管中的存水流入集水坑，应随即排除，并调节从旧管中流出的水量，使水面与管底保持相当距离，以免污染通水管道。切管前，必须将所切管截垫好或吊好，防止骤然下落。调节水量时，可将管截上下或左右缓缓移动。卸法兰盖堵或承堵、插堵时，也必须吊好，并将堵端支好，防止骤然把堵冲开。

⑧ 接通旧管时，新装闸门及闸门与旧管之间的各项管件，除清除污物并冲洗干净外，还必须用 1%～2%的漂粉溶液洗刷两遍，进行消毒后，方可安装。在安装过程中，并应注意防止再受污染。接口用的油麻应经蒸汽消毒，接口用的胶圈和接口工具也均应用漂粉溶液消毒。

⑨ 接通旧管后，开闸通水时应采取必要的排气措施。

⑩ 开闸通水后，应仔细检查接口是否漏水，直径不小于 400mm 的干管，对接口观察应不小于半小时。

⑪ 切管后新装的管件，应及时按设计标准或管理单位要求做好支墩。

2. 放水冲洗

① 给水管道放水冲洗前应与管理单位联系，共同商定放水时间、取水样化验时间、用水流量及如何计算用水量等事宜。

② 管道冲洗水速一般应为 1～1.5m/s。

③ 放水前应先检查放水线路是否影响交通及附近建筑物的安全。

④ 放水口四周应有明显标志或栏杆，夜间应点警示灯，以确保安全。

⑤ 放水时应先开出水闸口，再开来水闸门，并做好排气工作。

⑥ 放水时间以排水量大于管道总体积的 3 倍，并使水质外观澄清为度。

⑦ 放水后，应尽量使来水、出水闸门同时关闭。如做不到，可先关出水闸门，但留一两扣先不关死，待将来水闸门关闭后，再将出水闸门全部关闭。

⑧ 放水完毕，管内存水达 24h 后，由管理单位取水样化验。

3. 水管消毒

① 给水管道经放水冲洗后，检验水质不合格者，应用漂粉溶液消毒。在消毒前两天与管理单位联系，取得配合。

② 给水管道消毒所用漂粉溶液浓度，应根据水质不合格的程度确定，一般采用 100～200mg/L，即溶液内含有游离氯 25～50mg/L。

③ 漂粉在使用前，应进行检验。漂粉纯度以含氯量 25%为标准。当含氯量高于或低于

标准时，应以实际纯度调整用量。

④ 漂粉保管时，不得受热受潮、日晒和火烤。漂粉桶盖必须密封；取用漂粉后，应随即将桶盖盖好；存放漂粉的室内不得住人。

⑤ 取用漂粉时应戴口罩和手套，并注意勿使漂粉与皮肤接触。

⑥ 溶解漂粉时，先将硬块压碎，在小盆中溶解成糊状，直至残渣不能溶化为止，再用水冲入大桶内搅匀。

⑦ 用泵向管道内压入漂粉溶液时，应根据漂粉的浓度，压入的速度，用闸门调整管内流速，以保证管内的游离氯含量符合要求。

⑧ 当进行消毒的管段全部冲满漂粉溶液后，关闭所有闸门，浸泡 24h 以上，然后放净漂粉溶液，再放入自来水，等 24h 后由管理单位取水样化验。

（六）雨、冬期施工

（1）雨期施工

1）雨期施工应严防雨水泡槽，造成漂管事故。除按有关雨期施工的要求，防止雨水进槽外，对已铺设的管道应及时进行胸腔填土。

2）雨天不宜进行接口。如需要接口时，必须采取防雨措施，确保管口及接口材料不被雨淋。雨天进行灌铅时，防雨措施更应严格要求。

（2）冬期施工

1）冬期进行石棉水泥接口时，应采用热水拌和接口材料，水温不应超过 50℃。

2）冬期进行膨胀水泥砂浆接口时，砂浆应用热水拌和，水温不应超过 35℃。

3）气温低于－5℃时，不宜进行石棉水泥及膨胀水泥砂浆接口；必须进行接口时，应采取防寒保温措施。

4）石棉水泥接口及膨胀水泥砂浆接口，可用盐水拌和的黏泥封口养护，同时覆盖草帘。石棉水泥接口也可立即用不冻土回填夯实。膨胀水泥砂浆接口处，可用不冻土临时填埋，但不得加夯。

5）在负温度下需要洗刷管子时，宜用盐水。

6）冬期进行水压试验，应采取以下防冻措施。

① 管身进行胸腔填土，并将填土适当加高。

② 暴露的接口及管段均用草帘覆盖。

③ 串水及试压临时管线均用草绳及稻草或草帘缠包。

④ 各项工作抓紧进行，尽快试压，试压合格后，即将水放出。

⑤ 当管径较小、气温较低，预计采取以上措施仍不能保证水不冻结时，水中可加食盐防冻；一般情况不应使用食盐。

二、排水管材和管道敷设

（一）排水管材

1. 管材要求

① 满足强度要求。

② 耐水中杂物的冲刷和磨损，能抗腐蚀，避免因污水、雨水及地下水的酸碱腐蚀而破裂。

③ 防水性能好，能防止污水、雨水及地下水相互渗透。

④ 内壁光滑，减少阻力。

2. 常用管材

庭园排水管道常用管材有如下几种：

(1) 混凝土管、钢筋混凝土管、预应力钢筋混凝土管　混凝土管和钢筋混凝土管的管口通常为承插式、企口式及平口式。混凝土管多用于普通地段的自流管段，钢筋混凝土管多用于深埋或土质条件不良的地段。为了抵抗外力，当直径大于400mm时，通常采用钢筋混凝土管。有压管段可采用钢筋混凝土管和预应力钢筋混凝土管。它们的优点是取材制造方便，强度高；缺点是抗酸、碱腐蚀性差，抗渗性较差，管节短（一般一节长1m），节点多，施工复杂，在地震烈度大于8度的地区及松土、杂土地区不宜敷设，管自重大，搬运施工不便。

(2) 陶土管　普通的陶土管是由塑性黏土制成的，适用于排除含酸废水。它具有内壁光滑，水流阻力小，不透水性好，耐磨、耐腐蚀等优点，缺点是质脆易碎，抗弯、抗压强度低，不宜敷设于松土或埋深较大的土层中。由于节短、接口多、施工难度和费用都较大。

(3) 塑料管　塑料管的内壁光滑、水流阻力小、抗腐蚀性能好、节长、接头少。抗压力不高，用在建筑的排水系统中很多。室外多用小管径排水管。

(4) 金属管　常用的铸铁管和钢管强度高，抗渗性好，内壁光滑，抗压、抗震性能强，节长，接头少。但价贵、耐酸碱腐蚀性差。常用在压力管上。

（二）排水管道敷设

下面所述系指普通平口、企口、承插口混凝土管安装，其中包括浇筑平基、安管、接口、浇筑管座混凝土、闭水闭气试验、支管连接等工序。

1. 稳管

① 槽内运管。槽底宽度许可时，管子应滚运；槽底宽度不许可滚运时，可用滚杠或特制的运管车运送。在未打平基的沟槽内用滚杠或运管车运管时，槽底应铺垫木板。

② 稳管前应将管子内外清扫干净。

③ 稳管时，应根据高程线认真掌握高程，高程以量管内底为宜。当管子椭圆度及管皮厚度误差较小时，可量管顶外皮。调整管子高程时，所垫石子石块必须稳固。

④ 对管道中心线的控制，可采用边线法或中线法。采用边线法时，边线的高度应与管子中心高度一致，其位置以距管外皮10mm为宜。

⑤ 在垫块上稳管时，应注意以下两点：

a. 垫块应放置平稳，高程符合质量标准。

b. 稳管时管子两侧应立保险杠，防止管子从垫块上滚下伤人。

⑥ 稳管的对口间隙，管径不小于700mm的管子按10mm间隙安放，以便于管内勾缝；管径600mm以内者，可不留间隙。

⑦ 在平基或垫块上稳管时，管子稳好后，应用干净石子或碎石从两边卡牢，防止管子移动。稳管后应及时灌注混凝土管座。

⑧ 枕基或土基管道稳管时，一般挖弧形槽，并铺垫砂子，使管子与土基接触良好。

⑨ 稳较大的管子时，宜进入管内检查对口，减少错口现象。

⑩ 稳管质量标准：

a. 管内底高程允许偏差±10mm。

b. 中心线允许偏差10mm。

c. 相邻管内底错口不得大于3mm。

2. 管道安装

① 管材在施工现场内的倒运要求如下：

a. 根据现场条件，管材应尽量沿线分孔堆放。

b. 采用推土机或拖拉机牵引运管时，应用滑杠并严格控制前进速度，严禁用推土机铲推管。

c. 当运至指定地点后，对存放的每节管应打眼固定。

② 平基混凝土强度达到设计强度的50%，且复测高程符合要求后方可下管。

③ 下管常用方法有吊车下管、扒杆下管和绳索溜管等。

④ 下管操作时要有明确分工，应严格遵守有关操作规程的规定施工。

⑤ 下管时应保证吊车等机具及坑槽的稳定。起吊不能过猛。

⑥ 槽下运管，通常在平基上通铺草袋和顺板，将管吊运到平基后，再逐节横向均匀摆在平基上，采用人工横推法。操作时应设专人指挥，保障人身安全，防止管之间互相碰撞。当管径大于管长时，不应在槽内运管。

⑦ 管道安装，首先将管逐节按设计要求的中心线、高程就位，并控制两管口之间距离(通常为1.0～1.5cm)。

⑧ 管径在500mm以下的普通混凝土管，管座为90°～120°，可采用四合一法安装；管径在500mm以上的管道特殊情况下亦可采用。

⑨ 管径500～900mm普通混凝土管可采用后三合一法进行安装。

⑩ 管径在500mm以下的普通混凝土管，管座为180°或包管时，可采用前三合一法安管。

3. 水泥砂浆接口连接

① 水泥砂浆接口可用于平口管或承插口管，用于平口管者，有水泥砂浆抹带和钢丝网水泥砂浆抹带。

② 水泥砂浆接口的材料，应选用强度等级为42.5的水泥，砂子应过2mm孔径的筛子筛滤，砂子含泥量不得大于2%。

③ 接口用水泥砂浆配比应按设计规定，设计无规定时，抹带可采取水泥：砂子=1：2.5(重量比)，水灰比一般不大于0.5。

④ 抹带应与灌注混凝土管座紧密配合，灌注管座后，随即进行抹带，使带与管座结合成一体；如不能随即抹带时，抹带前管座和管口应凿毛、洗净，以利于与管带结合。

⑤ 管径不小于700mm的管道，管缝超过10mm时，抹带应在管内管缝上部支一垫托(一般用竹片做成)，不得在管缝填塞碎石、碎砖、木片或纸屑等。

⑥ 水泥砂浆抹带操作程序如下：

a. 先将管口洗刷干净，并刷水泥浆一道。

b. 抹第一层砂浆时，应注意找正，使管缝居中，厚度约为带厚的1/3，并压实使与管壁黏结牢固，表面划成线槽，管径400mm以内者，抹带可一层成活。

c. 待第一层砂浆初凝后抹第二层，并用弧形抹子捋压成形，初凝后，再用抹子赶光压实。

⑦ 钢丝网水泥砂浆抹带，钢丝网规格应符合设计要求，并应无锈、无油垢。每圈钢丝网应按设计要求，并留出搭接长度，事先截好。

⑧ 钢丝网水泥砂浆抹带操作程序如下：

a. 管径不小于600mm的管子，抹带部分的管口应凿毛；管径不小于500mm的管子应刷去浆皮。

b. 将已凿毛的管口洗刷干净，并刷水泥浆一道。

c. 在灌注混凝土管座时，将钢丝网按设计规定位置和深度插入混凝土管座内，并另加适当抹带砂浆，认真捣固。

d. 在带的两侧安装好弧形边模。

e. 抹第一层水泥砂浆应压实，使与管壁黏结牢固，厚度为 15mm，然后将两片钢丝网包拢，用 20 号镀锌钢丝将两片钢丝网扎牢。

f. 待第一层水泥砂浆初凝后，抹第二层水泥砂浆厚 10mm，同上法包上第二层钢丝网，接茬应与第一层错开（如只用一层钢丝网时，这一层砂浆即与模板抹平，初凝后赶光压实）。

g. 待第二层水泥砂浆初凝后，抹第三层水泥砂浆，与模板抹平，初凝后赶光压实。

h. 抹带完成后，一般 4～6h 可以拆除模板，拆时应轻敲轻卸，不使碰坏带的边角。

⑨ 管径不小于 700mm 的管子的内缝，应用水泥砂浆填实抹平，灰浆不得高出管内壁。管座部分的内缝，应配合灌注混凝土时勾抹。管座以上的内缝应在管带终凝后勾抹，也可在抹带以前，将管缝支上内托，从外部将砂浆填实，然后拆去内托，勾抹平整。

⑩ 直径 600mm 以内的管子，应配合灌注混凝土管座，用麻袋球或其他工具，在管内来回拖动，将流入管内的灰浆拉平。

⑪ 承插管铺设前，应将承口内部及插口外部洗刷干净。铺设时，应使承口朝着铺设前进方向。第一节管子稳好后，应在承口下部满座灰浆，随即将第二节管的插口挤入，注意保持接口缝隙均匀，然后将砂浆填满接口，填捣密实，口部抹成斜面。挤入管内的砂浆应及时抹光或清除。

⑫ 水泥砂浆各种接口的养护，均宜用草袋或草帘覆盖，并洒水养护。

⑬ 水泥砂浆接口质量标准为：

a. 抹带外观无裂缝，不空鼓，外光里实，宽度厚度允许偏差 0～+5mm。

b. 管内缝平整严实，缝隙均匀。

c. 承插接口填捣密实，表面平整。

4. 止水带施工

止水带用于大型管道需设沉降缝的部位，技术要点如下。

（1）止水带的焊接　分平面焊接和拐角焊接两种形式。焊接时使用特别的夹具进行热合，截口应整齐，两端应对正，拐角处和丁字接头处可预制短块，亦可裁成坡角和 V 形口进行热合焊接，但伸缩孔应对准连通。

（2）止水带的安装　安装前应保持表面清洁无油污。就位时，必须用卡具固定，不得移位。伸缩孔对准油板，呈现垂直，油板与端模固定成一体。

（3）浇筑止水带处混凝土　止水带的两翼板，应分别两次浇筑在混凝土中，镶入顺序与浇筑混凝土一致。

立向（侧向）部位止水带的混凝土应两侧同时浇灌，并保证混凝土密实，而止水带不被压偏。水平（顶或底）部位止水带的下面混凝土先浇灌，保证浇灌饱满密实，略有超存。上面混凝土应由翼板中心向端部方向浇筑，迫使止水带与混凝土之间的气体挤出，以此保证止水带与混凝土成整体。

（4）管口处理　止水带混凝土达到强度后，根据设计要求，为加强变形缝防水能力，可在混凝土的任何一侧，将油板整环剔深 3cm，清理干净后，填充 SWER 水膨胀橡胶胶体或填充 CM-R_2 密封膏（也可以用 SWER 条与油板同时镶入混凝土中）。

（5）止水带的材质分为天然橡胶、人工合成橡胶两种，选用时应根据设计文件，或根据使用环境确定。但幅宽不宜过窄，并且有多条止水线为宜。

（6）止水带在安装与使用中，严禁破坏，保证原体完整无损。

5. 支管连接

① 支管接入干管处如位于回填土之上，应做加固处理。

② 支、干管接入检查井、收水井时，应插入井壁内，且不得突出井内壁。

6. 与已通水管连接

(1) 区域系统的管网施工完毕，并经建设单位验收合格后，即可安排通水事宜。

(2) 通水前应做周密安排及编写连接实施方案，做好落实工作。

(3) 对相接管道的结构形式、全部高程、平面位置、截面形状尺寸、水流方向、水量、全日水量变化、有关泵站与管网关系、停水截流降低水位的可能性、原施工情况、管内有毒气体与物质等资料，均应作周密调查与研究。

(4) 做好截流，降低相接通管道内水位的实际试验工作。

(5) 必须做到在规定的断流时间内完成。接头、堵塞、拆堵，达到按时通水的要求。

(6) 为了保证操作人员的人身安全，除必须采取可靠措施外，并必须事先做好动物试验、防护用具性能试验、明确监护人，并遵守《城镇排水管道维护安全技术规程》(CJJ6—2009) 的规定。

(7) 待人员已培训，机具、器材已到位，安全联席会议已召开，施工方案均具备时，报告上一级安全部门，验收批准后方可动工。

(8) 常用几种接头的方式有以下几种。

1) 与 ϕ1500 以下圆形混凝土管道连接。在管道相接处，挖开原旧管使其全部暴露，工作时按检查井开挖预留，而后以旧管外径作井室内宽，顺管道方向仍保持 1m 或略加大些，其他部分仍按检查井通用图砌筑，当井壁砌筑高度高出最高水位，抹面养护 24h 后，即可将井室内的管身上半部砸开，即可拆堵通水。在施工中应注意以下要点：

① 开挖土方至管身两侧时，要求两侧同时下挖，避免因侧向受压造成管身滚动。

② 如管口漏水严重应采取补救措施。

③ 要求砸管部位规则、整齐、清堵彻底。

2) 管径过大或异形管身相接。

① 如果被接管道整体性好，是混凝土浇筑体时，开挖外露后采用局部砸洞将管道接入。

② 如果构筑物整体性差，不能砸洞时，或新旧管道高程不能连接时，应会同设计和建设单位研究解决。

7. 平、企口混凝土管柔性接口连接

① 排水管道 CM-R_2 密封膏接口适用于平口、企口混凝土下水管道；环境温度－20～50℃。管口黏结面应保持干燥。

② 应用 CM-R_2 密封膏进行接口施工时，必须降低地下水位，至少低于管底 150mm，槽底不得被水浸泡。

③ 应用 CM-R_2 密封膏接口，需根据季节气温选择 CM-R_2 密封膏黏度。CM-R_2 密封膏黏度应用范围，见表 6-14。

表 6-14 CM-R_2 密封膏黏度应用范围

季 节	CM-R_2密封膏黏度/(Pa·s)
夏季(20～50℃)	65000～75000
春、秋季(0～20℃)	60000～65000
冬季(－20～0℃)	55000～60000

④ 当气温较低，CM-R_2密封膏黏度偏大，不便使用时，可用甲苯或二甲苯稀释，并应注意防火安全。

⑤ CM-R_2 密封膏应根据现场施工用量加工配制，必须将盛有 CM-R_2 密封膏的容器封严，存放在阴凉处，不得日晒。环境温度与 CM-R_2 密封膏存放期的关系，应符合表 6-15 的规定。

表 6-15 环境温度与密封膏存放期

环境温度/℃	20～40	0～20	－20～0
存放期	<1 个月	<2 个月	2 个月以上

⑥ 在安管前，应用钢丝刷将管口黏结端面及与管皮交界处清刷干净见新面，并用毛刷将浮尘刷净。管口不整齐，亦应处理。

⑦ 安装时，沿管口圆周应保持接口间隙 8～12mm。

⑧ 管道在接口前，间隙需嵌塞泡沫塑料条，成型后间隙深度约为 10mm。

a. 直径在 800mm 以上的管道，先在管内沿管底间隙周长的 1/4 均匀嵌塞泡沫塑料条，两侧分别留 30～50mm 作为搭接间隙。在管外，沿上管口嵌其余间隙，应符合图 6-4 的规定。

b. 直径在 800mm 以下的管道，在管底间隙 1/4 周长范围内，不嵌塞泡沫塑料条。但需在管外底沿接口处的基础上挖一个深 150mm、宽 200mm 的弧形槽，以及做外接口。外接口作完后，要将弧形槽用砂填满。

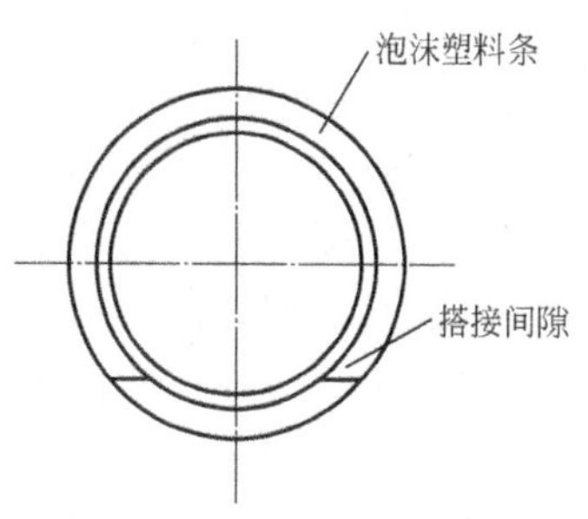

图 6-4 沿上管口嵌其余间隙

⑨ 用注射枪将 CM-R_2 密封膏注入管接口间隙，根据施工需要调整注射压力在 0.2～0.35MPa。分两次注入，先做底口，后做上口。

a. CM-R_2 密封膏一次注入量为注膏槽深的 1/2。且在槽壁两侧均匀黏涂 CM-R_2 密封膏，表面风干后用压缝溜子和油工铲抹压修整。

b. 24h 后，二次注入 CM-R_2 密封膏将槽灌满，表面风干后压实。

⑩ 上口与底口 CM-R_2 密封膏的连接。上口与底口 CM-R_2 密封膏在管底周长 1/4 衔接，CM-R_2 密封膏必须充满搭接间隙并连为一体。

当管道直径小于 800mm 时，底口用载有密封膏的土工布条（宽 80mm）在管外底包贴，必须包贴紧密，并与上口 CM-R_2 密封膏衔接密实。

⑪ 施工注意事项。

a. 槽内被水浸泡过或雨淋后，接口部位潮湿时，不得进行接口施工，应风干后进行。必要时可用“02”和“03”堵漏灵刷涂处理，再做 CM-R_2 密封膏接口。

b. 接口时和接口后，应防止管子滚动，以保证 CM-R_2 密封膏的黏结效果。

c. 施工人员在作业期间不得吸烟，作业区严禁明火，并应遵照防毒安全操作规程。如进入管道内操作，要有足够通风环境，管道必须有两个以上通风口，并不得有通风死道。

⑫ 外观检查。

a. CM-R_2 密封膏灌注应均匀、饱满、连续，不得有麻眼、孔洞、气鼓及膏体流淌现象。

b. CM-R_2 密封膏与注膏槽壁黏结应紧密连为一体，不得出现脱裂或虚贴。

c. 当接口检查不合要求时，应及时进行修整或返工。

d. 不同管径每个接口 CM-R_2 密封膏用量见表 6-16。

表 6-16 密封膏用量

管径/mm	密封膏用量/g	管径/mm	密封膏用量/g
300	560～750	800	1500～2000
400	750～1000	900	1700～2300
500	950～1300	1000	1900～2500
600	1100～1500	1100	2100～2800
700	1300～1800	1200	2300～3000

⑬ 闭气检验。闭气检验可按《混凝土排水管道工程闭气检验标准》（CECS19－1990）规定进行。

⑭ 平口混凝土管柔性接口的管道基础与承插口管道的砂石基础相同。

8. 承插口管安装

① 采用承插口管材的排水管道工程必须符合设计要求，所用管材必须符合质量标准，并具有出厂合格证。

② 管材在安装前，应对管口、直径、椭圆度等进行检查。必要时，应逐个检测。

③ 管材在卸和运输时，应保证其完整，插口端用草绳或草袋包扎好，包扎长度不小于25cm，并将管身平放在弧形垫木上，或用草袋垫好、绑牢，防止由于振动，造成管材破坏，装在车上管身在车外，最大悬臂长度不得大于自身长度的1/5。

④ 管材在现场应按类型、规格、生产厂地分别堆放，管径1000mm以上不应码放，管径小于900mm的码垛层数应符合表6-17规定。

表 6-17 堆放层数

管内径/mm	300～400	500～900
堆放层数	4	3

每层管身间在1/4处用支垫隔开，上下支垫对齐。承插端的朝向，应按层次调换朝向。

⑤ 管材在装卸和运输时，应保证其完整。对已造成管身、管口缺陷又不影响使用，闭水闭气合格的管材，允许用环氧树脂砂浆，或用其他合格材料进行修补。

⑥ 吊车下管，在高压架空输电线路附近作业时，应严格遵守电业部门的有关规定，起吊平稳。

⑦ 吊管下槽之前，根据立吊车与管材卸车等条件，一孔之中，选一处倒撑。为了满足管身长度需要，木顺水可改用工字钢代替，其撑杠间距不得小于管身长度＋0.5m。

⑧ 管道安装对口时，应保持两管同心插入，胶圈不扭曲，就位正确。

⑨ 胶圈形式、截面尺寸、压缩率及材料性能，必须符合设计规定，并与管材相配套。

⑩ 砂石垫层基础施工中，槽底不得有积水、软泥，其厚度必须符合设计要求，垫层与腋角填充。

9. 雨水、污水管道施工

雨水、污水管道施工的程序为：测量放线→分段开挖→砂垫层铺设→测量控制→雨水、污水管安装→分层回填、夯实→检查井砌筑→污水管闭水试验→回填土分层夯实→路面施工。

(1) 按设计雨水、污水管的中心线，在管道的两端头设置控制点。开挖后采用DJ_2光学经纬仪测出管道基础底面的中心线，测量频率为5m/次。

（2）采用水准仪测量控制基槽底面标高和管中心标高，测量频率为5m/次。误差要求为±10mm内。

（3）定位放线　先按施工图测出管道的坐标及标高后，再按图示方位打桩放线，确定沟槽位置、宽度和深度，应符合设计要求，偏差不得超过质量标准的有关规定。

（4）挖槽　采用机械挖槽或人工挖槽，槽帮必须放坡，放坡坡度一般为1∶0.33，严禁扰动槽底土，机械挖至槽底上30cm，余土由人工清理，防止扰动槽底原土或雨水泡槽影响基础土质，保证基础良好性，土方堆放在沟槽的一侧，土堆底边有沟边的距离不得小于0.5m。

（5）地沟垫层处理　要求沟底是坚实的自然土层，如果是松土填成的或底沟是块石都需进行处理，松土层应压实，块石则铲掉上部后铺上一层大于150mm厚度的回填土整平压实用后黄砂铺平。

（6）验收　在槽底清理完毕后根据施工图纸检查管沟坐标、深度、平直程度、沟底管基密实度是否符合要求，如果槽底土不符合要求或局部超挖，则应进行换填处理。可用3∶7灰土或其他砂石换填，检验合格后进行下道工序。

（7）铺设管道的程序包括管道中线及高程控制、下管和稳管、管道借口处理。

（8）管道中心及高程控制　利用坡度板上的中心钉和高程钉，控制管道中心和高程必须同时进行，使二者同时符合设计要求。

（9）下管和稳管　采用人工下管中的立管压绳下管法，管道应慢慢落到基础上，且应立即校正找直符合设计的高程和平面位置，将管段承口朝来水方向。

（10）管道接口处理　采用水灰比为1∶9的水泥捻口灰拌好后，装在灰盘内放在承插口下部，先填下部，由下而上，边填边捣实，填满后用手锤打实，将灰口打满打平为止。

（11）回填　要求回填土过筛，不允许含有机物质或建筑垃圾及大石头等，分层回填，人工夯实，在回填至管顶上50cm后，可用打夯机夯实，每层铺厚度控制为15～20cm。

（三）闭水试验

① 凡污水管道及雨、污水合流管道、倒虹吸管道均必须作闭水试验。雨水管道和与雨水性质相近的管道，除大孔性土壤及水源地区外，可不做闭水试验。

② 闭水试验应在管道填土前进行，并应在管道灌满水后浸泡1～2昼夜再进行。

③ 闭水试验的水位应为试验段上游管内顶以上2m。如检查井高不足2m时，以检查井高为准。

④ 闭水试验时应对接口和管身进行外观检查，以无漏水和无严重渗水为合格。

⑤ 闭水试验应按闭水法试验进行，实测排水量应不大于表6-18规定的允许渗水量。

表6-18　无压力管道严密性试验允许渗水量

管道内径/mm	允许渗水量/[m^3/(24h·km)]	管道内径/mm	允许渗水量/[m^3/(24h·km)]
200	17.60	1200	43.30
300	21.60	1300	45.00
400	25.00	1400	46.70
500	27.95	1500	48.40
600	30.60	1600	50.00
700	33.00	1700	51.50
800	35.35	1800	53.00
900	37.50	1900	54.48
1000	39.52	2000	55.90
1100	41.45		

⑥ 管道内径大于表 6-18 规定的管径时，实测渗水量应不大于按下式计算的允许渗水量：

$$Q=1.25D$$

式中 Q——允许渗水量，$m^3/(24h\cdot km)$；

D——管道内径，mm。

异形截面管道的允许渗水量可按周长折算为圆形管道计。

在水源缺乏的地区，当管道内径大于 700mm 时，可按井根数量 1/3 抽验。

（四）雨、冬期施工

（1）雨期施工　雨期施工应采取以下措施，防止泥土随雨水进入管道，对管径较小的管道，应从严要求。

① 防止地面径流雨水进入沟槽。

② 配合管道铺设，及时砌筑检查井和连接井。

③ 铺设暂时中断或未能及时砌井的管口，应用堵板或干码砖等方法临时堵严。

④ 凡暂时不接支线的预留管口，及时砌死抹严。

⑤ 已做好的雨水口应堵好围好，防止进水。

⑥ 必须做好防止漂管的措施。

⑦ 雨天不宜进行接口，如接口时，应采取必要的防雨措施。

（2）冬期施工

① 冬期进行水泥砂浆接口时，水泥砂浆应用热水拌和，水温不应超过 80℃，必要时可将砂子加热，砂温不应超过 40℃。

② 对水泥砂浆有防冻要求时，拌和时应掺氯盐。

③ 水泥砂浆接口，应盖草帘养护。抹带者，应用预制木架架于管带上，或先盖松散稻草 10cm 厚，然后再盖草帘。草帘盖 1～3 层，根据气温选定。

三、排水管渠系统附属构筑物

为了排除污水，除构筑管渠外，还需在管渠系统上设置某些构筑物。在较大的庭园中，常见的附属构筑物有雨水口、跌水井、检查井、出水口等。

1. 雨水口

雨水口是在雨水管渠或合流管渠上收集雨水的构筑物，通常由基础、井身、井口、井箅几部分构成（图 6-5）。其底部及基础可用 C15 混凝土做成，尺寸在 1200mm×900mm×

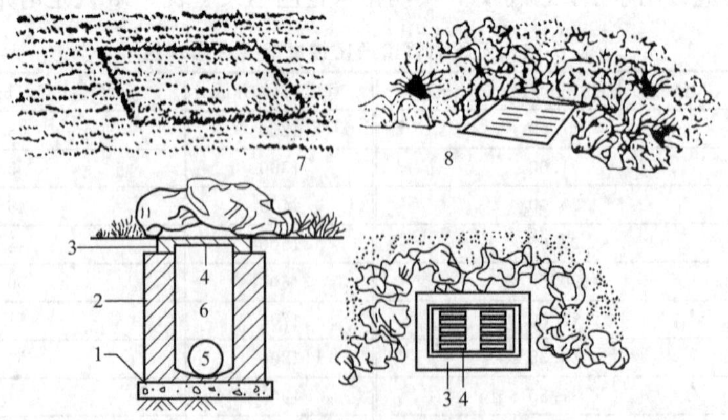

图 6-5　雨水口的构造

1—基础；2—井身；3—井口；4—井箅；5—支管；6—井室；7—草坪窨井盖；8—山石围护雨水口

100mm 以上。井身、井口可用混凝土浇筑，也可以用砖砌筑，砖壁厚 240mm。为了避免过快的锈蚀和保持较高的透水率，井箅应当用铸铁制作，箅条宽 15mm 左右，间距 20～30mm。雨水口的水平截面一般为矩形，长 1m 以上，宽 0.8m 以上。竖向深度一般为 1m 左右，井身内需要设置沉泥槽时，沉泥槽的深度应不小于 12cm。雨水管的管口设在井身的底部。

2. 检查井

检查井用来对管道进行检查和清理，同时也起连接管段的作用。检查井常设在管渠转弯、交会、管渠尺寸和坡度改变处，在直线管段相隔一定距离也需设检查井。相邻检查井之间管渠应成一直线。直线管道上检查井间距见表 6-19。

表 6-19　直线管道上检查井最大间距

管渠或暗渠净高/mm	最大间距/m	
	污水管道	雨水流的渠道
200～400	30	40
500～700	50	60
800～1000	70	80
1100～1500	90	100
1500～2000	100	120

检查井分不下人的浅井和需下人的深井。其结构如图 6-6 所示。

检查井主要有雨水检查井和污水检查井两类。检查井的平面形状一般为圆形，大型管渠的检查井也有矩形或扇形的。井下的基础部分一般用混凝土浇筑，井身部分用砖砌成下宽上窄的形状，井口部分形成颈状。检查井的深度取决于井内下游管道的埋深。为了便于检查人员上、下井室工作，井口部分应能容纳一人身体的进出。

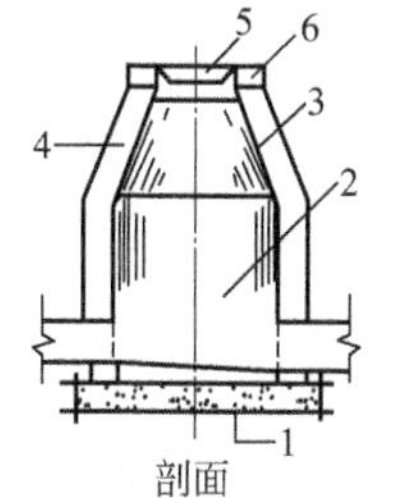

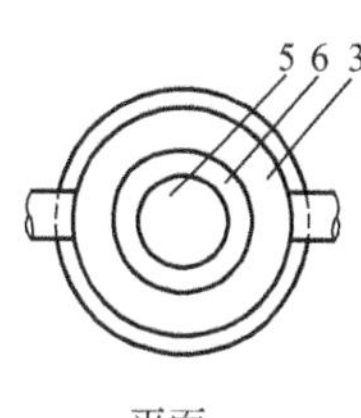

图 6-6　圆形检查井的构造

1—基础；2—井室；3—肩部；4—井颈；5—井盖；6—井口

3. 跌水井

由于地势或其他因素的影响，使得排水管道在某地段的高程落差超过 1m 时，就需要在该处设置一个具有水力消能作用的检查井，这就是跌水井。根据结构特点来分，跌水井有竖管式和溢流堰式两种形式（图 6-7）。

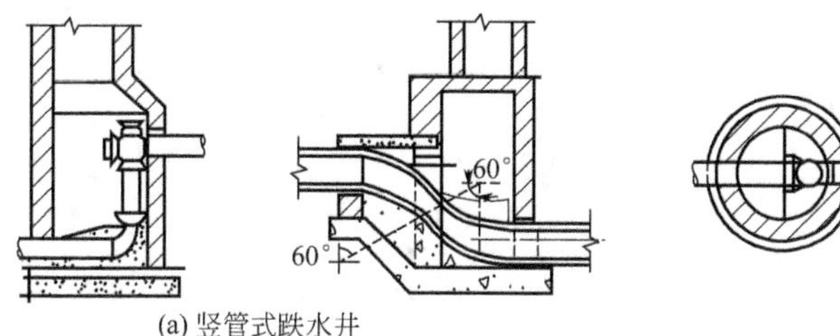

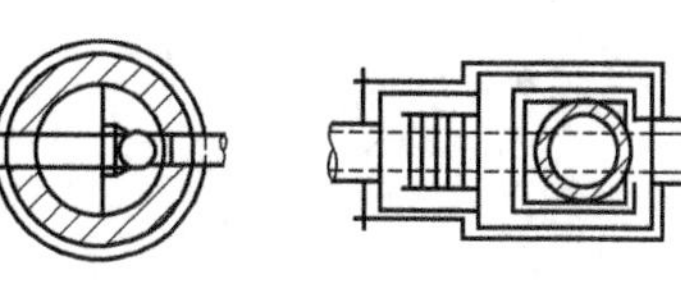

(a) 竖管式跌水井　　(b) 溢流堰式跌水井

图 6-7　两种形式的跌水井

竖管式跌水井一般适用于管径不大于 400mm 的排水管道上。井内允许的跌落高度，因管径的大小而异。管径不大于 200mm 时，一级的跌落高度不宜超过 6m；当管径为 250～

400mm 时，一级的跌落高度不超过 4m。

溢流堰式跌水井多用于 400mm 以上大管径的管道上。当管径大于 400mm，而采用溢流堰式跌水井时，其跌水水头高度、跌水方式及井身长度等，都应通过有关水力学公式计算求得。

跌水井的井底要考虑对水流冲刷的防护，要采取必要的加固措施。当检查井内上、下游管道的高程落差小于 1m 时，可将井底做成斜坡，不必做成跌水井。

4. 出水口

排水管渠的出水口是雨水、污水排放的最后出口，其位置和形式应根据污水水质、下游用水情况、水体的水位变化幅度、水流方向、波浪情况等因素确定。

在园林中，出水口最好设在园内水体的下游末端，要与给水取水区、游泳区等保持一定的安全距离。

雨水出水口的设置一般为非淹没式的，即排水管出水口的管底高程要安排在水体的常年水位线以上，以防倒灌。当出水口高出水位很多时，为了降低出水对岸边的冲击力，应考虑将其设计为多级的跌水式出水口。污水系统的出水口则一般布置为淹没式，即把出水管管口布置在水体的水面以下，以使污水管口流出的水能够与河湖水充分混合，减轻对水体的污染。

第七章

庭园细部设计与施工

第一节　庭园地面铺装

一、庭园地面铺装的功能作用

在庭园环境中，对地面进行合理的铺装是庭园设计的重要内容，庭园地面既有行走和活动的实用功能，也有满足视觉欣赏的景观功能。庭园地面的铺装材料种类丰富，大部分庭园都要求具有实用性的特点，在对庭园地面进行铺装时，要考虑所选用的材料是否具有耐磨、防水、防滑、防静电及有利于清洁等特性，从而满足人们的使用需要。

庭园地面铺装具体表现为以下几个方面。

（1）提供活动和休憩的场所　人们在庭园中的主要活动空间，毫无疑问应该是园路和各种铺装地面。庭园中硬质地面的比例控制，规划时会按照相关因素给予确定。庭园铺装地面以相对较大并且无方向性的形式出现，暗示着一个静态停留感，无形中创造出一个休憩场所。

（2）对原有的地面形成保护作用　如果选用不同颜色或不同种类的材料对地面进行铺装，也可以加强地面的质感，从而培养出各种不同的情绪，以迎合庭园整体的氛围。

（3）美化和装饰环境的作用　别出心裁的铺装能突出庭园的设计风格，强烈的视觉效果可加深人们对庭园的印象，给人以视觉美的享受。

（4）对空间比例产生一定的影响　在外部空间，铺装地面的另一功能是影响庭园空间的比例。每一块铺料的大小，以及铺砌形状的大小和间距等，都会影响铺面的视觉比例。形体较大、较舒展，会使空间道生宽敞的尺度感；而较小、紧缩的形状，则使空间具有压缩感和亲密感。

（5）构成和增强空间个性的作用　用于庭园地面铺装设计中的铺装材料及其图案和边缘轮廓，都能对所处的空间产生重要影响。不同的铺料和图案造型，都能形成和增强空间个性，产生不同的空间感，如细腻感、粗犷感、宁静感、喧闹感等。

（6）引导和暗示地面的用途　铺装地面能提供方向性，引导视线从一个目标移向另一个目标。铺装材料及其在不同空间的变化，能在室外空间里表示出不同的地面用途和功能。改变铺装材料的色彩、质地或铺装材料本身的组合，空间的用途和活动的区别也由此而得到明确。

二、庭园地面铺装的材料与选择

铺设地面的材料一般可分为硬性材料和软性材料两种。硬性材料适合潮湿季节和永久性使用场合，也适合铺设于庭园中的较小地带。软性材料以草坪为代表，适合于偶尔活动的场合和较大面积的空旷地带，给人们营造更舒适的视觉效果。总的来说，硬性材料成本较高，但维护费用较低；而软性材料制造成本较低，但在大气状况不佳和使用频率较高的情况下，维护费用比起硬性材料则高一些。在选择铺设地面的材料时，既要考虑到庭园的整体气氛，又要和房屋、墙壁等建筑物相配合。

选用适合户外使用的材料应该考虑兼顾其外观和功能要求。对庭园铺设地面的材料进行选择时要满足如下几个因素：材料功能适宜、易于维护、造价合理且容易获得，并且能与整个庭园、建筑及周围环境的风格相统一。

三、庭园地面铺装类型

庭园地面根据建造材料的不同，可分为块料铺面、粒料铺面和整体铺面三种类型。它们在耐磨性、外观以及成本方面各有优缺点。因此，在庭园地面铺装时，经常将不同类型的铺面材料组成使用，形成有趣的颜色、肌理和图案变化。

（一）块料铺面

块料铺装材料有石板、花砖、预制混凝土板、透水草皮、木板等，采用块料铺装可以使庭园的整体效果可完善。

1. 石板地面

石板具有很多种色调，可能是庭园中效果最好的铺装材料。石头的颜色取决于其产地的地质演变，而这种演变过和可能在一个国家不同的地区都有很大差异。

石块地面的优点是坚硬且密实，在极端易风化的天气条件下耐久，能承受重压，能够抛光成坚硬光洁表面且易于清洁。其缺点是坚硬致密，难于切割，有些类型易受化学腐蚀，相对较贵。

大的石板可用不同的图案铺筑，以使整个庭园更加美观。如果使用自然石料，以不规则的矩形或者类似的布局铺筑，可以减少切割石头的工序。在自然式设计中，接缝处可以作为植物生长的空间。

在陈旧、荒置的庭园中，原有道路或草坪下面有时能掘出一些石板。对石板应尽可能整体利用，避免使用碎拼法（将不规则形状的铺面材料混合拼砌），这样看上去像是工程未完工，而且很难铺砌出好的效果。

2. 花砖地面

花砖地面的色彩丰富、式样与造型的自由度大，容易营造出欢快、华丽的气氛，常用于住宅阳台、露台、户外庭院、人行道、大型购物中心等场所的地面铺装。

花砖地面的优点是防眩光表面，路面不滑，颜色范围广，尺度适中，容易维修，颜色范围广。其缺点是铺筑成本高，清洁困难，冰冻天气会发生碎裂，易受不均衡沉降影响，易风化。

庭园地面铺设所用花砖，除烧瓦、瓷砖、砖铺面砖外，还有透水性花砖和在室外区使用的防滑花砖。由于铺装时必须设置伸缩缝，因此，在设计时应注意选择有伸缩缝的花砖式样。

3. 预制混凝土板地面

混凝土制成的预制板，其形状和大小有很多种，有的制品会增加颜色和纹理以模仿自然材料，如石头。预制混凝土板常常作为石头的廉价替代品。有的混凝土板看上去很像天然的石板，可以购买不同大小的预制石板并以任意的矩形图案铺砌，便可呈现自然的外观。

预制混凝板地面的优点是可选择或设计成多种用途，铺筑时间短，容易铺筑、拆除、重铺，且通常不需要专业化的劳动力，颜色范围广；其缺点是易于受人为破坏，比沥青或混凝土铺筑成本高。

4. 透水草皮地面

透水性草皮运用到住宅庭园中，可以和其他硬质铺装材料形成鲜明对比，具有柔化环境的作用。

透水草皮地面的优点是与草坪表面相似，雨后能更快使用而无积水，活动表面的场地平坦，没有浇水和养护的问题。其缺点是容易造成运动者受伤，比天然草地铺筑成本高。

透水草皮地面可分为使用草皮保护垫的地面和使用草皮砌块的地面。其中草皮保护垫，是由一种保护草皮生长发育的高密度聚乙烯制成的，耐压性及耐候性强的开孔垫网。草皮砌块地面是在混凝土预制块或砖砌块的孔穴或接缝中栽培草皮，使草皮免受人、车踏压的地面铺装，一般用于庭园中的停车位等场所。

5. 木板地面

木板是人们非常喜欢的硬质铺面。无论是为了匹配形状特别的区域还是按照规整的方式铺筑，木板都很容易调整且容易加工。它既适合自然环境也适合城市环境。但是将实木用在户外的庭园中，多少会担心它容易腐烂、干裂或被虫蛀。户外庭园一般选用防腐木，它是在木材的表面涂上专用的水封涂料，经浸渍处理后而具有防腐功能，它能有效预防上述问题。

在庭园中铺木地板，可以根据自己的喜好来设计，或者铺满整个庭园，或者在庭园中的某一位置铺上木地板。如果有通往庭园的台阶，最好也铺上木地板，视觉效果会非常统一。

（二）粒料铺面

1. 粒料铺面的特点

粒料铺面包括砾石、鹅卵石、小圆石和树皮等，它们最大的优点是适宜任意形状的场地，而且这类材料相对便宜且容易铺设，维护方面仅需偶尔的耙匀、除草以及补充表层材料即可。将其用作庭园铺面，能形成有趣的肌理，还能抑制杂草丛生。粒料铺面虽然是硬质的，但是不能坚硬地固定在场地上，因此，它的缺点是很容易散落到邻近区域。

2. 材料用途和适用场合

（1）砾石　砾石的用途和适用场合如下：

① 车道和小径。

② 露台，尤其是与其他材料如砖、石料和木材组合。

③ 枯山水。

④ 传统和现代风格的环境。

⑤ 城市和乡村环境。

（2）木头和树皮屑　木头和树皮屑的用途和适用场合如下：

① 乡野环境中的小路。

② 儿童游戏场地。

③ 在养护可能比较麻烦的大面积种植区。

3. 材料选择要求

（1）木头和树皮屑　木头和树皮屑可由任何类型的木头或树皮加工而成，市场上按照不同的粗细规格供应。

（2）砾石　多样化的母岩类型决定了砾石有丰富的颜色和纹理，颗粒规格为20～30mm。豆石可从河流或海洋中挖掘出来，比砾石的形态更圆滑，可以形成更柔和的铺面，适合很少被磨损的装饰性区域。在选择砾石时，尽量与场地（如园墙或建筑立面）现有的石材相匹配。

4. 砾石地面铺装要求

砾石地面主要分为卵石嵌砌地面和水洗小砾石地面两种。

(1) 卵石嵌砌地面　它是在混凝土层上摊铺厚度 20mm 以上的砂浆（1∶3）后，平整嵌砌卵石，最后用刷子将水泥浆整平。卵石地面经济实用，非常适宜住宅庭园使用。

(2) 水洗小砾石地面　浇筑预制混凝土后，待其凝固到 24～48h 后，用刷子将表面刷光，再用水冲刷，直至砾石均匀露明。这是一种利用小砾石色彩和混凝土光滑特性的地面铺装，除庭园道路外，一般还用于人工溪流、水池的底部铺装。利用不同粒径和品种的砾石，可铺成多种水洗石地面。地面的断面结构视使用场所、路基条件而异，一般混凝土层厚度为 100mm。

(三) 整体铺面

整体铺面所用的材料是流体或糊状的，包括流质成品或现场制作的沥青和混凝土，这类材料经过一段时间硬化后会形成坚固耐磨的表面。由于其在铺筑前是流体状的，因此适用于任何形状区域。

1. 沥青地面

沥青一般以预先包装好的成品售卖，使用时直接铺筑在坚硬的表面上，如混凝土或砾石层上。通常为黑色，也有红色和绿色的，通过在表面添加石屑并加以碾压能形成特别的质感。沥青地面成本低，施工简单，平整度高，常用于步行道、停车位的地面铺装，也用于住宅庭园内。

沥青地面的优点是热辐射低，光反射弱，耐久，维护成本低，表面不吸尘，弹性随混合比例而变化，表面不吸水，可做成曲线形式和通气性。其缺点是边缘如无支撑将易磨损，天热会软化，汽油、煤油和其他石油溶剂可将其溶解，如果水渗透到底层易受冻胀损害。

在庭园沥青地面中，常用的除了沥青混凝土地面外，还有透水性沥青地面、彩色沥青地面等。

(1) 透水性沥青地面　可能会因雨水直接浸透路基造成路基软化，因此，现在一般只用于人行道、停车场、建筑区内部道路的铺装。同时，透水性沥青地面在使用数年后多会出现秀水孔堵塞，道路透水性能下降的现象。为确保一定的透水性，对此类地面应经常进行冲洗养护。

(2) 彩色沥青地面　一般可以分为两种：一种是加色沥青地面，厚度约 20mm；另一种是加涂沥青混凝土液化面层材料的覆盖式地面，常用于田园风格的庭园中。

2. 现浇混凝土地面

现浇混凝土地面因造价低、施工性好，常用于铺装园路、自行车或私家车的停放场地，对于首层带户外花园的住宅来说可以根据需要铺设。现浇混凝土由水泥、砂、碎石和水混合形成。加水之后，混合物首先呈流质糊状，然后逐渐硬化。混凝土可以成包购买，使用时与水进行手工混合或者用搅拌机搅拌均匀即可。现浇混凝土地面的优点是铺筑容易，可有多种颜色、质地，表面耐久，用途广，使用期维护成本低，表面坚硬，无弹性，可做成曲线形式。其缺点是需要有接缝，有的表面并不美观，铺筑不当会分解，难以使颜色一致，持久性差，弹性低，张力强度相对较低而易碎。将混凝土地面用于庭园道路时，较为常见的设计手法是不设路缘，但这种地面缺乏质感，易显单调，因此应设置变形缝来增添地面变化。

对于任一方向超过 5m 的大面积混凝土铺装，要使用伸缩缝以防止热胀冷缩导致开裂。在整个铺面设计中，伸缩缝是不可忽略的组成部分，务必要精心设计以使庭园铺面更加完善。用诸如砖块、加压防腐木条等材料作为伸缩缝，可以获得更好的景观效果。

四、庭园地面铺装设计原则

1. 整体统一原则

地面铺装的材料、质地、色彩、图纹等都要协调统一，不能有割裂现象，要突出主体，主次分明。在设计中至少应有一种铺装材料占主导地位，以便与附属材料在视觉上形成对比和变化，以及暗示地面上的其他用途。这一占主导地位的材料，还可贯穿于整个设计的不同区域，以便于建立统一性和多样性。

2. 简洁实用原则

铺装材料、造型结构、色彩图纹的采用不要太复杂，应适当简单一些，以便于施工。同时要满足游人舒适地游览散步的需要。光滑质地的材料一般来说应占较大比例，比较朴素的色彩衬托其他设计要素。

3. 形式与功能统一原则

铺地的平面形式和透视效果与设计主题相协调，烘托环境氛围。透视与平面图存在着许多差异。在透视中，平行于视平线的铺装线条可强调铺装面的宽度，而垂直于视平线的铺装线条则强调其深度。

五、庭园地面铺装装饰方法

庭园地面铺装装饰方法如下。

1. 线条式地面装饰

线条式地面装饰是指在浅色调、细质感的大面积底色基面上，以一些主导性的、特征性的线条造型为主进行的装饰。这些造型线条的颜色比底色深，也更鲜艳一些，质地也常比基面粗，比较容易引人注意。线条的造型有直线、折线形，也有放射状、旋转形、流线型，还有长短线组合、曲直线穿插、排线宽窄渐变等富于韵律变化的生动形象。

2. 图案式地面装饰

图案式地面装饰是指不同颜色、不同质感的材料和铺装方式在地面做出简洁的图案和纹样。图案纹样应规则对称，在不断重复的图形线条排列中创造生动的音律和节奏。采用图案式手法铺装时，图案线条的颜色要偏淡偏素，决不能浓艳。除了黑色以外，其他颜色都不要太深太浓。对比色的应用要适度，色彩对比不能太强烈。在地面铺装中，路面质感的对比可以比较强烈，如磨光的地面与露骨料的粗糙路面可以相互靠近，形成强烈对比。

3. 色块式地面装饰

地面铺装材料可选用 3～5 种颜色，表面质感也可以有 2～3 种表现；地面不做图案和纹样，而是铺装成大小不等的方、圆、三角形及其他形状的颜色块面。色块之间的颜色对比可以强一些，所选颜色也可以比图案式地面更加浓艳一些。但是，路面的基调色块一定要明确，在面积、数量上一定要占主导地位。

六、庭园地面铺装施工

1. 砖地面铺装

铺砖之前，先打一层 3cm 厚的碎石层，铺灰泥之后再开始排放砖块，最后再用 1 份水泥与 3 份砂配成的灰泥填入砖间缝隙，这种填缝用的灰泥不必掺水。砖排列方法如图 7-1 所示。

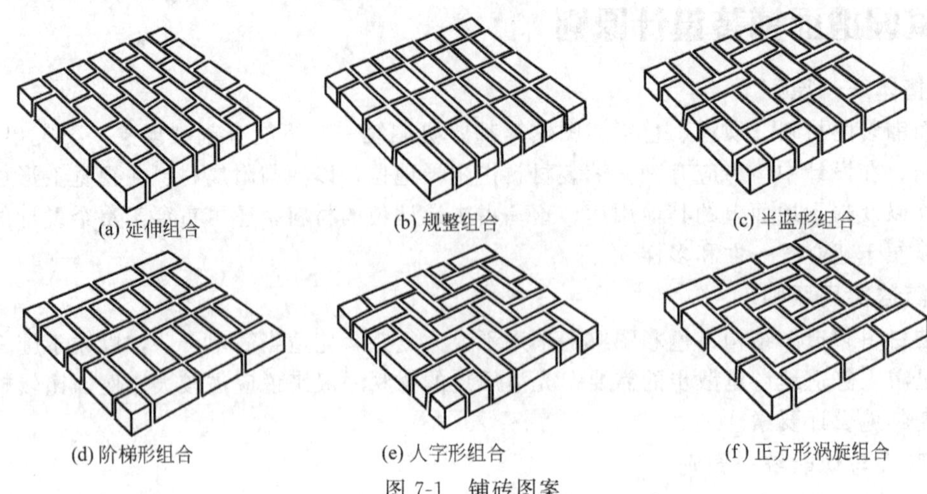

图 7-1 铺砖图案

2. 混凝土地面铺装

混凝土是一种坚硬的、无弹性的材料，在庭园中可被用作建筑物的地基，或直接用作园路的表面材料。调配混凝土时，少量的可以用大的 PE 塑胶桶或用铁板垫底，在其上调配，一边加水一边按比例加入水泥、砂、碎石等材料，搅拌到砂石等均匀调和为止。混凝土地面铺装施工顺序如下。

(1) 挖基坑、支模板　待铺混凝土的地方应先挖地坑 15cm 深，其边缘应用木模板钉住，由厚木板钉成的直立的桩围住将要铺混凝土的地面。在模板的顶端标上混凝土铺完后的水平面，这样才能精确，且确保有轻微的倾斜度好让雨水排走。

(2) 铺垫层、混凝土　碎砖块放好后将其夯到 7.5cm 深，上面再铺上同样厚度的混凝土。混凝土铺得要平整，可以用横跨铺设地的长木条将其夯实，并以模板上的标志作为厚度的参照。鹅卵石的嵌入或图案的加入可以在混凝土将干未干时进行，以便达到更好的装饰效果。

(3) 养护定型、拆模板　在潮湿或者寒冷的气候条件下，混凝土浇筑后必须用东西覆盖直到其完全定型。木模板约在一周后方可卸下，而只有当混凝土完全凝固后且在模板卸掉几天后才可在上面行走。

(4) 分段浇筑、填缝隙　如果浇筑面积很广阔，那么很有必要将混凝土分成几部分浇筑，每一部分按顺序用独立的一套模板隔开。模板撤掉后所留下的缝隙必须用专门的扩充混合物来填满。

3. 卵石地面铺装

在基础层上浇筑后 3～4d 方可铺设面层。首先，打好各控制桩。其次，挑选好 3～5cm 的卵石，要求质地好，色泽均匀，颗粒大小均匀。然后，在基础层上铺设 1∶2 水泥砂浆，厚度为 5cm，接着用卵石在水泥砂浆层嵌入，要求排列美观，面层均匀高低一致（可以一块 1m×1m 的平板盖在卵石上轻轻敲打，以便面层平整）。面层铺好一块（手臂距离长度）用抹布轻轻擦除多余部分的水泥砂浆。待面层干燥后，应注意浇水保养。

4. 切石板地面铺装

由机械加工的切石板铺地平坦、光洁、整齐。适于加工切板的石材有花岗岩、安山岩、粘板岩等。切石路如果仅供人行走，可不必考虑打水泥基础。切石板地面铺装施工要点如下。

① 掘土前，先估算石板入土的深度和碎石层的厚度，然后开始挖出土壤。

② 挖出土壤后，把路基用碎石铺满，并灌入灰泥，使碎石固定。

③ 安放厚石板，使纵横间隙成直线，石面平整，高度一致，并在石板间灌满灰泥。

④ 石面上若沾有灰泥，则用刷子洗净。

七、庭园地面铺装质量标准

① 各层的坡度、厚度、标高和平整度等应符合设计规定。

② 各层的强度和密实度应符合设计要求，上下层结合应牢固。

③ 变形缝的宽度和位置、块材间缝隙的大小以及填缝的质量等应符合要求。

④ 不同类型面层的结合以及图案应正确。

⑤ 各层表面对水平面或对设计坡度的允许偏差，不应大于 30mm。供排除液体用的带有坡度的面层应做泼水试验，以能排除液体为合格。

⑥ 块料面层相邻两块料间的高差，不应大于表 7-1 的规定。

表 7-1 各种块料面层相邻两块料的高低允许偏差

序号	块料面层名称	允许偏差/mm
1	条石面层	2
2	普通黏土砖、缸砖和混凝土板面层	1.5
3	水磨石板、陶瓷地砖、陶瓷锦砖、水泥花砖和硬质纤维板面层	1
4	大理石、花岗石、拼花木板和塑料地板面层	0.5

⑦ 水泥混凝土、水泥砂浆、水磨石等整体面层和铺在水泥砂浆上的板块面层以及铺贴在沥青胶结材料或胶黏剂的拼花木板、塑料板、硬质纤维板面层与基层的结合应良好，应用敲击方法检查，不得空鼓。

⑧ 面层不应有裂纹、脱皮、麻面和起砂等现象。

⑨ 面层中块料行列（接缝）在 5m 长度内直线度的允许偏差不应大于表 7-2 的规定。

表 7-2 各类面层块料行列（接缝）直线度的允许偏差

序号	面层名称	允许偏差/mm
1	缸砖、陶瓷锦砖、水磨石板、水泥花砖、塑料板和硬质纤维板	3
2	活动地板面积	2.5
3	大理石、花岗石面层	2
4	其他块料面层	8

⑩ 各层厚度对设计厚度的偏差，在个别地方偏差不得大于该层厚度的 10%，在铺设时检查。

⑪ 各层的表面平整度，应用 2m 长的直尺检查，如为斜面，则应用水平尺和样尺检查。各层表面平面度的偏差，不应大于表 7-3 的规定。

表 7-3 各层表面平整度的允许偏差

<table>
<tr><th>序号</th><th>层次</th><th colspan="2">材料名称</th><th>允许偏差/mm</th></tr>
<tr><td>1</td><td>基土</td><td colspan="2">土</td><td>15</td></tr>
<tr><td rowspan="5">2</td><td rowspan="5">垫层</td><td colspan="2">砂、砂石、碎(卵)石、碎砖</td><td>15</td></tr>
<tr><td colspan="2">灰土、三合土、炉渣、水泥混凝土</td><td>10</td></tr>
<tr><td rowspan="2">毛地板</td><td>拼花木板面层</td><td>3</td></tr>
<tr><td>其他种类面层</td><td>5</td></tr>
<tr><td colspan="2">木搁栅</td><td>3</td></tr>
</table>

续表

序号	层次	材料名称	允许偏差/mm
3	结合层	用沥青玛蹄脂做结合层铺设拼花木板、板块和硬质纤维板面层	3
		用水泥砂浆做结合层铺设板块面层以及铺设隔离层、填充层	5
		用胶结剂做结合层铺设拼花木板、塑料板和硬质纤维板面层	2
4	面层	条石、块石	10
		水泥混凝土、水泥砂浆、沥青砂浆、沥青混凝土、水泥钢(铁)屑不发火(防爆的)、防油渗等面层	4
		缸砖、混凝土块面层	4
		整体的及预制的普通水磨石、碎拼大理石、水泥花砖和木板面层	3
		整体的及预制的高级水磨石面层	2
		陶瓷锦砖、陶瓷地砖、拼花木板、活动地板、塑料板、硬质纤维板等面层以及面层涂饰	2
		大理石、花岗石面层	1

第二节 庭园构架搭设

一、花架

花架是一种由立柱和顶部格、条等杆状构件搭建的构筑物，作用是供攀缘植物攀爬，其上覆以藤蔓类的攀缘植物，使之既有亭、廊的用途，同时又显现出植物造景的野趣。花架造型活泼，色彩丰富，在庭园中被广泛应用。

1. 花架的作用

① 供人们歇足休息，观赏两边的景色，成为园内区间的联系手段。

② 起到分割空间、组合景物的作用。

③ 优美的景观功能。花架本身就是一件艺术作品，它与亭、桥、园路等的静态美不尽相同，往往丰富多变、弯曲空灵、婉转多姿，与庭园建筑构成了实与虚的和谐美，而使庭园变得富有生气，引来人们对它的欣赏和品味。

④ 为攀缘植物创作生长条件。轻巧的花架，餐厅、屋顶花园的葡萄天棚，往往物简而意深，创造了与周围环境互相渗透、浑然一体的感受。

2. 花架的形式

花架的形式多种多样，下面我们将介绍几种常见的庭园花架形式以及其平面、立面、效果图的表现。

① 单片花架透视效果表现，如图 7-2 所示。

② 单柱 V 形花架的效果表现，如图 7-3 所示。

③ 直廊式花架透视效果表现，如图 7-4 所示。

④ 弧顶直廊式花架效果表现，如图 7-5 所示。

⑤ 环形廊式花架效果表现，如图 7-6 所示。

⑥ 组合式花架效果表现，如图 7-7 所示。

图 7-2 单片花架的透视效果表现

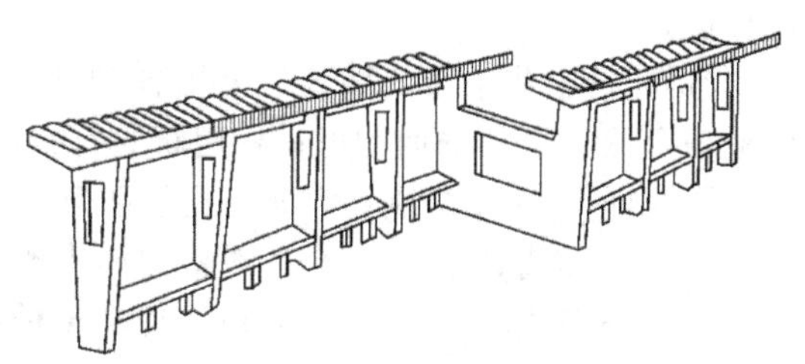
图 7-3 单柱 V 形花架的效果表现

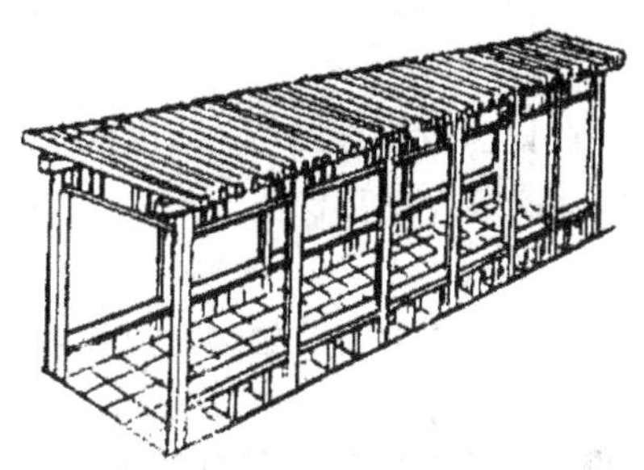
图 7-4 直廊式花架透视效果表现

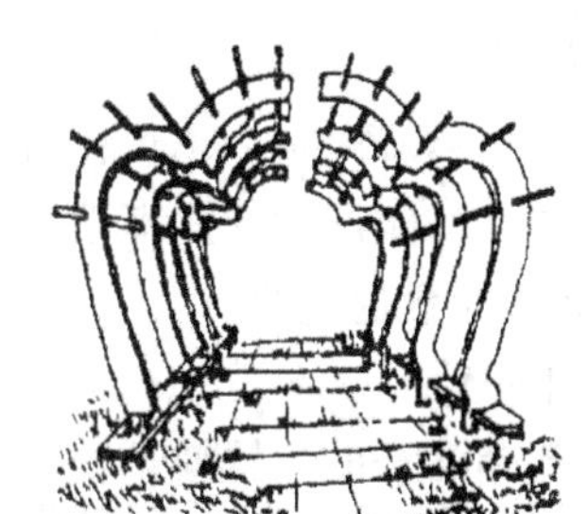
图 7-5 弧顶直廊式花架效果表现

图 7-6 环形廊式花架效果表现

图 7-7 组合式花架效果表现

3. 花架常规结构尺寸

花架的标准尺寸为：高 2200～2500mm、宽 3000～5000mm、长 3000～8000mm。柱、梁皆选用小端直径为 100～150mm 的打磨圆木。立柱间隔为 2400～2700mm。在梁与梁上使用直径约 50mm 的竹子搭置间隔 300～400mm 的格架，格栅架应大于凉亭顶部四周为300～600mm，这种花架的基础埋至地面深度约 900mm。

4. 花架的施工

(1) 施工程序　花架的施工过程为：施工准备→放线→立柱地基（基础）施工→柱子施工→格条安装→修整清理→装修。

(2) 施工要点

① 柱子地基坚固，定点准确，柱子间距及高度准确。

② 花架格调清新，注意与周围建筑及植物在风格上的统一。

③ 不论是现浇还是预制或钢筋混凝土构件，在浇筑混凝土前，都必须按照设计图纸规定的构件形状、尺寸等施工。

④ 模板安装前，先检查模板的质量，不符合质量标准的不得投入使用。

⑤ 涂刷带颜色的涂料时，配料合适，保证整个花架都有同一批涂料，并宜一次用完，确保颜色一致。

⑥ 混凝土花架装修格子条可用各种外墙涂料，刷白两遍；纵梁用水泥本色、斩假石、水刷石（汰石子）饰面均可；柱用斩假石或水刷石饰面即可。

⑦ 刷色时防止漏刷、流坠、刷纹明显等现象发生。

⑧ 安装花架时注意安全，严格按操作规程、标准进行施工。

⑨ 对于采用混凝土基础或现浇混凝土做的花架或花架式长廊，如施工环境多风、地基不良或这些花架要攀缘瓜果类植物，因其承重力加大，容易产生基础破坏，因此施工时应对基础进行加固。

二、园亭

园亭是一种有屋顶的小型建筑物，是供人休憩、赏景的“庭园房屋”。自园亭进入庭园后，亭子的纯粹实用意义逐渐被淡化，逐步突出的是它的审美观赏价值。

1. 园亭位置的选择

庭园中设亭，关键看是否有合适的位置。因为亭是园中“点睛”之物，所以多设在视线交接处。选择建亭的位置要把握以下的原则：

① 坐在亭内向外看要有观景的价值，让亭内歇脚的人有景可观，流连忘返。

② 由外向内看也要好看，成为被观赏的自然风景中的一个内容，它必须与周围环境相融合，最好设置在园中风景最佳处。

③ 一般要求园亭对园林视觉空间有扩张作用，也就是说，它的存在要令庭园更有层次感。

2. 园亭形式的选择

园亭的造型极为多样，从平面形状可分为圆形、方形、三角形、六角形、八角形、扇面形、长方形等。亭的平面画法十分简单，如图 7-8 所示，但其立面和透视画法则非常复杂。

园亭的形状不同，其用法和造景功能也不尽相同。三角亭以简洁、秀丽的造型深受设计师的喜爱。在平面规整的图面上三角亭可以分解视线，活跃画面。而各种方亭、长方亭则在与其他建筑小品的结合上有不可替代的作用。各类园亭的表现如图 7-9 所示。

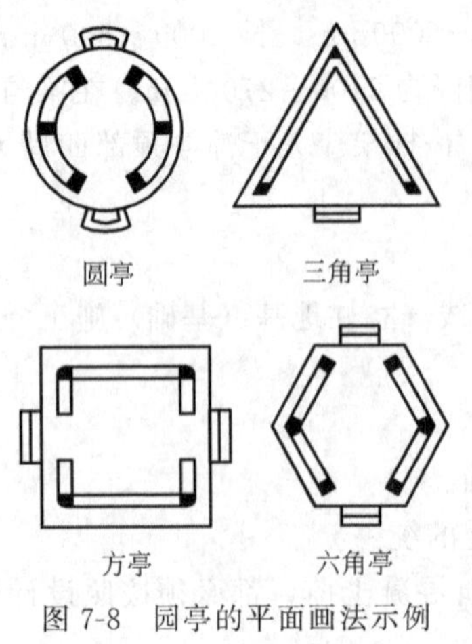

图 7-8　园亭的平面画法示例

图 7-9　各类园亭的表现

第三节　庭园边界处理

一、园墙

园墙是庭园中最持久性的围护物，它具有防护作用，能为一些娇嫩的观赏植物提供温暖避风的小环境，并能为攀缘植物提供攀爬的平台。

1. 园墙的设计原则

① 高于视平线的墙体，可以形成完全的视觉遮挡和物理屏障，例如，园墙的高度不应低于 1.8m。

② 对一个地块形成半围合的墙体，例如，划分庭园“亚空间”的墙体，其高度应该在 1.2m 左右。

③ 区别相邻空间的墙体，有时还能兼作辅助坐凳或者栅栏基座的低矮墙体，应为 0.5m 高。

④ 挡土墙用在有高差变化和需稳固土壤的地方，其高度由具体情况而定。

2. 园墙的材料

园墙常用的材料是砖块，但在有些环境中用石头或者混凝土更为合适。设计中要注意新建园墙与原有墙体的颜色、质地或者风格上的协调一致。园墙压顶的材料可以与墙身相同，也可以用其他材料。精心设计的压顶可以使园墙别具特色。

3. 园墙的形式

园墙的形式有很多种，常见的庭园园墙形式如下：

（1）砖墙　砖块是常用的砌合材料，墙头可以用普通砖、特殊墙头砖、预制混凝土或其他材料，如木材或石头。园墙需要连续的基座，一般为现浇钢筋混凝土结构，墙体就是在此基座上建造的，许多规范要求非承重墙的基座两侧至少比墙宽出 150mm。总之，基座是承载重心，厚度不应小于 250mm，宽度不小于 400mm，根据场地情况需要铺设两条连续的钢筋。砖墙为非承重墙，它只承受其本身的重量及侧面的风压，根据高度和宽度进行加固，日常的嵌填色缝和粉刷是长期维护的重要考虑。当墙体设计高度较高时，通常是把混凝土墙当做基础墙。此外，花砖墙也比较常用，它是一种以混凝土墙为基座，铺以花砖的围墙，由于花砖本身的品种、颜色、规格，以及砌法多样化，所以筑成的花砖墙形式较为复杂。

（2）混凝土墙　混凝土园墙表面做多种处理，如一次抹面、灰浆抹子抹光、打毛刺、压痕处理、上漆处理、调整接缝间隔及改变接缝形式，可以使混凝土园墙展现出不同的风格。此外，混凝土园墙也可以用作其他园墙的基础墙。

（3）预制混凝土砌块墙　预制混凝土砌块园墙使用的材料除混凝土外，还有各种经过处理加工的混凝土砌块。预制混凝土砌块墙造价低，但需要扶壁。水泥砌块墙及砖墙的装饰形体是通过选择砖的式样、质地、细部的清晰度和改变所产生的阴影来实现的。预制混凝土砌块墙制作成本较高，一般很少用于小型住宅园院。

（4）石面墙　石面墙是以混凝土墙为基础，表面铺以石料的园墙，表面多饰花岗岩，也有以铁平石、青石作不规则砌筑。此外，还有以石料窄面砌筑的竖砌围墙，以不同色彩、不同表面处理的石料，构筑出形式、风格各异的园墙。

二、栅栏

栅栏是庭园中常见的一种围合方式，一般是为防止人或动物随意外出或进入而起到的安全防护构造。它没有园墙那么经久耐用，但在庭园中运用栅栏，可以使庭园景观显得生动灵活。

1. 栅栏的设计

无论是用来围合庭园边界还是划分内容空间，栅栏的设计都应该与当地环境保持协调。栅栏的设计应兼顾实用和美学需求。

2. 栅栏的材料

栅栏的材料一般是木材，但金属、竹子、混凝土和塑料也是不错的选择。不同的风格取决于所用的材料和它的功能。

3. 栅栏的种类

栅栏的种类很多，常见的有铁栅栏、木栅栏和竹栅栏。

(1) 铁栅栏

① 竖铁栅栏　竖铁栅栏是用垂直的、圆的铁栏制成，用横栏水平地将其连接在一起，如图 7-10 所示。这种栅栏常见于城市的小庭园，结实耐用，通常是喷过漆的栅栏。

② 横条铁栅栏　这种形式在城镇的小庭园里常见，由竖直的叶尖顶，或者是箭头形状的铁栏组成，如图 7-11 所示。现在这种栅栏由较便宜的铝合金制成，应用很广。它们常常被喷成传统的颜色，比如说黑色、深绿色、白色等。

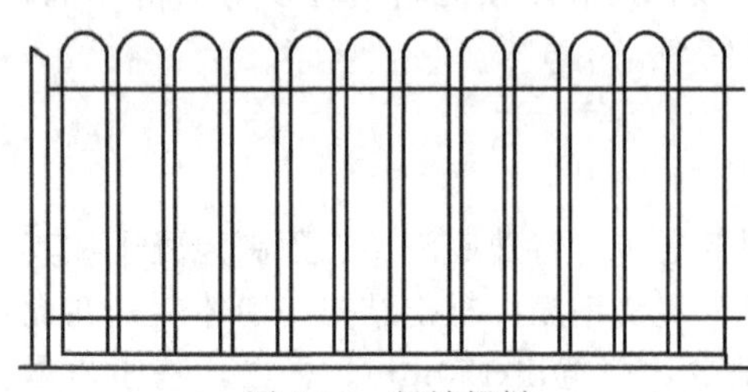

图 7-10　竖铁栅栏

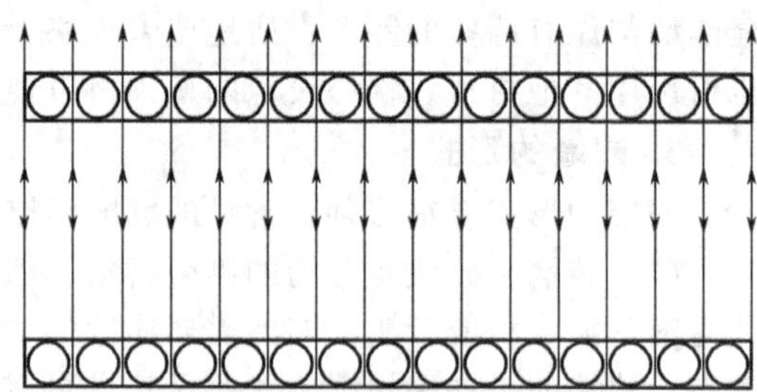

图 7-11　横条铁栅栏

(2) 木栅栏　木头栅栏既适合城市环境也适合乡村环境，它可以由多种材料建造而成，从乡村的编织式篱笆和栗木围栏到有着白色立柱和顶饰的工艺精致的栅栏，式样繁多，如图 7-12、图 7-13 所示。在城市环境中，木栅栏无论褪色与否都要能与现在要素相融合。而在乡村环境中，木栅栏的设计应该考虑与自然环境相联系。所有的木制品在使用前都要经过压力防腐处理。竹制篱笆非常适用在东方风情的庭园中。

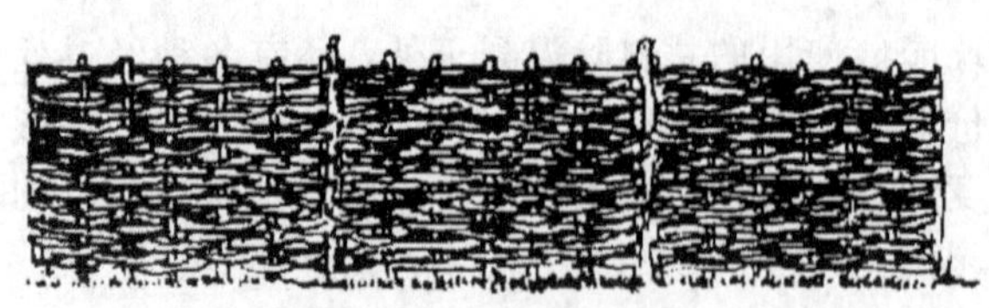

图 7-12　榛木或柳木栅栏

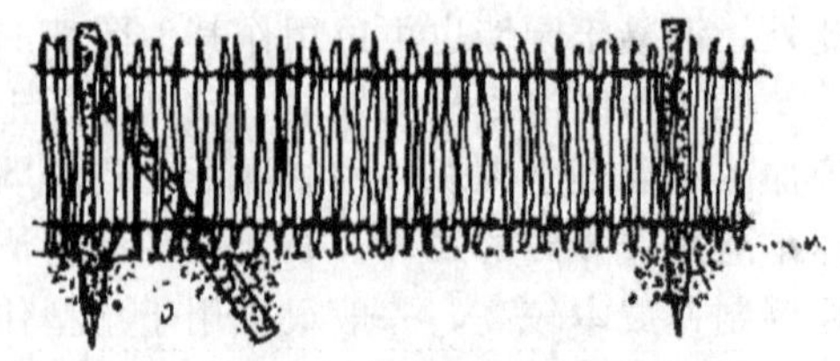

图 7-13　栗木栅栏

(3) 竹栅栏　竹子本身的装饰性很强，在自然状态中，光滑、优美的竹子以其特别的竹节和细长的竹竿给人以幽静的感觉，而它疏松的质地也可为多种制造业提供原料。粗大的支柱、细小的竹枝及侧枝与或半边的、或裂开的、或扁平的竹枝组合在一起可形成多种设计风格。

三、大门

在庭园景观构造中，大门指的是庭园的入口区。大门最主要的功能是为车辆与游人提供入园的途径，有维持庭园私密性的作用，同时也可以作为一种装饰，成为一种焦点景观。庭园大门给人的第一印象非常重要，因此，其入口或者庭园中园的入口应该给人明晰的视觉印象。

1. 木门

制作精良的木制大门，如图 7-14 所示。如在底部采用较上部更密的木格，可以增加门的高度感并防止野兔等进入。想象常常比现实更能带给人快乐，所以在开启之前不会泄露园景的密实木门也往往备受青睐。

2. 铁艺门

大门最常见的做法是装上铁艺门，如图 7-15 所示。精致的锻铁门或铸铁门适合用在如天空、草坪、水体等单纯的背景前。任何复杂的背景如植物，都会与烦琐的铁艺门混淆，以至于难以真切地区分两者。这种情况下，使用简洁的铸铁竖栏门是最佳的选择，因为它能为背景的细节显示出比例和稳定感。

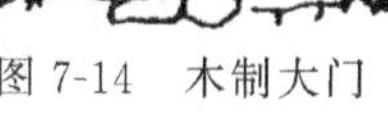
图 7-14　木制大门

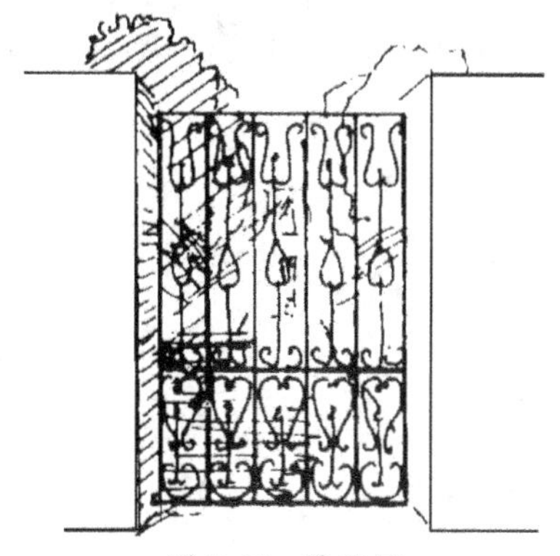
图 7-15　铁艺门

3. 农场门

农场门有五个横栏构成，十分受人欢迎，并从农场中引入庭园中。它不仅实用，而且优雅，如图 7-16 所示。栏杆用极简单的方式连接在一起。庭园里五个栏杆的门经常被涂上漆，而不是保持原样。

图 7-16　农场大门

参考文献

[1] 吴戈军，田建林．园林工程施工．北京：中国建筑工业出版社，2009.
[2] 闫宝兴，程炜．水景工程．北京：中国建筑工业出版社，2005.
[3] 邹颖，卞洪滨．别墅建筑设计．北京：中国建筑工业出版社，2007.
[4] 邓宝忠．园林工程．北京：中国建筑工业出版社，2008.
[5] 袁海龙．园林工程设计．北京：化学工业出版社，2005.
[6] 陈远吉，李娜．园林工程规划设计．北京：化学工业出版社，2011.
[7] 陈远吉，李娜．园林工程施工技术．北京：化学工业出版社，2012.
[8] 徐峰，刘盈，牛泽慧．小庭园设计与施工．北京：化学工业出版社，2006.
[9] 丁文铎．园林树木学．北京：中国林业出版社，2001.
[10] 梁伊任．园林建设工程．北京：中国林业出版社，1997.
[11] 郭宏峰．小庭园细部创意．北京：机械工业出版社，2010.
[12] 臧淑英．庭园花卉．北京：金盾出版社，2009.
[13] 孔德政．庭园绿化与室内植物装饰．北京：中国水利水电出版社，2007.
[14] 李开然．景观设计基础．上海：上海人民美术出版社，2006.
[15] 高永刚．庭园设计．上海：上海文化出版社，2005.
[16] 周初梅．园林规划设计．重庆：重庆大学出版社，2006.
[17] 王晓俊．风景园林设计．南京：江苏科技大学出版社，2006.
[18] 钱剑林．园林工程．苏州：苏州大学出版社，2009.